Walter R. Fuchs

Knaurs Buch der Elektronik

Mit 134 Fotos und Zeichnungen

Droemer Knaur

1. bis 20. Tausend

© Droemersche Verlagsanstalt Th. Knaur Nachf.
München/Zürich 1974
Umschlaggestaltung: Atelier Blaumeiser
Zeichnungen: Klaus Bürgle
Satz und Druck: Druckerei Appl, Wemding
Aufbindung: Großbuchbinderei Sigloch, Stuttgart/Künzelsau
Printed in Germany
ISBN 3-426-04564-8

Inhalt

»Elektronische Einsichten« 7
Einleitende Betrachtungen 7

1. Kapitel
Seltsame Geschichten von einem Atombaustein 11
1.1 Ein »sprunghafter« Partner in der Elektron-Proton-Ehe . . 11
1.2 Nur verwellt verweilt das Elektron 20

2. Kapitel
»Körnige« und »unscharfe« Welt des Elektrons 29
2.1 Die tragende Rolle des Planckschen »Energie-Atoms« . . . 29
2.2 Von »gewöhnlichen« und »ungewöhnlichen« Elektronen . 44

3. Kapitel
Die elektrischen »Schweißnähte« der Materie 53
3.1 Winzige Kreisel mit schräger Bugwelle 53
3.2 »Es elektront« zwischen den Atomkernen 65

4. Kapitel
Freie Elektronen »hinter Gittern . . .« 77
4.1 »Ionen-Felsen im Elektronensee« 77
4.2 »Ausgetretene« Energiestufen im Kristalltreppchen 85

5. Kapitel
»Elektronenspender« und »Elektronenfänger« 103
5.1 »Verdrecktes Gitter senkt den Widerstand« 103
5.2 »Kleiner Grenzverkehr« am p-n-Übergang 113

6. Kapitel
»Abgedriftete« und »ausgeschleuderte« Elektronen 121
6.1 »Vom Wasser haben wir's gelernt«? 121
6.2 Vom »Lichtpfeil« getroffen 128

7. Kapitel
Von Photozellen und Transistoren 135
7.1 »Halbleiter-Lichtspiele« 135
7.2 Ein »Löcherstrom« durchs *p-n-p-*»Sandwich« 140

8. Kapitel
»Einbahnstraßen« für Elektronen 155
8.1 Wenn elektronisches Fermi-Gas »ins Leere« entweicht 155
8.2 Elektronenröhren mit »Kennkarte« 165

9. Kapitel
Einmal anders »in die Röhre gucken« 171
9.1 Von der Triode zur Pentode 171
9.2 Schreiben mit dem »Glühelektronen-Griffel« 179

10. Kapitel
Bildröhre: Hinteransicht 187
10.1 Durch Lorentz-Kraft »verbogener« Kathodenstrahl . . . 187
10.2 Wenn Elektronen aus dem Leitungsband fallen 196

11. Kapitel
Elektronische »Licht-Bilder« 211
11.1 Wie funktioniert die farbige Mattscheibe? 211
11.2 »Lichtverstärkung« durch Laser 217

12. Kapitel
»Auf das Elektron!« 223
12.1 Wo elektronische »Maulwürfe« am Werk sind 223
12.2 »Die Elektronen haben keine Moral« 229

Glossar 239
Ergänzende Literatur 245
Bildnachweis 249
Register 251

»Elektronische Einsichten«

Einleitende Betrachtungen

Nicht nur Astronauten im »Skylab« oder in der »Mondfähre«, nicht nur Techniker an den Datensichtgeräten (»Terminals«) der Computer im Hauptkontrollraum der »Apollo«-Raumflüge zu Houston in Texas brauchen heutzutage *elektronisches Gerät*: Physiker, Chemiker und Biologen in aller Welt benützen es in ihren Labors, Ärzte in ihren Diagnose- und Behandlungsräumen und Kaufleute in ihren Rechenzentren.

Aber auch Herr Schulze von nebenan bedient sich ganz selbstverständlich der *Elektronik*, wenn er auf seiner täglichen Autofahrt ins Büro den Blinker betätigt und die Verkehrsampeln beachtet, wenn er abends als Heimwerker zur elektrischen Handbohrmaschine mit der stufenlosen Drehzahlsteuerung greift oder seinen Feierabend vor dem Farbfernsehgerät genießt. Seine Frau kommt mit dieser gar nicht mehr »magischen« Elektronik in Kontakt, wenn sie an der automatischen Waschmaschine die »Weichspül-Stopp«-Taste drückt oder mit ihrem Staubsauger Typ »Electronic« das Wohnzimmer säubert. Der Sohn der Familie hingegen gestaltet seinen »elektronischen Alltag«, indem er den Kassetten-Recorder spielen läßt oder in der Beatband die elektronisch verstärkte Baßgitarre dröhnen läßt: Fällt seine Verstärkeranlage einmal aus, so fühlt er sich mehr ausgeschmiert als ein Lautenspieler, dem die Saiten am Instrument reißen ...

Waschvollautomat und Kassetten-Recorder, Handbohrmaschine und Elektrogitarre sind nur ein paar Beispiele elektronischer Alltagsgeräte. Die Liste ließe sich beliebig verlängern: Transistor-Radio, Tonbandgerät, Diktiergerät, Plattenspieler, »Minicomputer«, Autoscheibenwischer mit Intervallschalter usw. usf.

Seit der Mitte der fünfziger Jahre hat die Elektronik einen Siegeszug auf allen Gebieten des täglichen Lebens angetreten, der sobald wohl nicht gestoppt werden kann: Woche für Woche jagen sich die Nachrichten von Neuigkeiten, die immer erstaunlichere Erfindungen vermelden, bei denen *elektronische Bauelemente* eine zentrale Rolle spie-

len. Offensichtlich gibt es kaum noch etwas, das nicht eines Tages »volltransistorisiert« zu meistern wäre...
Deshalb spielt die Elektronik auch einen so wichtigen Part, wenn in mehr oder weniger gut erfundenen Ausblicken auf unser Leben im Jahr 2000 von der hochtechnifizierten Zukunft berichtet wird. Doch gerade was die elektronischen Entwicklungen betrifft, sind nicht-triviale Voraussagen über zehn Jahre hinaus äußerst riskant. Zudem ist die »elektronische Wirklichkeit« von heute schon faszinierend und aufregend genug, im Detail für den einzelnen sogar bereits unüberschaubar. Was bedeutet dieser Sachverhalt für unser Buch?
Zunächst dies: Ein kompletter Überblick der apparativ-technischen Anwendungen elektronischer Vorgänge ist unmöglich und wäre zudem mehr verwirrend als erhellend für die »Nicht-Techniker«, an die sich unser Buch in erster Linie wendet.
Sodann: Auf »elektronische Zukunftsmusik« von den künftigen Bildtelefonen, die über ein Netz extrem dünner Glasfasern verbunden sind, durch die Laserlicht pulsiert, wird ebenso verzichtet wie auf die plastische Schilderung dreidimensionaler Fernsehbilder, die als »Hologramme« mitten ins Wohnzimmer gezaubert und aus Hunderten von Fernsehsendern in aller Welt via Nachrichtensatellit geliefert werden.
Das Schema dieser Visionen ist allzu leicht durchschaubar: Sie verstehen den japanischen Nachrichtensprecher des NHK-Programms nicht, weil er in seiner Muttersprache redet? Kein Problem: Natürlich ist in Ihrem Empfangsgerät ein automatischer Sprachübersetzer eingebaut, der lippensynchron in zwanzig Sprachen »dolmetscht«! Sie wollen sich selbst ins Programm einschalten? Kein Problem: Im Jahr 2000 ist kein Fernsehgerät eine simple Einweg-Kommunikations-Maschine mehr. Selbstverständlich können Sie unmittelbar während der Sendung mit dem Moderator plaudern oder im Fernsehspiel eine Rolle vom Wohnzimmer aus übernehmen: Der brandneue »IFB-Switch« (englische Abkürzung für »*Immediate Feed-Back*«) oder »Direktrückmeldungsschalter« macht's möglich...
Diese Art von mäßig origineller Science-Fiction soll in der folgenden Betrachtung ebenso fehlen wie düstere Ausblicke im Stil von George Orwells »1984«, wo der »Große Bruder« via Television rund um die Uhr in jedes Appartement schaut: Blinder Fortschrittsglaube an das technisch Machbare wäre bezüglich der Elektronik ebenso verfehlt wie

Naturwissenschaftliche Grundlagen

pathetischer Kulturpessimismus gegen eine prinzipiell verdammenswerte Technik.
Wir sollten den Transistor durchaus als ein Faktum unserer *Kultur* betrachten: Ihm liegt nicht nur eine bemerkenswerte *naturwissenschaftliche Entdeckung* zugrunde, der »Transistoreffekt«. Seine technischen Realisationen sind zudem *Meisterwerke der Ingenieurkunst*. (Die konstruktive Phantasie des Technikers war schon immer ein charakteristisches Merkmal unserer Geistesgeschichte.)
Natürlich muß man in einer »nicht-paradiesischen« Gesellschaft stets mit *Gefahren* rechnen, die aufgrund neuer Erkenntnisse und technischer Konstruktionen entstehen: Ob und wie weit sich jedoch zukünftige Techniken *gegen* die Menschen des Kulturraums richten, in dem sie geschaffen werden, ist ein »Abwehrproblem«, das man in einer demokratischen Gesellschaft vermutlich am besten löst, wenn *möglichst viele Menschen möglichst viel von diesen Techniken verstehen*. (Wer diese Überlegung abzuwerten geneigt ist, der sollte sein »Demokratieverständnis« einmal kritisch überprüfen: Das Recht auf Einsicht in naturwissenschaftliche und technische Fragen gehört wohl ebenso zur Selbstverwirklichung des Menschen wie die Einsicht in gesellschaftspolitische Mechanismen.)
Ein solches »Verständnis« im weitesten Sinne muß im physikalischen Bereich einsetzen: Elektronische Vorgänge verstehen meint nicht, daß man komplexe Schaltpläne lesen oder gar schwierige Reparaturen ausführen kann. Die entsprechende »Basis-Arbeit« setzt ein, wenn man beginnt, die »natürlichen« Mechanismen zu begreifen, die den elektronischen Bauelementen zugrunde liegen, und ihre technische Verwirklichung als zweckmäßiges »Menschenwerk« zu verstehen, das durch »Optimierung« ständig weiterentwickelt wird: Wie kann das Gerät leistungsstärker, störungssicherer, weitgehend wartungsfrei, kompakter, billiger gemacht werden, »narrensicher« in der Bedienung, gefällig im Design usw. usf.?
In jedem Fall gilt es jedoch, zunächst *die naturwissenschaftlichen Grundlagen der elektronischen Vorgänge* aufzuspüren, die sich in diesen Geräten abspielen. Das mag auf Anhieb »aufwendig« erscheinen, um diesen kleinen Schritt weiterzukommen, der uns lediglich dazu verhilft, künftige Entwicklungen auf diesem Gebiet klarer beobachten und bewerten zu können. Aber das Schrittchen ist einfach notwendig in

»Elektronische Einsichten«

einer Gesellschaft, die den demokratischen Entscheidungsspielraum systematisch erweitert: Technisches Verständnis ist eine gute Entscheidungshilfe, wenn im Familienkreise darüber diskutiert wird, welches Fernsehgerät gekauft werden soll, wenn der Gemeinderat debattiert, wie das örtliche Straßennetz »verampelt« wird oder der Verteidigungsausschuß den Ankauf neuer Düsenjäger prüft. Durch all diese Geräte »geistert« im Betriebsfall das *freie, steuerbare Elektron,* das der *Elektronik* ihren Namen gegeben hat: Seine Geschichte soll daher im folgenden erzählt werden ...

1. Kapitel

Seltsame Geschichten von einem Atombaustein

1.1 Ein »sprunghafter« Partner in der Elektron-Proton-Ehe

Unter den Physikern der berühmten englischen Universitätsstadt Cambridge gab es um die Jahrhundertwende einen recht merkwürdigen Trinkspruch: »*Auf das Elektron! – Möge es niemals niemandem nützlich sein!*«, prostete man sich damals im Cavendish-Laboratorium zu.
Hätte dieser komische Trinkspruch tatsächlich eine Wirkung gezeigt, so wären die Physiker aus Cambridge zu Beginn unseres Jahrhunderts wohl die Letzten ihrer Zunft gewesen: Denn ohne das *apparativtechnisch genützte Elektron* gäbe es in unserem Jahrhundert kaum eine Disziplin der experimentellen Naturforschung, die sich über die vergangenen Jahrzehnte hinweg hätte weiterentwickeln können. Ohne die technische Nutzung der typischen Verhaltensweisen *freier, steuerbarer Elektronen* gäbe es keine »*Elektronik*« – und damit keine vernünftige Laborausrüstung für Physiker, Astronomen, Chemiker, Biologen, Mediziner usw. usf. Am härtesten hätte die Erfüllung des Trinkspruchs jedoch den »Mann von der Straße« getroffen, wenn er nach Hause kommt: Es gäbe dann nämlich kein Fernsehen ...!
Das Elektron ist also, dem frommen Wunsche der »reinen« Wissenschaft von einst zum Trotz, im Laufe der letzten Jahrzehnte für viele Menschen, Forscher und Techniker ebenso wie »Normalverbraucher«, in hohem Maß nützlich geworden. Wörter wie »Elektron« und »Elektronik« gehen den meisten Leuten heute ausgesprochen leicht von der Zunge, obwohl damit – für den Fachmann zumindest – ein fast unüberschaubar gewordener Problemkreis von physikalischen und technologischen Fragen verknüpft ist. Einen kleinen Überblick darüber zu geben, das versuchen wir mit den folgenden Betrachtungen.
»Ich nehme an, daß im Atom eine ganze Menge kleiner Teilchen stecken, die ich *Korpuskeln* nennen möchte«, schrieb der englische Physiker Joseph J. Thomson im Jahre 1899. »Diese Korpuskeln sind

einander völlig gleich.« Und da sich herausgestellt hatte, daß diese »Korpuskeln« *elektrisch geladen* waren (und zwar elektrisch negativ), taufte wenig später Thomsons holländischer Kollege Hendrik A. Lorentz sie um und gab ihnen die noch heute übliche Bezeichnung »Elektronen«. Eines können wir jedenfalls festhalten: Elektronen sind »Baumaterialien« für *Atome,* es sind – wie man heute sagt – »*Elementarteilchen*«.

Dieses Wort besitzt nun allerdings eine gefährliche Selbstverständlichkeit: »Elementar*teilchen*«, das sind – wie könnte es nach dieser Bezeichnung anders sein – *Urbausteine* der Materie, aus denen sich alle Atome und damit alle materiellen Gebilde des Universums aufbauen – gleichsam »Kügelchen für Kügelchen«. »Korpuskeln«, »Körperchen«, hatte sie J. J. Thomson ja bereits genannt: Das gibt doch eine recht plastische Vorstellung! Nicht nur für den Laien, der sich noch dunkel aus der Schule erinnert, daß »im Atom die Elektronen um den Kern kreisen wie die Planeten um die Sonne«, sondern auch für viele Techniker sind Elektronen daher »ganz reale« Gebilde, die man sich wie winzig kleine harte Erbsen vorstellen kann, wie einen Mückenschwarm oder wie klitzekleine Billardkügelchen.

Bisweilen funktioniert diese Veranschaulichung sogar recht gut, wie wir noch sehen werden – aber eben leider nicht immer. Das »Kügelchen« Elektron benimmt sich nämlich oft derart seltsam, daß man mit diesem *Hilfsbild* gar nicht so recht weiterkommt. Jedenfalls ist es nicht immer so einfach wie in der folgenden »Märchenstunde«:

»Ein *Elektron* flog mutterseelenallein in der Weltgeschichte umher und suchte Anschluß. Weit, weit in der Ferne glänzte, wie ein Leuchtturm in der Nacht, ein verwitwetes *Proton*. Die beiden schienen füreinander geschaffen, und das Ende war abzusehen. Zwei einsame Wanderer weniger – eine Elektron-Proton-Ehe mehr. Der Physiker meinte zwar, ein neues *Wasserstoff-Atom* zu erblicken, weil in einer schön geschwungenen *Kreisbahn* um den *Kern* das *Elektron* spazierte. Er hatte recht, von seinem Standpunkt aus, aber er dachte physikalisch und nicht poetisch.«

Diese poesievolle Beschreibung des Hilfsbildes oder *Modells* eines Atoms vom einfachsten chemischen Element (Wasserstoff) findet sich in einem mehr als dreißig Jahre alten »Sachbuch« über die exakte Naturforschung. Was macht der eigentliche »Held« unserer Betrach-

»Elektron-Proton-Ehe«

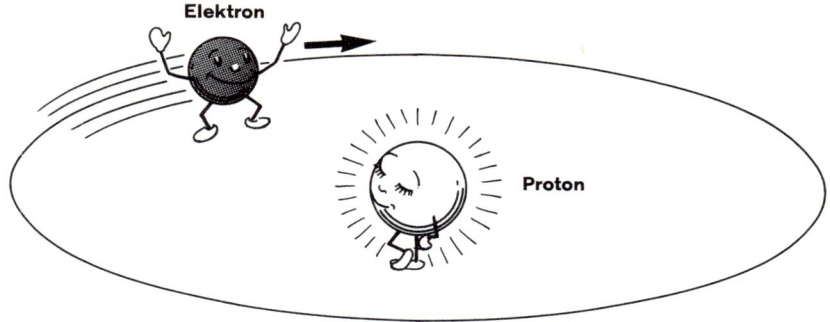

Um elektronische Vorgänge bildhaft zu veranschaulichen, wird in zahlreichen Büchern eine »physikalische Märchenstunde« abgehalten: Da wird z. B. das Wasserstoff-Atom als »Elektron-Proton-Ehe« dargestellt, wobei das Elektron als geradezu »personifiziertes« Kügelchen um die massige »Proton-Matrone« kreist, d. h. »in einer schön geschwungenen Kreisbahn um den Kern spaziert«. Solche Verniedlichungen sind nicht nur didaktisch fragwürdig, sondern effektiv falsch.

tung, das *Elektron,* in diesem Fall? Zunächst irrt es »mutterseelenallein« durch die Gegend, ist also ein *freies* Elektron. Dann wird es, um in der Diktion zu bleiben, »eingefangen« und geht schließlich eine »Elektron-Proton-Ehe« ein, wobei es »in einer schön geschwungenen Kreisbahn um den Kern spaziert«.
Leider verläuft für den Physiker der in diesem »Märchen« auf schicksalhafte Begegnung getrimmte Vorgang nicht ganz so schlicht und ergreifend. Dieses simple Modell des Wasserstoff-Atoms, bei dem das elektrisch negativ geladene Elektron den elektrisch positiv geladenen Kern (hier: das eine Proton) umkreist und das von dem englischen Physiker Sir Ernest Rutherford stammt, hat nämlich einen ganz gewaltigen Haken: Jedes elektrisch geladene Teilchen, also auch ein Elektron, gibt im Zustand der Bewegung ständig *Energie* ab, und zwar in Form von *elektromagnetischer Strahlung.* Auf diese Weise verliert es – anders etwa als die Erde, die um die Sonne kreist – fortwährend »Antriebsenergie«: Das strahlend kreisende Elektron müßte also, um in diesem Bild zu bleiben, in einer spiralenförmigen Sturzbahn blitzschnell auf den Atomkern krachen.
Diese schauerliche Vision widerspricht jedoch allen Erfahrungstatsa-

chen: Normalerweise sind Wasserstoff-Atome nämlich recht stabile Gebilde. »Poetisch« gesagt: Die Elektron-Proton-Ehe hält. (Weiterführende Vergleiche sollte man sich allerdings verkneifen.) Das sogenannte »*Rutherfordsche Atommodell*«, das dieser märchenhaften Begegnung zugrunde liegt, kann demnach nicht so ganz stimmen. Wie rettete sich also der zitierte »Elektronen-Dichter«? Lesen wir weiter: »Hier griff Niels Bohr ein. Wir erinnern uns noch, wie Sir Ernest Rutherford das Wasserstoff-Atom aufgebaut hatte: Ein schweres Proton in der Mitte, das Elektron im raschen Kreislauf außen. Sir Ernest hatte nur darauf geachtet, daß in seinem Modell positive und negative Elektrizität sich die Waage hielten; er hatte nichts über den Abstand der beiden bestimmt, nur wußte er, daß dieser Abstand sehr groß sein müsse. Bohr ging weiter. Er schrieb, so sonderbar es klingt, dem Elektron ganz bestimmte Bahnen vor: ›Höre‹, sagte er, ›ich habe eine Anzahl Bahnen für dich ausgewählt. Dein Abstand vom Kern kann 0,5 hundertmillionstel Zentimeter betragen – näher geht es auf gar keinen Fall. Das wäre die erste Bahn, die kernnächste. Die zweite liegt bei 2 hundertmillionstel Zentimeter, die dritte bei 4,5, die vierte bei 8 usw. Dazwischen gibt es nichts.‹«
Eigentlich klingt das wieder recht einleuchtend: Ähnlich wie bei bestimmten Laufwettbewerben in der Leichtathletik, wo ein Läufer immer in seiner Spur bleiben muß, wenn er auf der Aschenbahn gestartet ist, verhält es sich beim »Elektronenrennen« um den Atomkern. (Stellen Sie sich vor, ein Sprinter wollte bei einem Wettbewerb plötzlich quer über den Rasen des Stadions spurten, statt in der Bahn zu laufen!) Auch Autos, die durch die Landschaft fahren, müssen sich ja stets auf festumrissenen Straßen oder für sie bestimmten Zonen wie Parkplätzen oder privaten Grundstücken bewegen. Beliebiges Querfeldeinfahren durch Wiesen und Wälder ist keineswegs immer erlaubt.
Damit ist natürlich nicht gesagt, daß der berühmte dänische Physiker Niels Bohr so eine Art von »subatomarer Sportlehrer« oder gar »Verkehrsminister für Elektronen« ist – aber irgend etwas muß schließlich dran sein an seinem »*Bohrschen Atommodell*«. Jedenfalls lassen sich damit viele Beobachtungstatsachen *besser erklären* als mit dem Modell seines britischen Kollegen Ernest Rutherford, vor allem dies: daß das Elektron auf den vorgeschriebenen Bahnen keine Energie verliert. Und was sagte Sir Ernest zur Arbeit von Bohr?

Elektron als »Kügelchen«

Ihm wollte die Verwässerung der alten mechanischen Vorstellungen im subatomaren Bereich zunächst nicht so recht behagen: Dagegen, daß sich das Teilchen auf den stabilen Elektronenbahnen ohne Energieverlust aufhält, hatte er wohl weniger einzuwenden als gegen Bohrs Vorstellung, daß dieses Elektron *von einer Bahn zur anderen springen* soll und *dabei* Energie abgibt. Der Energiewert der Strahlung bei diesem »Elektronenhüpfen« ist dabei übrigens mit einer ganz bestimmten *Frequenz* (Schwingungszahl) verknüpft. Rutherford schrieb daher an seinen Kollegen Bohr:

»Mir scheint Ihrer Hypothese eine ernsthafte Schwierigkeit entgegenzustehen, von der ich annehme, daß Sie selbst sie auch schon erkannt haben, nämlich: *Wie entscheidet ein Elektron, mit welcher Frequenz es zu schwingen hat,* wenn es von einem Grundzustand« (gemeint ist der Aufenthalt in einer der »vorgeschriebenen« Bahnen) »in den anderen übergeht? Mir scheint dazu die Annahme erforderlich, daß dieses Elektron von Anfang an *weiß,* wo es *stehenbleiben* wird.«

Diese Rutherfordsche Betrachtungsweise des »sprunghaften« Elektrons als eines geradezu »personifizierten« Teilchens, das individuell handelt, ist inzwischen praktisch unbegreiflich geworden: Niemand zerbricht sich heute mehr ernsthaft den Kopf, ob ein Elektron selbständig »entscheidet«, wie es schwingen möchte, daß es eigentlich doch »wissen« muß, wie es im Atom von Bahn zu Bahn hüpft usw. Man betrachtet zwar das Elektron, vor allem das *freie, steuerbare* Elektron, bisweilen noch immer als winzig kleines Kügelchen: Doch das ist, wie bereits gesagt, eine »Anschauungskrücke«, die ganz nützlich sein kann, vor allem dann, wenn diese subatomaren Gebilde gleichsam in »Horden« auftreten, wie es bei elektronischen Vorgängen zumeist der Fall ist. Aber »muntere kleine Gesellen«, wie noch bei Rutherford, sind diese »Kügelchen« längst nicht mehr.

Doch davon später. Vorerst sind wir noch immer bei der »Elektron-Proton-Ehe«, dem Wasserstoff-Atom, wo das Elektron, gemäß den Vorstellungen des Bohrschen Atommodells, sich nur auf ganz bestimmten Bahnen ohne Energieverlust (»strahlungsfrei« oder »energiefrei«) aufhalten kann. Die Physiker sprechen hier übrigens von *»stationären Bahnen«.* Dazwischen liegen gleichsam breite »Sprunggräben«, auf denen das Teilchen nicht verweilen kann. Diese Gräben zu überspringen, »kostet« *Energie:* Wechselt das Elektron von einer sta-

Seltsame Geschichten von einem Atombaustein

Lichtquant wird »ausgeschleudert«

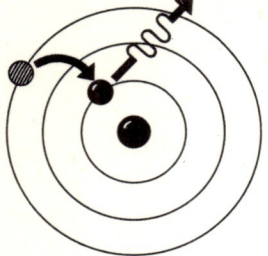

Lichtquant wird »verschluckt«

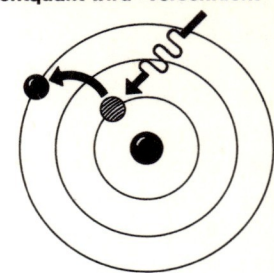

Im Bohrschen Atommodell kann sich das Elektron nur auf ganz bestimmten Kreisbahnen ohne Energieverlust aufhalten (»stationäre Bahnen«). Werden diese Bahnen gewechselt, so muß ein elektromagnetischer Strahlungsimpuls (»Lichtquant«) abgegeben oder aufgenommen werden.

tionären Bahn zur anderen, dann »funkt« es, d. h. es gibt einen elektromagnetischen Strahlungsimpuls von ganz bestimmter Frequenz ab, ein sogenanntes »*Lichtquant*«.
Diese *Abgabe von Energie* in Form eines »Lichtquants« erfolgt allerdings nur dann, wenn das Elektron von einer »Außenbahn« auf eine »Innenbahn« springt. Anders gesagt: Je näher dem Kern die Bahn des Elektrons im Atom verläuft, um so niedriger ist die entsprechende Energiestufe. Weiter außen liegen die Energiewerte höher. Fällt das Elektron die »Energietreppe« im Atom herunter, so »funkt« es. Aus dem Atom wird ein kleines *Bündel Energie* hinausgeschleudert, eben das Lichtquant.
Umgekehrt bedarf es einer Energie*zufuhr* von außen, wenn das Elektron diese »Treppe« zu Stufen höherer Energie hinaufgeschubst werden soll. Im Bahnbild besehen: Um das Elektron von einer Innenbahn auf eine Außenbahn zu bringen, muß das Atom Energie aufnehmen. Nur das Zurückhüpfen in eine kernnahe Bahn von der Außenbahn her bringt das »sprunghafte« Elektron zum Strahlen: Das Atom gibt Strahlungsenergie ab.
Wie Sie sicherlich bemerkt haben, ist inzwischen die »*Energie*« ein wichtiges Stichwort unserer Betrachtung geworden. Diese ›Energie‹ als physikalischer Grundbegriff ist eine ziemlich abstrakte Angelegenheit, aber quantitativ (»größenmäßig«) präzise fixiert. Die Energie

»Energiepaket« Lichtquant

steht mit materiellen Dingen in einer ständigen Wechselwirkung: Erwärmt sich z. B. ein x-beliebiger Körper, so nimmt er Wärme*energie* auf. Strahlt er Wärme aus, so gibt er Wärme*energie* ab.
Um den »Energiehaushalt« des Wasserstoff-Atoms kennenzulernen, fragen wir also jetzt: Mit welcher Energie kann das Elektron von der Innenbahn auf eine der Außenbahnen gebracht werden? Anders gefragt: Wie läßt sich das Elektron die atomare »Energietreppe« hinaufschubsen? Dazu ist in jedem Fall, wie schon angedeutet, irgendeine Energiezufuhr *von außen* erforderlich.
Am einfachsten geschieht diese Energiezufuhr auf rein mechanischem Wege durch einen kräftigen »Elektronenstoß«: Dabei knallt ein *freies* Elektron, das man sich in diesem Fall wirklich als kleines Kügelchen vorstellen kann, wie eine Kanonenkugel auf das Wasserstoff-Atom. Ein entsprechender »Treffer« dieses Geschosses kann das stets sprungbereite Elektron im Atom auf eine der äußeren Bahnen schleudern.
Auch durch ähnlich heftige »Rempeleien« mit anderen *Atomen* kann das Wasserstoff-Atom eine »Stoßanregung« bekommen: Dabei wird die Bewegungsenergie (»kinetische Energie«) des atomaren Stoßpartners in Strahlungsenergie des Wasserstoff-Atoms umgewandelt. Im Bild der »Energietreppe«: Durch die Rempelei hopst das Elektron im Atom ein paar Stufen nach oben, um nach einer extrem kurzen »Verweilzeit« von einer tausendmillionstel Sekunde (10^{-9} s) wieder in den Grundzustand zurückzufallen. Dabei gibt es, wie bereits erwähnt, sein »Lichtquant« als elektromagnetischen Strahlungsimpuls ab. Der Zusammenprall bei dieser »Stoßanregung« des Atoms ist, wie der Fachmann sagt, ein »unelastischer Stoß«.
Das Stichwort »*Lichtquant*« gibt uns den Hinweis auf eine weitere Möglichkeit der Energieaufnahme durch das Wasserstoff-Atom: Es verschluckt (»absorbiert«) ein solches Strahlungspaket wie ein Automat, der eine Münze aufnimmt. Sie erinnern sich: Fällt das Elektron die Energietreppe im Wasserstoff-Atom herunter, so stößt das Atom ein Lichtquant als Strahlungsenergie aus. Jetzt läuft die Sache anders herum: Fürs energetische »Treppensteigen« des Elektrons wird der »Gegenwert« dieses Lichtquants von außen her aufgenommen. Dann stimmt die energetische Bilanz im atomaren Haushalt wieder.
Mit dem »Wert«, d. h. mit der Größe des entsprechenden »*Energiepaketes*« *Lichtquant* müssen wir uns nun auch noch beschäftigen: Der

Seltsame Geschichten von einem Atombaustein

Energiereichtum des Lichtquants ist direkt gekoppelt mit der Frequenz seines Strahlungsbündels, mit der Schwingungszahl der elektromagnetischen Strahlung also: Je höher die Frequenz liegt, um so energiereicher ist das Lichtquant. Es gilt die berühmt gewordene Beziehung

$$E = h \cdot \nu$$

wobei die Energie E von der veränderlichen Frequenz ν (griechisches n, gesprochen: »nü«) abhängt. Der Wert h ist eine stets gleichbleibende, also konstante Größe, eine bedeutsame »Naturkonstante«, die den Namen »*Plancksches Wirkungsquantum*« trägt. Von dieser Naturkonstante wird noch ausführlicher die Rede sein.

Vorerst wollen wir jedoch festhalten: Jede »Sprungweite« des Elektrons im Wasserstoff-Atom von einer stationären Bahn zur andern ist mit einer bestimmten *Frequenz* ν des Lichtquants gekoppelt, das entweder vom Atom ausgestoßen (»emittiert«) oder aber verschluckt (»absorbiert«) wird. Da die Energiestufen des Atoms nach außen hin ansteigen, bringt ein Elektronensprung von einer weit außen gelegenen Bahn auf die Innenbahn in der Frequenzhöhe mehr ein als ein Sprung von der Nachbarbahn, d. h., im ersten Fall ist das Lichtquant energiereicher als im zweiten Fall.

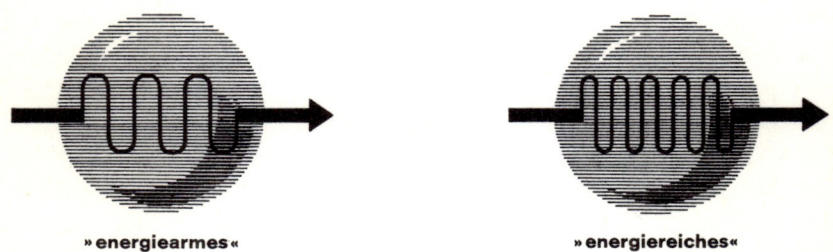

»energiearmes«   »energiereiches«

Lichtquant mit $E = h \cdot \nu$

Der Energiereichtum eines Lichtquants hängt von der Schwingungszahl (Frequenz) seiner elektromagnetischen Strahlung ab: Das »Energiepaket« Lichtquant ist um so energiereicher, je höher sein Frequenzwert liegt.

»Wirkungsquantum« h

Numerieren wir etwa die Bahnen vom Atomkern weg mit Bahn 1, Bahn 2, Bahn 3 usw., so ergibt der Elektronensprung von Bahn 5 auf Bahn 1 einen höheren Energie- bzw. Frequenzwert des emittierten Lichtquants als ein Sprung von Bahn 2 auf Bahn 1. Entsprechend muß im umgekehrten Fall vom Atom ein energiereicheres Lichtquant absorbiert werden, wenn das Elektron von Bahn 1 auf Bahn 5 geschleudert werden soll, als wenn es nur auf die Nachbarbahn 2 wechseln soll. Ordnen wir den Bahnen 1, 2, 3 usw. entsprechende Energiestufen E_1, E_2, E_3 usw. zu, so gilt aufgrund der umgeformten Beziehung $E = h \cdot v$ für den Frequenzwert des erstgenannten Sprungs

$$v = \frac{E_5 - E_1}{h},$$

für den Wechsel auf die Nachbarbahn 2 dagegen lediglich

$$v = \frac{E_2 - E_1}{h}.$$

Durch diese »Quantelung« der Energiedifferenzen ($E_5 - E_1$ oder $E_2 - E_1$) mit dem stets konstanten Betrag h im Nenner des Bruchs wird deutlich, warum h die Bezeichnung »Wirkungs*quantum*« bekommen hat. Ganz allgemein gilt ja

$$v = \frac{E}{h},$$

wodurch ausgedrückt wird, daß jedwelche Energie im atomaren und subatomaren Bereich immer nur in gleichsam abgepackten »Portiönchen« ausgetauscht werden kann. Die Energiepakete sind stets von der Größe $h \cdot v$, wobei sich allein der Wert der Frequenz ändern kann, *niemals jedoch die Konstante* h.
Diese klare »Quantelung« der energetischen Zustände im einfachsten Atom und damit der zugehörigen Bahnverläufe für den strahlungsfreien Aufenthalt des »sprunghaften« Elektrons legen die Frage nahe, ob das Plancksche Wirkungsquantum nicht auch für die klare Abzirkelung der Elektronenbahnen in Rechnung gezogen werden kann: Wir haben zwar bisher gehört, wie und in welchen Abständen die Bahnen ungefähr um den Atomkern verlaufen, aber nicht, *warum* das gerade in diesen und keinen anderen Abständen der Fall ist. Mit diesem Problemkreis wollen wir uns im folgenden beschäftigen.

Seltsame Geschichten von einem Atombaustein

1.2 Nur verwellt verweilt das Elektron ...

Seit den Überlegungen des dänischen Physikers Niels Bohr zum Aufbau der »Elektronenhülle« – des Bereichs der Elektronen-Kreisbahnen – im Atom weiß man, daß die Elektronen als atomares Baumaterial in ihren Bewegungen und Energiewerten über das Plancksche Wirkungsquantum h geregelt werden: Dieses h ist »Proportionalitätsfaktor« in der Gleichung

$$E = h \cdot \nu,$$

die bekanntlich besagt, daß Energie und Frequenz einander »proportional« sind. Aufs Lichtquant angewandt: Es ist um so energiereicher, je höher sein Frequenzwert liegt. Ein Frequenzwert ist aber, wie wir schon wissen, eine *Schwingungszahl*. Man kann sich nun zwar recht gut vorstellen, wie ein Pendel an einer Uhr schwingt, wie eine Stimmgabel schwingt, die Saite einer Gitarre usw. Aber wie soll denn ein Lichtquant schwingen?

Erinnern wir uns, wie wir das Lichtquant kennengelernt haben – als *elektromagnetischen* Strahlungsimpuls, der, je nach energetischer Situation des Wasserstoff-Atoms, von diesem System verschluckt (absorbiert) oder aber ausgespuckt (emittiert) wird. Das Lichtquant ist also ein winziges *Bündel elektromagnetischer Schwingungen*, ein »*Feldteilchen*«, wie die Physiker sagen. Dieser »Feldfleck« Lichtquant verändert irgendwie periodisch seine elektromagnetische Feldstärke, und zwar rund

100 000 000 000 000 mal

in der Sekunde, also 10^{14} mal pro Sekunde. Das notiert man gewöhnlich so: 10^{14} s^{-1} (gelesen: »zehn hoch vierzehn Sekunde hoch minus eins«). Im deutschen Sprachraum ist dafür auch die Redewendung »zehn hoch vierzehn Hertz« üblich, notiert: 10^{14} Hz. Diese Bezeichnung kennen Sie bestimmt vom Wechselstromnetz: Auf allen im Alltag gebrauchten Elektrogeräten steht meist irgendwo auf einem Schildchen der Ausdruck »50 Hz«: Der im Alltag gebräuchliche Wechselstrom schwingt 50mal pro Sekunde, extrem »langsamer« als ein Lichtquant also mit seiner Frequenz von rund 10^{14} Hz.

Das im Lichtquant gebündelte elektromagnetische Feld besitzt nicht

Lichtgeschwindigkeit

nur eine unvorstellbar hohe Frequenz: Es breitet sich auch noch mit einer gigantischen Geschwindigkeit aus, mit *Lichtgeschwindigkeit* nämlich. Pro Milliardstel Sekunde (s^{-9}) durchläuft das Lichtquant eine Strecke von rund 30 Zentimeter. Die Lichtgeschwindigkeit (im Vakuum) beträgt also rund 30 cm · s^{-9} oder $3 \cdot 10^8$ m · s^{-1} gleich 300 Millionen Meter pro Sekunde.

Der genaue Wert liegt übrigens zwischen 299 792 200 und 299 792 800 Meter pro Sekunde, was »$(2{,}997925 \pm 0{,}000003) \cdot 10^8$ m · s^{-1} notiert wird. In der Praxis ist es jedoch zumeist völlig ausreichend, mit dem Wert $3 \cdot 10^8$ m · s^{-1} zu rechnen: 300 000 *Kilo*meter pro Sekunde sind das. Elektromagnetische Felder breiten sich normalerweise in Form von *Wellen* aus. So spricht man von »Radiowellen«, von »Lichtwellen« usw. Die in klaren Portionen (»Quanten«) abgepackten »Wellenpakete« der *Lichtquanten* haben wir aber bisher – mehr oder weniger stillschweigend – wie winzige *Teilchen* betrachtet. Dieses *Hilfsbild* oder *Modell* kann man – ähnlich wie beim Elektron – auch in vielen Fällen recht gut benützen: Daher heißt das Lichtquant mit einer anderen Bezeichnung auch »*Photon*« und wird unter diesem Namen sogar als *Elementarteilchen* geführt.

Im Gegensatz zum Elektron, das, wie wir bereits wissen, ein Träger *elektrischer Ladung* ist und – wie noch zu zeigen ist – auch eine deutliche *Masse* besitzt, bewegt sich das Photon (Lichtquant) *elektrisch neutral* und nahezu *masselos* mit Lichtgeschwindigkeit. (Genauer gesagt: Das »Massenpäckchen« des Photons existiert nur bei Lichtgeschwindigkeit. Ansonsten ist seine »Ruhemasse« gleich Null; vgl. »Knaurs Buch der modernen Physik«).

Diese Geschwindigkeit c des Lichts ist übrigens die Ausbreitungsgeschwindigkeit jeder elektromagnetischen Strahlung, ob es sich nun um Radiowellen, Lichtquanten (Photonen) oder Röntgenstrahlen (X-Strahlen) handelt. Dabei treten jeweils drei charakteristische Größen auf: die Frequenz ν, die Wellenlänge λ (griechisches l, gesprochen: »lambda«) und die Lichtgeschwindigkeit c. Zwischen ν, λ und c besteht dabei folgende Beziehung:

$$\nu \cdot \lambda = c$$

Seltsame Geschichten von einem Atombaustein

Der genannten Wechselstromfrequenz $v = 50$ Hz ($50\,s^{-1}$) entspricht deshalb eine Wellenlänge λ von 6 Millionen Meter. Die Lichtquanten des für unser Auge sichtbaren Bereichs im »elektromagnetischen Spektrum« von Violett bis Rot schwingen zwischen $4 \cdot 10^{-7}$ und $7,5 \cdot 10^{-7}$ Meter. Darüber hinaus bewegen sich die Photonen des *ultravioletten* Strahlungsbereichs, die bis zu 10^{17} Hz »schnell« schwingen können und dabei Wellenlängen bis fast drei Milliardstel Meter ($3 \cdot 10^{-9}$ m) erzeugen.

Das Photon oder Lichtquant kann also bei bestimmten Verhaltensweisen als winziges *Teilchen* (Korpuskel) betrachtet werden, bei anderen Reaktionen dagegen als *Welle*. Dieses »Wellenpaket« Photon ist allerdings damit kein »anschauliches Unding«: Es wäre geradezu absurd, zu behaupten, da läge ein »Widerspruch« vor, wie man das einst so oft getan hat. Beide Betrachtungsweisen (Photon als Teilchen – Lichtquant als Welle) sind ja nur grobe *Modelle,* besser gesagt, »begrenzt nützliche *Hilfsbilder*«.

Ob das »Teilchenbild« oder aber das »Wellenbild« jetzt nun »richtig« (wahr) sei, wodurch das andere jeweils »falsch« würde, ist eine *sinnlose* Fragestellung: Beide Bilder sind lediglich »Anschauungskrücken«, mit denen man arbeiten muß, um überhaupt etwas veranschaulichen zu können. Fragen zu wollen, wie ein einzelnes Photon oder Lichtquant »wirklich aussieht«, das ist völlig irreführend; denn ganze Myriaden solcher Elementarteilchen ermöglichen es uns ja erst, daß wir überhaupt etwas sehen in der normalen Umwelt unserer alltäglichen Dinge und Geschehnisse. »Sehen« können wir in diesen mikrokosmischen oder subatomaren Zonen nur mit den »Augen des Geistes«, oder, um diese »Poesie« ein wenig zu mildern, mit den »Augen des *mathematischen Geistes*« ...

Das ist in unserem Fall übrigens überhaupt nicht schwer. Der theoretische Ansatz sieht nämlich einfach so aus: Wenn man ein Photon (Lichtquant) mathematisch nicht nur wie einen Wellenzug oder ein Wellenpaket behandeln kann, sondern mit gleichem Erfolg auch wie ein »massives« Teilchen, so sollte sich diese Verfahrensweise doch eigentlich auch an anderen Elementarteilchen, z. B. am *Elektron,* praktizieren lassen.

Bisher haben wir das Elektron nur als Kügelchen betrachtet: Aber vielleicht läßt es sich auch als *Wellenpaket* behandeln? Ja, wir wollen

Materiewellen

dieses Spiel sogar noch weitertreiben und fragen: Kann man nicht jeden x-beliebigen materiellen Körper unserer Umwelt als »*Materiewelle*« ansehen, z. B. einen Rennwagen, der über die Piste jagt, oder Olympiasieger Valerij Borsow (UdSSR), der die Aschenbahn hinunter spurtet?

In der Tat: Man kann das tun, wenn wir die Sache rein »mathematisch« ins Auge fassen. Zunächst ein paar Vorüberlegungen:

In jedem Photon, das vom Atom emittiert oder absorbiert wird, steckt ein gewisses Quantum Strahlungs*energie,* nämlich $E = h \cdot \nu$. In *jedem* materiellen Körper von der Masse m steckt aber nach der berühmten »*Einstein-Gleichung*« $E = m \cdot c^2$ eine beträchtliche Energiemenge E. (c^2 ist bekanntlich das Quadrat der Lichtgeschwindigkeit.)

Aus $E = h \cdot \nu$ und $E = m \cdot c^2$ folgt unmittelbar $h \cdot \nu = m \cdot c^2$ und daraus wiederum $\nu = \dfrac{m \cdot c^2}{h}$. Mit Hilfe der Beziehung $\nu \cdot \lambda = c$ gleich $\nu = \dfrac{c}{\lambda}$ kann man die Gleichung

$$\frac{c}{\lambda} = \frac{m \cdot c^2}{h}$$

herstellen, aus der dann $c \cdot h = \lambda \cdot m \cdot c^2$ folgt und schließlich

$$\lambda = \frac{h}{m \cdot c}.$$

Diese Gleichung haben wir ohne jede *inhaltliche* Überlegung durch »rein mechanisches« Umformen aus den beiden *Energie*gleichungen $E = h \cdot \nu$ und $E = m \cdot c^2$ gewonnen: Ergibt sie denn irgendeinen »Sinn« hinsichtlich unserer Frage nach einem x-beliebigen materiellen Körper als »*Wellenpaket*«? Nun, nehmen wir einmal an, der ins Auge gefaßte Körper habe die Masse m und bewege sich nicht mit Lichtgeschwindigkeit c, sondern mit einer beliebigen Geschwindigkeit v, die kleiner als c ist, so müßte der »verwellte« Körper folgende Wellenlänge besitzen:

$$\boxed{\lambda = \frac{h}{m \cdot v}}.$$

Seltsame Geschichten von einem Atombaustein

Den Gedanken, daß es nützlich sein könnte, auch für die *Materie* zwei Modellbilder zu entwerfen, nämlich ein »korpuskulares« *und* ein »welliges«, entwickelte der französische Physiker Louis de Broglie. Daher heißen die *Materiewellen* auch »De-Broglie-Wellen«. Mit Hilfe der entwickelten »Wellenformel« wollen wir nun einmal ganz mechanisch ausrechnen, welche De-Broglie-Wellenlänge einem bewegten Elektron, einem Rennwagen auf der Piste und Valerij Borsow auf der Aschenbahn zugeschrieben werden kann.

Dazu brauchen wir zunächst den Wert des Planckschen Wirkungsquantums h. Der Physiker gibt ihn normalerweise so an:

$h = 6{,}625 \cdot 10^{-34}$ Watt $\cdot$ s²

oder

$h = 6{,}625 \cdot 10^{-34}$ Joule $\cdot$ s

Mit den Einheiten »Watt mal Sekunde im Quadrat« oder »Joule mal Sekunde« können wir aber in unserer Rechnung nicht allzuviel anfangen. Deshalb benützen wir die Plancksche Konstante in folgender Weise:

$$h = 6{,}625 \cdot 10^{-34} \, kg \cdot m^2 \cdot s^{-1}$$

Aus der Gleichung $E = m \cdot c^2$ haben wir dabei die Einheit der Energie gewonnen: Die Masse m wird in Kilogramm (kg), das Quadrat der Lichtgeschwindigkeit in $\frac{m^2}{s^2}$ oder $m^2 \cdot s^{-2}$ (Meter im Quadrat pro Sekunde im Quadrat) angegeben. Aus der Gleichung $E = h \cdot v$ entnehmen wir die »Dimension« von h als »Energie pro Zeit«. Dadurch erhält man die recht ungewöhnliche Einheit »$kg \cdot m^2 \cdot s^{-1}$« für den h-Wert des Wirkungsquantums: Rechnen wir also im folgenden mit

$h = 6{,}625 \cdot 10^{-34} \, kg \cdot m^2 \cdot s^{-1}$.

Für das *Elektron* sieht die Rechnung so aus: Durchläuft es eine Spannungsdifferenz von einem Volt (1 V), eine elektrische Einheit, die Sie bestimmt von jeder Taschenlampenbatterie her kennen, so wird es auf

»Verwelltes« Elektron

eine *für diesen Bereich* verhältnismäßig »behäbige« *Geschwindigkeit* v beschleunigt, deren Wert $v_e = 5{,}9 \cdot 10^5$ m · s⁻¹ beträgt. In solchen Fällen sprechen die Physiker von »langsamen Elektronen«. Die ermittelte Geschwindigkeit des Elektrons ist immerhin 590 Kilometer pro Sekunde.

Ein solches »langsames« Elektron besitzt nun eine *Masse* von rund $9 \cdot 10^{-31}$ kg: $m_e = 9{,}11 \cdot 10^{-31}$ kg.

Setzt man diese drei Werte h, v_e und m_e nun in die Gleichung für die Materiewellenlänge ein, so ergibt sich der Wert $\lambda = 1{,}2 \cdot 10^{-9}$ m. Diese Größenordnung entspricht der Wellenlänge von Röntgenstrahlen (10^{-7} cm), kann also in jedem Fall *experimentell* nachgewiesen werden – falls die Materiewellen de Broglies keine bloße Fiktion sind, kein reines Hirngespinst.

Kurzum: Das »verwellte« Elektron ist *keine* Fiktion. »Langsame« Elektronen zeigen nämlich an sogenannten Kristallgittern ähnliche Beugungserscheinungen wie Röntgenstrahlen (X-Strahlen): Bei der Durchstrahlung dünner Metallfolien mit Elektronenstrahlen erhält man »Beugungsringe«, die vergleichbar sind denen mit elektromagne-

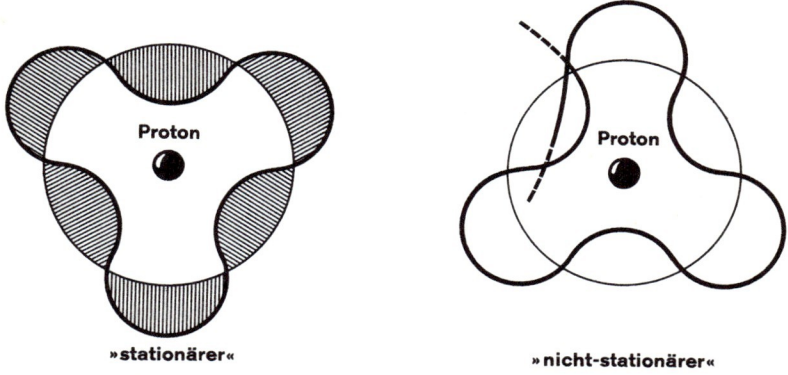

»stationärer«   »nicht-stationärer«

Zustand eines »verwellten« Elektrons in der Atomhülle

Nur als Materiewelle kann das Elektron bei entsprechender De-Broglie-Wellenlänge eine nahtlos zusammenlaufende Umlaufwelle (»stehende Welle«) in der Atomhülle bilden: Das »verwellte« Elektron ist daher eine plausible Erklärung der Existenz »stationärer Bahnen« rund um den Atomkern.

Seltsame Geschichten von einem Atombaustein

tischen »Röntgenwellen« erzeugten (vgl. Abbildung Seite 70). Das entsprechende Muster sieht aus wie eine Schießscheibe.

Im zweiten Rechenexempel wollen wir einen Rennwagen auf der Piste »verwellen«: Um eine möglichst einfache Rechnung zu erhalten, sei angenommen, daß hier die bewegte Masse 1000 kg groß ist und die Durchschnittsgeschwindigkeit 240 Kilometer pro Stunde gleich 66 m · s^{-1} beträgt. Wir kommen dann auf den glatten Wert für die Materiewellenlänge von

$\lambda = 10^{-38}$ m (in Worten: zehn hoch minus achtunddreißig Meter)

oder 10^{-40} cm. Das ist ein gigantischer, unvorstellbarer Unterschied zur Wellenlänge des »verwellten« Elektrons, die bekanntlich in der Größenordnung von 10^{-9} m oder 10^{-7} cm liegt.

Das Schlimme an diesem Zahlenwert 10^{-40} cm ist, daß er in bezug auf unsere Welt, auf das Universum überhaupt keinen Sinn ergibt: Diese Maßangabe ist in doppelter Weise *völlig sinnlos*. Zunächst einmal gibt es nämlich überhaupt *keine* noch so ausgeklügelte *Meßmöglichkeit* für diesen Wert. Er kann niemals die Bezeichnung »*Meß*wert« bekommen, welch große Fortschritte die Meßtechnik auch immer machen wird. Das ist die eine, die *praktische* Seite dieser Angelegenheit. Aber selbst die *Theorie* der exakten Naturwissenschaft legt hier einen klaren Riegel vor: Es gibt nämlich eine untere Grenze beim Ausmessen mikrokosmischer Geschehnisse, die in der Physik »*Elementarlänge*« heißt. Ihre Größenordnung beträgt 10^{-13} cm, in Worten: zehn hoch minus dreizehn Zentimeter.

Es wäre daher ausgesprochen müßig, sich den Kopf zu zerbrechen, was denn unterhalb dieser Grenze passiert, wie es dort aussieht. Das ist ganz einfach eine komplett *sinnlose* Frage, die an der »Realität«, an der Beschaffenheit des Universums vorbeizielt. Am ehesten könnte man hier wohl von der »*Körnigkeit*« unseres Universums sprechen. Bei den Betrachtungen zum Planckschen Wirkungsquantum haben wir ja feststellen müssen, daß selbst die recht abstrakte *Energie* ein »körniges« Medium ist: Sie kann immer nur in »gequantelten« Päckchen verbreitet werden, die Vielfache des Wirkungsquantums sind. Daher gibt es effektiv ein *kleinstes* Energiepaket, das in seinem Energiewert niemals unterschritten werden kann. (Dieses Unterschreiten ist genauso unmöglich, wie einen halben Pfennig Wechselgeld zu bekommen.)

De-Broglie-Wellenlänge

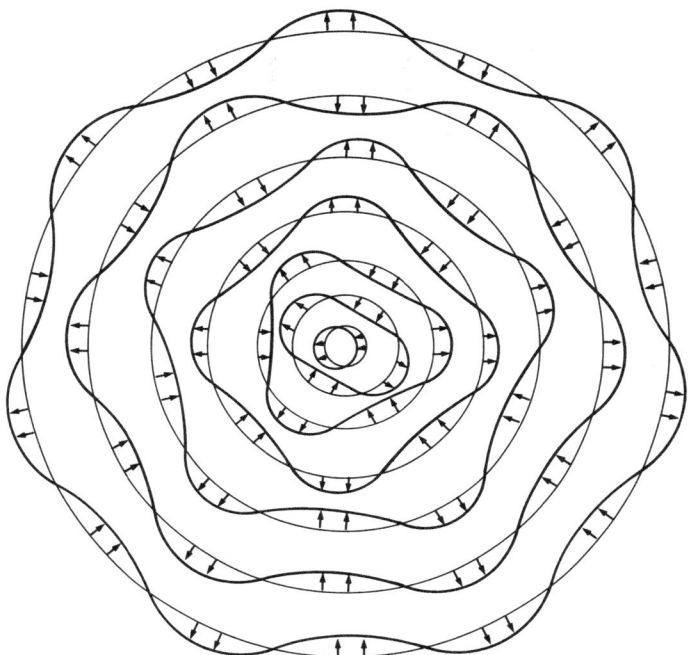

Mögliche stationäre Zustände eines verwellten Elektrons in der Atomhülle des Wasserstoff-Atoms.

Im gleichen, praktisch wie theoretisch sinnlosen Bereich der Materiewellenlänge landen wir übrigens mit der Berechnung des »verwellten« Sprinters Valerij Borsow: Wenn er die 100 Meter in glatten zehn Sekunden läuft, so ist seine Durchschnittsgeschwindigkeit $10 \text{ m} \cdot \text{s}^{-1}$. Nehmen wir darüber hinaus an, daß er diesen Lauf mit einer Masse von 72 kg absolviert, dann beträgt seine De-Broglie-Wellenlänge rund $0{,}9 \cdot 10^{-38}$ cm, wie Sie leicht selbst nachrechnen können. Auch dieser Wert liegt weit unterhalb der natürlichen Barriere »Elementarlänge« von 10^{-13} cm und ist damit absolut wertlos.

Fassen wir also zusammen: Es ist zwar ohne jeden Nutzen, »normale« materielle Dinge unseres Erfahrungsraumes als »Materiewellen« anzusehen. Höchst nützlich und sinnvoll dagegen kann es sein, *Elemen-*

tarteilchen wie Elektronen nicht nur als winzige »Kügelchen«, sondern *auch* als »Wellenpakete« zu betrachten – jeweils im entsprechenden *Hilfsbild* natürlich.

Das »verwellte« Elektron bietet beispielsweise den Schlüssel zum Verständnis der »*stationären*« *Elektronenbahnen in der Atomhülle*. Es ist dies, wie bereits erläutert, das Gebiet der Kreisbahnen um den Atomkern, wo sich ein Elektron strahlungsfrei, d. h. ohne Energieverlust, aufhalten kann. Außerhalb dieser stationären Bahnen würde es ja fortlaufend »Antriebsenergie« verlieren und auf den Kern stürzen. Bekanntlich sprechen die Tatsachen des stabilen Wasserstoff-Atoms gegen diesen spiralenförmigen Sturzflug des Elektrons. Aber wie hält es sich *energiefrei* in den stationären Bahnen?

Das *Teilchenbild* des Elektrons kann darauf keine vernünftige Antwort geben, wohl dagegen sein *Wellenbild*: Das Elektron im »verwellten« Zustand bildet im stationären Zustand eine nahtlos zusammenlaufende »Umlaufwelle«. Der Kreisumfang seiner Bahnen bildet dabei jeweils ein ganzzahliges Vielfaches seiner Materiewellenlänge λ, wobei λ, wie wir von Seite 23 her wissen, den Wert $\frac{h}{m_e \cdot v_e}$ besitzt.

Für die erste, kernnächste Bahn des »atomaren Kreisverkehrs« im Wasserstoff-Atom gilt $2 \cdot \pi \cdot r = \lambda$, für die Nachbarbahn $2 \cdot \pi \cdot r = 2 \cdot \lambda$, für die dritte Bahn $2 \cdot \pi \cdot r = 3 \cdot \lambda$ usw. ($2 \cdot \pi \cdot r$ ist bekanntlich der Umfang eines Kreises mit dem Radius r. Der Wert r gibt in diesem Fall also den Abstand der stationären Elektronenbahn vom Kern an).

Eine »auseinanderlaufende« Welle verdeutlicht dagegen einen »nichtstationären« Zustand in der Elektronenhülle: In diesen Bereichen verlaufen die »Sprunggräben« zwischen den gequantelten Bahnen (vgl. Abbildung). In der »Wellentheorie« des Elementarteilchens Elektron kann man also sagen: Nur nahtlos »verwellt« verweilt das Elektron auf der energiefreien Umlaufbahn im Wasserstoff-Atom...

Das waren nun bereits einige recht ungewöhnliche und für manchen Leser vielleicht sogar unerwartete Ansichten des Atombausteins Elektron, jenes merkwürdigen Gebildes, das im »befreiten« Zustand, losgelöst von »Bindungen«, wie sie z. B. eine Elektron-Proton-Ehe im Wasserstoff-Atom mit sich bringt, die »Hauptrolle« bei allen elektronischen Vorgängen spielt. Ein paar weitere Seltsamkeiten des »Hauptdarstellers« auf der Elektronik-Bühne lernen wir im folgenden kennen.

2. Kapitel

»Körnige« und »unscharfe« Welt des Elektrons

2.1 Die tragende Rolle des Planckschen »Energie-Atoms«

Um das »Wesen« der Elektrizität kennenzulernen, so schreiben die meisten populären »Elektronik-Berichterstatter«, müsse man die *Atome* betrachten, die Bausteine der chemischen Elemente. Am einfachsten gebaut sei das Wasserstoff-Atom, wo ein negativ elektrisches *Elektron* den positiv geladenen Atomkern, das *Proton,* umkreise wie ein Planet die Sonne. Dabei hielten sich die beiden Träger entgegengesetzter elektrischer Ladung derart das Gleichgewicht, daß die Fliehkraft des den Kern umlaufenden Elektrons die elektrische Anziehungskraft »aufhebe«. Dazu sei eine Umlaufgeschwindigkeit des Elektrons von rund 2000 km · s^{-1} (Kilometer pro Sekunde) erforderlich. Dieses Bild ist zwar einfach und einleuchtend – aber leider falsch ...
Der grundlegende Fehler dieser Darstellung ist die völlige Außerachtlassung des Planckschen »Energie-Atoms«, des *Wirkungsquantums* h = 6,625 · 10^{-34} kg · m^2 · s^{-1}: Eben diese fundamentale Naturkonstante ist es nämlich, die Bewegung und Energiestufen der Elektronen in jedem Atom regelt. Es empfiehlt sich also schon, sich mit dieser recht ungewohnten Größe h vertraut zu machen. Wenn *Elementarteilchen* wie Elektron oder Photon im Spiele sind, sollte man den bedeutsamen »Quantelungsfaktor« h nie gänzlich aus dem Auge verlieren.
Warum ist denn dieses Plancksche Wirkungsquantum h im Bereich der Elementarteilchen so bedeutsam? Ganz einfach: Weil es eine »naturgegebene« *untere Barriere physikalischer Wechselwirkung* zwischen x-beliebigen Objekten darstellt. Es gibt wegen der »Körnigkeit« unseres Universums einen *kleinsten* Energiebetrag, der zwischen zwei Objekten überhaupt noch ausgetauscht werden kann.
Nach den Vorstellungen der »klassischen« Physik ist dies keineswegs selbstverständlich: Man könnte sich schließlich recht gut *vorstellen,* daß die Energieportiönchen beliebig klein gemacht werden können, bis die Energie ganz verschwindet, also den Wert Null annimmt.

»Körnige« und »unscharfe« Welt des Elektrons

Diese »klassische« Vorstellung hat sich jedoch als effektiv falsch herausgestellt: Nach einer Energieportion zu fragen, die kleiner ist als das kleinste Energiequant, das es in diesem Universum gibt, ist physikalisch absolut sinnlos. Von der »Wirkung« her besehen ist eine solche Frage ähnlich unsinnig wie die Bitte eines Rauchers um ein *halbes Streichholz*, damit er seine Zigarette anzünden kann ...

Diese energetische Grenzziehung im mikrokosmischen Bereich hat jedoch eine entscheidende Konsequenz für die – wiederum »klassische« – Vorstellung eines materiellen Körpers oder *Teilchens*, das sich *auf einer Bahn bewegt*: Bei der Registrierung dieser »Bahn« mit Hilfe eines Meßgeräts treten selbstverständlich stets *Wechselwirkungen* zwischen dem bewegten »Meß*objekt*« und dem Meß*gerät* auf, die von der Art des Meßvorgangs abhängen.

Beispiel: Hat ein Flugsicherungsexperte ein Flugobjekt, etwa einen Jumbo-Jet, auf seinem »Radarschirm«, so ist dieser Jumbo zunächst mit einem Strahlungsimpuls elektromagnetischer Wellen »bombardiert« worden, der zum Meßgerät zurückgeworfen wird. Der reflektierte Impuls, den das Registriergerät zurückempfängt, gibt dann via Radarschirm Auskunft über Entfernung und Richtung des Flugzeugs. Radar ist also eine Art elektromagnetischer »Echolotung«.

Nun wird weder ein Jumbo-Jet im Luftraum eines Flughafens noch ein Pkw auf der Landstraße im Bahnverlauf durch solch eine Bestrahlung mit kurzwelliger Radiostrahlung merklich gestört, obwohl selbstverständlich ein effektiver Energieaustausch zwischen dem Meßgerät einerseits und dem sich bewegenden Objekt andererseits stattfindet. Doch die winzigen Energiepäckchen, die das Meßgerät »ausschleudert«, werfen weder den Jumbo noch den Pkw aus seiner Flug- bzw. Fahrbahn: Eine tatsächlich registrierbare »Störwirkung« tritt bei diesem Meßvorgang jedenfalls nicht auf.

Dennoch sollte man nicht außer acht lassen, daß beim Registrieren der Flugbahn des körperlichen Objekts Jumbo-Jet eben dieser Flugkörper auf die Meßapparatur einwirkt, die seine *aufeinanderfolgenden Positionen* im Luftraum notiert. In gleicher Weise gibt es eine Rückwirkung des Radargerätes auf den Jumbo. Diese Wechselwirkung ist, wie gesagt, relativ klein und stört die Flugbahn nicht: Es wäre nun jedoch ein arger Trugschluß, anzunehmen, daß man diese Wechselwirkung zwischen dem gemessenen und dem messenden Objekt *beliebig klein*

Störungsfreie Beobachtung

machen könnte, so klein nämlich, daß sich die Bewegung eines *jeden auch noch so kleinen* Körpers völlig störungsfrei registrieren ließe. Seit der Entdeckung des Planckschen Wirkungsquantums ist es mit diesem »klassischen« Wunschbild vorbei: Es gibt in der Tat eine nicht überschreitbare untere Grenze physikalischer Wechselwirkung. Nur bis zu dieser Grenze kann die Störung der Bewegung herabgesetzt werden. Das ist für die Flugbahn des Jumbo-Jets zwar technisch uninteressant, *nicht* jedoch für den Bahnverlauf eines *Elektrons*. Warum wohl?

Im Bereich der Elementarteilchen kommt man tatsächlich in die unangenehme Situation, die im Alltag mit dem treffenden Ausdruck gekennzeichnet wird, daß jemand »mit Kanonen auf Spatzen schieße«: Die elektromagnetische Strahlung, mit der man ein Elektron beschießen muß, um seine Position auf einer »Flugbahn« aufzufinden, ist zwangsläufig relativ energiereich. Ähnlich wie zwar die Position eines *Flugzeugs* mit Hilfe von *Radarstrahlen,* kurzwelligen Radiowellen also, »ausgeleuchtet« werden kann, *nicht* jedoch die Position einer *Stechmücke,* verhält es sich im Mikrokosmos mit Positionsbestimmungen bewegter Objekte wie *Elektronen*: Um sie zu lokalisieren, muß man doch schon mit ziemlich kurzwelligen Lichtquanten (Photonen) auf die gesuchten Objekte »ballern«. Nach der bekannten Beziehung zwischen Wellenlänge λ und Frequenz ν einer elektromagnetischen Strahlung heißt *kurze* Wellenlänge aber automatisch *hohe* Frequenz ($\lambda \cdot \nu = c$). Eine *hohe* Frequenz wiederum bringt nach $E = h \cdot \nu$ einen *hohen Energiewert* mit sich.

Für das »betroffene« Elektron, das mit der entsprechenden »Beleuchtungsapparatur« in Wechselwirkung tritt, spielt ein solches Energiequantum schon eine bemerkenswerte Rolle. Anders gesagt: Bei der zur Ortung seiner Position erforderlichen Photonen-Bestrahlung wird sein Bahnverlauf mehr oder weniger deutlich *gestört*. Eine »absolut störungsfreie« Beobachtung ist in diesem Fall ein reines Hirngespinst: So etwas ist ganz einfach nicht möglich!

Das hat natürlich beträchtliche Konsequenzen: Man kann sich überhaupt keinen »möglichen« Meßvorgang mehr vorstellen, der eine *störungsfreie* Beobachtung des Elektrons erlaubt. Damit ist aber der »klassische« *Bahn*-Begriff für ein bewegtes Teilchen des subatomaren Bereichs eigentlich wertlos geworden: Wo jeder Meßvorgang aufgrund

Erläuterungen zum Bildteil Seite 33 bis 40

1: Elektronik für die Forschung: Das Unternehmen »Skylab« der amerikanischen Weltraumbehörde NASA steht und fällt mit dem störungsfreien Arbeiten der elektronischen Ausrüstung in dieser bemannten Weltraumstation.

2: Elektronik für den Alltag: Hier werden Farbfernsehgeräte montiert, die in vielen Familien den »grauen« Feierabend etwas bunter gestalten.

3: Elektronik und Mathematik: Elektronen im Vakuum einer Elektronenröhre zeigen eine andere Geschwindigkeitsverteilung (»Maxwell-Verteilung«) als Leitungselektronen in Festkörper-Kristallen (»Fermi-Verteilung«). Auf Seite 172 f. wird diese »Mathematik der Elektronen« erläutert.

4: Elektronik und Technologie: Die Funktionstüchtigkeit elektronischer Geräte, ihre Wartung und Reparatur hängen weitgehend von der Technologie der verwendeten Bauelemente ab. In übersichtlichen und leicht zugänglichen Einheiten montiert, findet man sie heute in allen »Serienmodellen«.

5: Elektronik und Naturforschung: Die beiden Elementarteilchen Elektron (elektrisch negativ) und Positron (elektrisch positiv) lassen sich zu reiner Energie in Form eines Gamma-Quants zerstrahlen (»Paarvernichtung«) oder aus solchen Energiepaketen herstellen (»Paarerzeugung«).

6: Elektronik und Ingenieurkunst: Aus 1,2 Millionen Leuchtstoffpunkten setzt sich ein »normales« Farbfernsehbild zusammen.

7, 8: Elektronik und Flugsicherung: Fluglotsen in der EUROCONTROL-Flugsicherungszentrale von Maastricht haben die Aufgabe, den gesamten Flugverkehr in Höhen über 7500 Meter von Belgien, den Niederlanden, Luxemburg und Norddeutschland zu überwachen. Ihr wichtigstes Arbeitsgerät ist der Radarschirm (8).

2

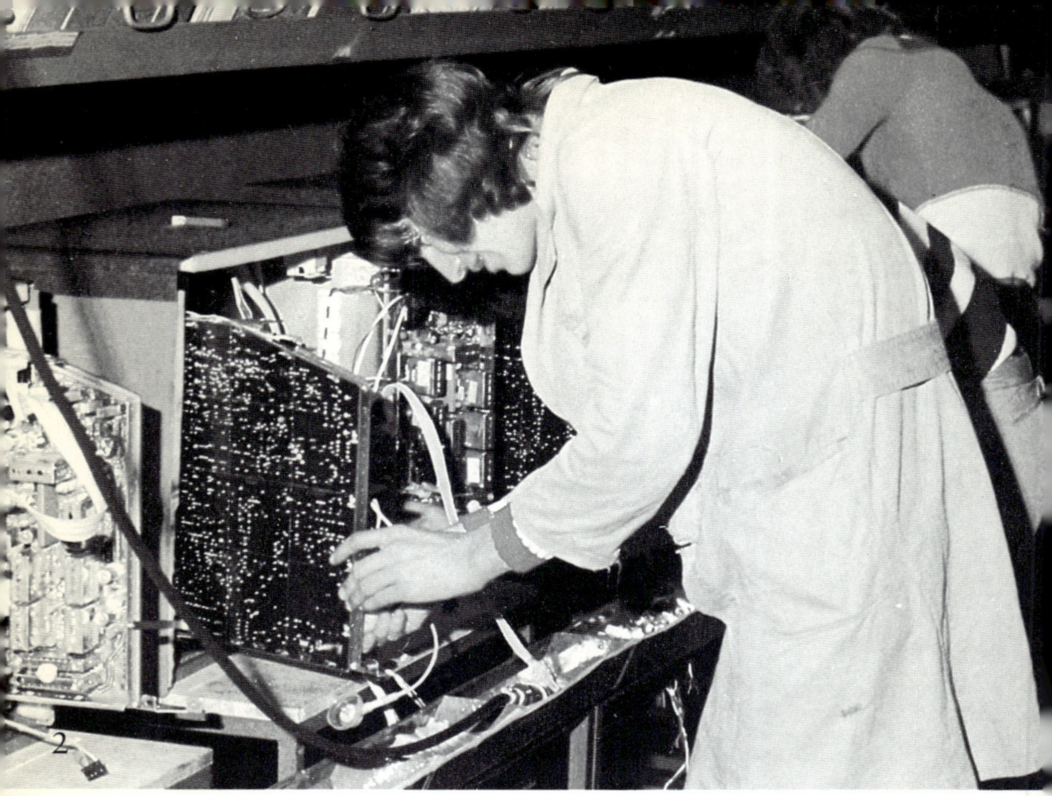

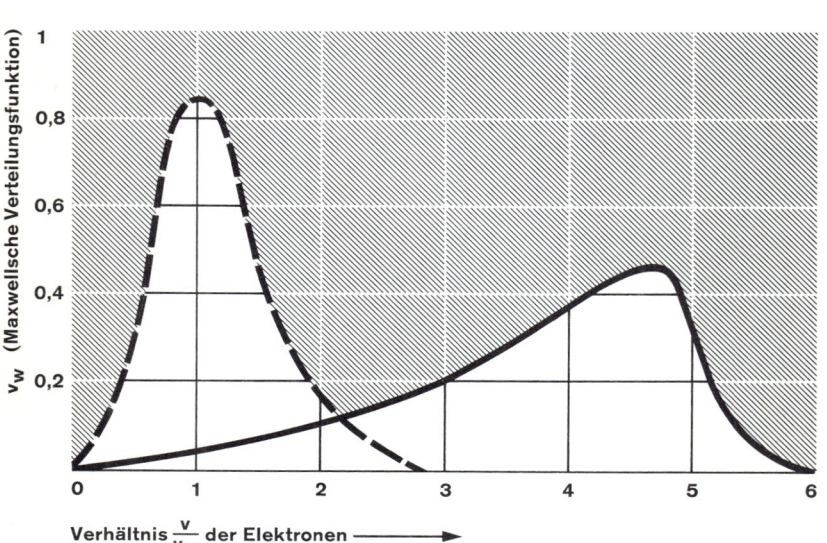

MAXWELL-Verteilung im Vakuum
bei beliebiger Temperatur
FERMI-Verteilung
im Metall (2500° Kelvin)
vw (Maxwellsche Verteilungsfunktion)
1
0,8
0,6
0,4
0,2
0
1
2
3
4
5
6
Verhältnis v/vw der Elektronen

3

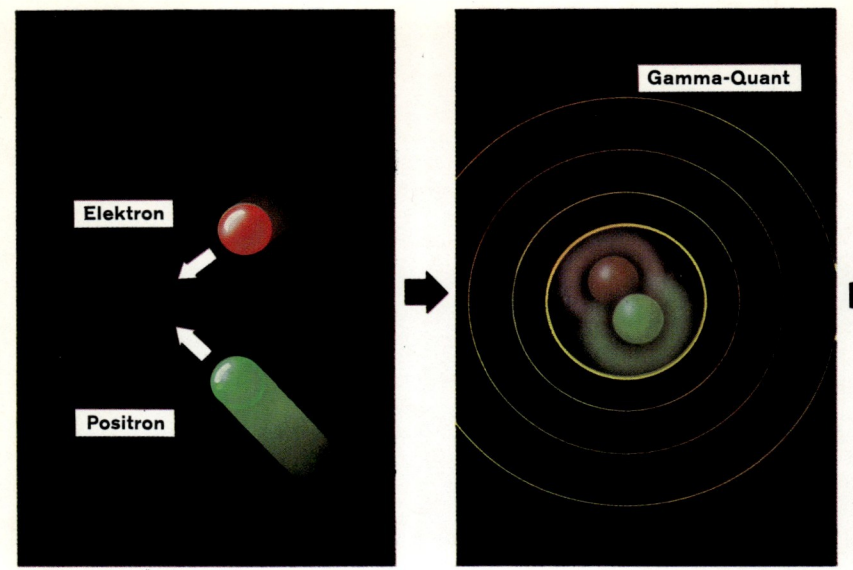

»Paarvernichtung«

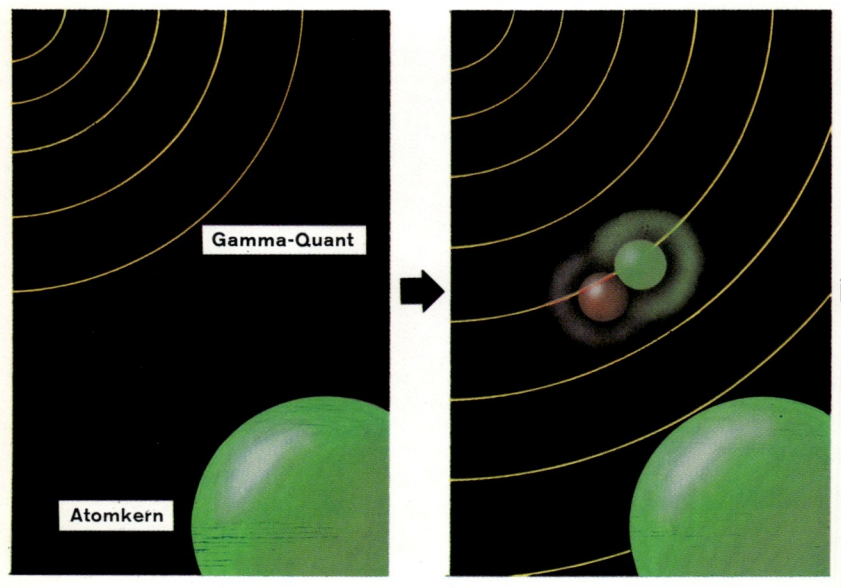

»Paarerzeugung«

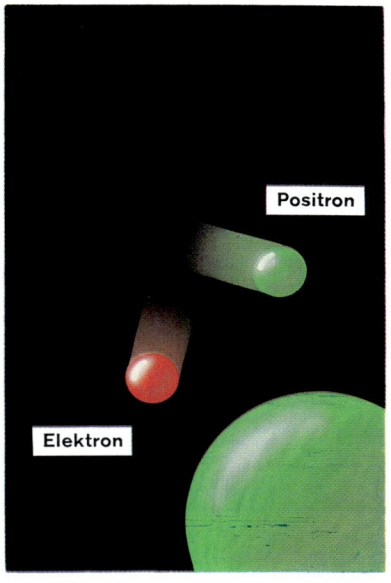
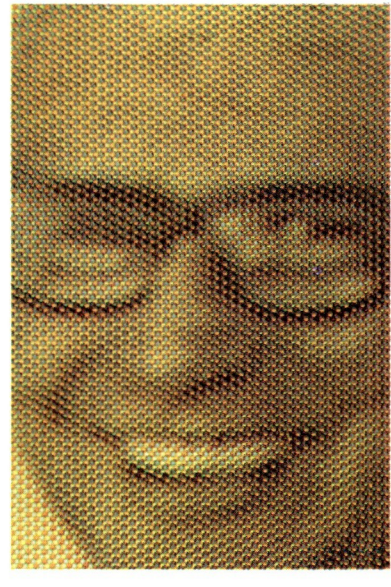

Unbestimmtheitsprinzip

des Planckschen Wirkungsquantums automatisch zu einer nicht auszumerzenden Störung eines fiktiven »Bahnverlaufs« des Elektrons führt, da sollte man von »Bahn« im Sinne der klassischen Physik überhaupt nicht mehr reden: Bei einem beobachteten Elektron wird die *Störung* seiner Bewegung durch den Beobachtungsvorgang ja ein *tatsächlicher Bestandteil seiner Bewegung!*

Das klingt in vielen Ohren noch immer sehr merkwürdig. Im Grunde umkreisen all diese Aussagen jedoch immer wieder die eine schmerzliche Feststellung: *Es gibt keine störungsfreie Beobachtung eines Elektrons.*

Jetzt erkennen Sie vielleicht auch besser, warum das vielzitierte »Planetenmodell« des um den Atomkern »kurvenden« Elektrons ein so *unbrauchbares Hilfsbild* ist: Man geht dabei von der im Makrokosmos sicher nützlichen Annahme aus, daß ein bewegter Körper *zu jedem Zeitpunkt* t eine präzise bestimmbare *Position* x einnimmt, wobei aufeinanderfolgende Positionen x_1, x_2, x_3 usw. zu den Zeitpunkten t_1, t_2, t_3 usw. stets jenen zusammenhängenden Linienzug bilden, der »*Bahn*« des Körpers genannt wird. Aus dem Abstand zweier Positionen zu zwei verschiedenen Zeitpunkten läßt sich dann die *Geschwindigkeit* des Körpers berechnen: Der durchlaufene Weg ist der Abstand zweier »störungsfrei« gemessenen Positionen und wird durch die Zeitspanne zwischen den beiden Zeitpunkten dieser »störungsfreien« Messung dividiert.

Bei der Ortung von bewegten Elektronen ist dieses Hilfsbild unbrauchbar geworden, weil *gleichzeitig* Position (Ort) *und* Geschwindigkeit überhaupt nicht präzise angegeben werden können. Der »Störungsfaktor« einer solchen Messung ist stets das »Energieatom« h, das Plancksche Wirkungsquantum: Es sorgt für eine charakteristische »Unschärfe«, die durch keine praktischen oder theoretischen Meßkünste weggezaubert werden kann.

Ein mit Photonen bombardiertes Elektron besitzt eine Position $x \pm \Delta x$ (gelesen: »x plus minus delta-x«) und eine Geschwindigkeit $v \pm \Delta v$: Es kann also irgendwo zwischen den Positionen $x + \Delta x$ und $x - \Delta x$ lokalisiert werden, wobei seine Geschwindigkeit irgendeinen Wert zwischen $v + \Delta v$ und $v - \Delta v$ annehmen kann. Der Physiker Werner Heisenberg hat die Beziehung der beiden Größen durch sein berühmtes *Unbestimmtheitsprinzip*

»Körnige« und »unscharfe« Welt des Elektrons

$$\Delta x \cdot \Delta v \approx \frac{h}{m}$$

festgelegt, wobei h das uns nun schon gut bekannte Plancksche Wirkungsquantum und m die Masse des bewegten Teilchens ist. Versucht man also bei einer Messung, die Position etwa eines Elektrons schärfer zu erfassen, so geht das nur, wenn man gleichzeitig eine höhere Ungenauigkeit bei der Angabe des Geschwindigkeitswertes in Kauf nimmt. Umgekehrt ist es genauso: Ein präziserer Geschwindigkeitswert des Elektrons, der per Messung ermittelt wird, bringt einen »unschärferen« Positionswert zu diesem Zeitpunkt mit sich.
Was bedeutet dieses Unbestimmtheitsprinzip für die Vorstellung des um den Atomkern kreisenden Elektrons? Es zerstört das simple Bild des auf Kreis- oder Ellipsenbahnen bewegten »Kügelchens« oder »Massenpunkts«: Der *Bahn*-Begriff ist hier völlig wertlos geworden. Wenn man im *Teilchenbild* bleiben will, so kann man das Atom in diesem Fall lediglich als *Wahrscheinlichkeitsraum* für das Elektron ansehen. Nur folgende Frage läßt sich sinnvoll stellen: Mit welcher Wahrscheinlichkeit hält sich das »Teilchen« Elektron im Zeitmittel in einer bestimmten Entfernung vom Atomkern auf? Dann erhält man eine sinnvolle Antwort über die *Aufenthaltswahrscheinlichkeiten des Elektrons*, die in der modernen Naturforschung auch »*Elektronenorbitale*« genannt werden.
Ansonsten hilft einem nur das *Wellenbild* des Elektrons weiter, das verwellt auf seiner »Bahn« verweilt, als *stehende Welle,* wie der Physiker sagt: Der Bahnumfang ist dann stets ein ganzzahliges Vielfaches der De-Broglie-Wellenlänge (vgl. Seite 28).
Ganz grob können wir jetzt daher sagen, daß ein Atom für den Physiker eine Art »Elektronenfalle« ist, ein winziges Kästchen, in dem sich »stehende Elektronenwellen« ausbilden oder in dem man gewisse Aufenthaltswahrscheinlichkeiten für das »Elektronenkügelchen« angeben kann. Entscheidend für diesen Kasten ist sein Energiehaushalt, der aufgrund des Planckschen Wirkungsquantums eine sogenannte »Nullpunktsenergie« besitzt, die das »eingefangene« Elektron zumindest besitzen muß, um sich im Kasten aufhalten zu können.

Hohlraumstrahlung

Das ist nun auch die einfachste »Erklärung« für die Tatsache, daß der »Kasten« Wasserstoff-Atom im niedrigsten Energiezustand *stabil* bleibt und nicht gemäß den Überlegungen der klassischen Physik zusammenkracht (vgl. Seite 13): Das Elektron kann ganz einfach *nicht* in einen Zustand noch niedrigerer Energie herunterfallen – weil ein solcher Energiezustand innerhalb des Kastens gar nicht existiert!

Der eigentliche »Schlüssel« zum Verständnis all dieser merkwürdigen oder besser ungewohnten Mechanismen im subatomaren Bereich ist die Einsicht in das Vorliegen einer untersten Barriere physikalischer Wechselwirkung, in die *Existenz des Planckschen »Energie-Atoms«* h. Wegen seiner tragenden Rolle auf der mikrokosmischen Bühne ist es ganz nützlich, ein paar Anmerkungen zu seiner »Entdeckungsgeschichte« zu machen. Das wichtigste Stichwort in diesem Zusammenhang heißt »*Hohlraumstrahlung*«. Was ist darunter zu verstehen?

Stellen Sie sich ein »leeres« Kästchen mit spiegelnden Wänden vor, einen »Hohlraum«, in den man elektromagnetische Wellen packt, die von den sechs Spiegelwänden hin und her geworfen werden. Nehmen wir weiter an, daß dieser »Wellensalat« Päckchen der verschiedensten Wellenlänge – und damit verschiedenster Frequenz – enthält: Radiowellen, Wärmestrahlen (Infrarot-Strahlung), Lichtquanten des sichtbaren Bereichs, Ultraviolett-Strahlen, Röntgenstrahlen usw. In diesem Strahlungsfeld des Hohlraums entstehen um so mehr Lichtquanten, je höher die Temperatur des Kastens steigt, also je mehr Energie von außen zugeführt wird.

Fragt man nun nach der *wahrscheinlichsten* Verteilung der Strahlungsenergie im Hohlraum, so lautet die »klassische« Antwort: Im wahrscheinlichsten Zustand ist die Energie *gleichmäßig* über die verschiedensten Frequenzen verteilt. Wenn man aber zu immer höheren Frequenzen übergeht, müßte nach dieser Vorstellung *alle* Energie mit der Zeit zu den – theoretisch unendlich vielen – hohen Frequenzen abwandern. Ein Gleichgewichtszustand könnte sich überhaupt nicht einstellen: Es käme zu einer, wie der Physiker sagt, »Ultraviolett-Katastrophe«. Dies widerspricht nun jedoch jeder Erfahrung: Also muß die »klassische« Antwort *falsch* sein.

Der Physiker Max Planck erklärte im Jahre 1900 dieses Abweichen der Realität von der Vorstellung der klassischen Physik durch die »Quantenhypothese«: In einem Strahlungsfeld kann eine Schwingung

»Körnige« und »unscharfe« Welt des Elektrons

von bestimmter Frequenz ν immer nur Energie*portionen* des Betrages E = h · ν aufnehmen – oder *gar keine* Energie. Für sehr hohe Frequenzen hebt sich also die »klassische« Gleichverteilung der Energie auf: Oberhalb einer bestimmten Frequenz müßte nämlich das kleinstmögliche Energiepaket h · ν *aufgeteilt* werden – was bekanntlich nach der Vorstellung vom »Wirkungsquantum« h überhaupt nicht geht. Daher wird oberhalb dieser bestimmten Frequenz, die von der verfügbaren Energie und damit von der Temperatur des Hohlraums abhängt, in der Regel überhaupt keine Energie mehr vorhanden sein, es sei denn, ab und zu in einem vollen Päckchen h · ν, das jedoch um so unwahrscheinlicher auftritt, je höher der Frequenzwert liegt.

Diese von Planck gegebene »quantentheoretische« Erklärung der »Hohlraumstrahlung« paßt akkurat auf die Erfahrungstatsachen, während die »klassische« Erklärung in die nicht feststellbare »Ultraviolett-Katastrophe« mündet. Und wie nützlich das Plancksche Wirkungsquantum bei der Erklärung von Verhaltensweisen des *Elektrons* als Atombaustein ist, haben wir ja bereits ausführlich erläutert. Im folgenden wollen wir uns wieder ganz diesem Elementarteilchen widmen, das bei allen elektronischen Vorgängen die Hauptrolle spielt.

2.2 *Von »gewöhnlichen« und »ungewöhnlichen« Elektronen*

Bezüglich der in Päckchen klarer Größenordnung verpackten *Energie* haben wir von einer gewissen »*Körnigkeit*« des Universums gesprochen, die vor allem bei den mikrokosmischen, subatomaren Prozessen deutlich sichtbar wird: Die entsprechenden »Energiekörnchen« heißen »*Quanten*« und sind von der Größe h · ν. Jede Energiemenge, die bei einem physikalisch-technischen Prozeß ausgetauscht wird, ist in Paketen von h · ν-Vielfachen abgepackt: Es gibt also nur h · ν-Päckchen, 2 · h · ν-Päckchen, 3 · h · ν-, 4 · h · ν-, 5 · h · ν-Pakete usw., die bei solchen Prozessen auftauchen, niemals jedoch »Hackstücke« wie 0,3 · h · ν- oder $\frac{7}{4}$ · h · ν-Portionen von Energie. Das ist eine der »Schlüsselerkenntnisse« moderner Naturforschung und Technologie, die man immer im Auge haben sollte, wenn man sich mit Vorgängen beschäftigt, an denen *Elektronen* beteiligt sind – und *Elektronik* hat nun weiß Gott mit

»Raumsparende« Quanten

diesen merkwürdigen Elementar-»Teilchen« zu tun, die so ganz anders reagieren als »normale« Teilchen anschaulicher Größenordnung.
Die »körnige« Energie kann also nur immer in »Quantgröße« vermehrt oder verringert werden. Anders gesagt: Der Betrag $h \cdot v$ tritt stets nur in *ganzzahligen* Vielfachen mit *positivem* Wert auf. Dabei hängt der »Energiereichtum« eines Quants ausschließlich von der Höhe des *Frequenz*wertes v ab bzw. von der *Kurzwelligkeit* des entsprechenden »Wellenpakets«. Das hat hinsichtlich der *Raum*ausfüllung des Quants eine scheinbar paradoxe Konsequenz: Je energiegeladener ein solches Päckchen ist, um so kurzwelliger ist es und damit um so »raumsparender«. Ein simpler Vergleich hilft über Verständnisschwierigkeiten hinweg, die das Quant betreffen, das um so *weniger Raum* ausfüllt, je energiereicher es ist: Man kann es mit einer Uhrfeder vergleichen, in der um so mehr »potentielle« Energie steckt, je fester sie zusammengezogen wird. Je mehr man eine solche Feder zusammenpreßt, um so kleiner ist aber dann auch der Raum, den sie einnimmt.
Neben dieser effektiven »Körnigkeit« des Universums bezüglich des Austauschs von Energiepaketen zeichnet sich unsere Welt aber auch noch durch eine in subatomaren Zonen deutlich ausgeprägte »Unschärfe« oder »*Verschwommenheit*« aus. (Der Wissenschaftsautor Isaac Asimov spricht von »Schummrigkeit«, was manche Leser aber vielleicht doch eher an ein Nachtlokal als an einen »Elektronen-Spielplatz« erinnert.) Wie äußert sich diese »Verschwommenheit« physikalischer Prozesse?
Wie wir gesehen haben, kann man ein *Elektron* nur dann sondieren, wenn ein energiereiches, also hochfrequentes *Photon* (Lichtquant) von ihm abprallt: Dieser *Stoßprozeß* schubst das Elektron auf jeden Fall mehr oder weniger heftig »durch die Gegend«, d. h. stört seinen »normalen« Bewegungsablauf auf unkontrollierbare Weise. Das geortete Elektron wird mit um so größerer Geschwindigkeit von seinem Auftreffplatz davonsausen, je hochfrequenter gleich kurzwelliger das »Sondierungsgeschoß« Photon ist.
Man kann also keine präzise Ortsbestimmung des Elektrons vornehmen, ohne seine Geschwindigkeit merklich zu verändern. Anders gesagt: Bestimmt man per Messung eine charakteristische Eigenschaft

des »Systems« Elektron (Position), so *zerstört* man die andere Eigenschaft (Geschwindigkeit) und umgekehrt.

Was passiert aber, so könnte man überlegen, wenn man ein energieärmeres, also langwelligeres Lichtquant zur Positionsbestimmung benützt? Ganz einfach: Die lange Welle dieses »Lichtpfeils« wird dann so »raumgreifend«, daß eine genaue Fixierung des Aufenthaltsortes für das Elektron überhaupt nicht mehr möglich ist. Im Heisenbergschen Unbestimmtheitsprinzip

$$\Delta x \cdot \Delta v \approx \frac{h}{m}$$

ist diese »Unschärfe« oder Verschwommenheit genau fixiert: Mit der Elektronenmasse von $9{,}11 \cdot 10^{-31}$ kg und dem h-Wert von $6{,}625 \cdot 10^{-34}$ kg $\cdot$ m² $\cdot$ s⁻¹ verschwimmt die Genauigkeit der *Position* dabei bis zur »gigantischen« Größenordnung von plus minus ein Zentimeter! Die Ortsangabe des Elektrons kann dann genauso nützlich werden wie die Angabe »Herr Maier ist in Amerika«...

Es scheint wie verhext zu sein: Dieses »verwellbare« Elementarteilchen Elektron mit seiner klar berechenbaren De-Broglie-Wellenlänge kann uns einfach nur gewisse *Chancen* signalisieren, mit denen wir es an einem gewissen Ort zu einer gewissen Zeit auffinden können. Die Materiewellenlänge ist ein Maß für seine *Aufenthaltswahrscheinlichkeit*: Dort, wo der »Wellenberg« am höchsten ist, da ist auch die Wahrscheinlichkeit am höchsten, daß man es aufstöbert. Im »Wellental« dagegen schwinden die Chancen eines »Ausfindigmachens« praktisch auf Null...

Diese »Verschwommenheit« des Elektrons ist ein Sachverhalt, der sich durch keinerlei Tricks verhindern läßt: Deshalb ist es völlig nutzlos, von einer »klassisch« sauberen *Bahn* des bewegten Elektrons zu sprechen. Es »geistert« einfach in einem bestimmten Raumbereich herum – als »Wahrscheinlichkeitswolke« gleichsam. Aber auch dann, wenn es zu dieser Wolke »zerfließt«, kann sein *Verhalten* mathematisch klar beschrieben werden: Seine Materiewelle ist gleichsam *die »Bugwelle« eines Massenpunktes,* der eine elektrische Ladung trägt und somit erkenntlich reagiert...

Das »Kügelchen« Elektron im Teilchen*bild,* in einer *Modell*vorstellung, ist also ein *elektrisch geladener Massenpunkt,* dem man überhaupt *keine räumliche Ausdehnung* zuschreiben kann. (Was es mit

»Gleichbleibende Neigungen« der Elektronen

dem verwirrenden Begriff ›Elektronenradius‹ auf sich hat, davon soll später die Rede sein.)

Für den an unserer normalen Umwelt geschulten »gesunden Menschenverstand« ist diese Vorstellung des einmal massig punktierten, ein andermal wellig zerflossenen Objekts Elektron etwas ganz und gar Groteskes, Unanschauliches. Wie kann es dann aber sein, daß dieses für die Anschauung nicht faßbare »Unding« Elektron gerade von den so »nüchtern« denkenden, mit dem »gesunden Menschenverstand« gewappneten *Technikern* apparativ so vorzüglich in den Griff bekommen wurde? Die ganze *Elektronik* ist ja, wie bereits mehrfach gesagt, die technische Nutzung typischer Verhaltensweisen dieses merkwürdigen Elementarteilchens Elektron!

Die Betonung liegt in diesem Fall ganz einfach auf der Formulierung »typische *Verhaltensweisen*«: Wenn wir auch überhaupt keine »konkrete« Vorstellung von der »wahren Natur« des Elektrons besitzen, so können wir doch recht genau vorhersagen, wie es in einer gewissen *experimentell* geschaffenen Situation zu *reagieren* pflegt. Nehmen Sie einmal an, Sie kennen einen bestimmten Menschen nicht persönlich, sondern nur über Telefonate oder auch durch briefliche Korrespondenz: Da kann man sich durchaus vorstellen, daß Sie aufgrund dieser Kommunikation ziemlich gut abschätzen können, wie sich dieser Mensch in einer bestimmten Situation verhalten wird – auch ohne daß Sie ein ganz genaues Porträt von ihm haben. Ähnlich geht es den Technikern – und Physikern – mit dem Elektron: Sie kennen sein »wahres Gesicht« überhaupt nicht, wissen jedoch recht gut Bescheid über seine *gleichbleibenden Neigungen*. In ganz bestimmten Situationen reagieren Elektronen so und nicht anders: Das ist alles...

Es genügt jedoch, um das Elementarteilchen Elektron technisch nutzbar zu machen: Daß dieses Elektron »niemals niemandem nützlich sei« (vgl. Seite 11), dieser Wunsch der Physiker ist nicht in Erfüllung gegangen. Ein besonders origineller Wunsch war es ja auch gerade nicht. Daß Elektronen gewisse gleichbleibende Neigungen in ihren Reaktionen zeigen, deutliche »Verhaltensmuster« bei bestimmten Versuchsbedingungen, kann man etwas umständlicher so ausdrücken: Die theoretische Physik stellt eine mathematische Apparatur bereit, die zwar hoch abstrakt und unanschaulich ist, es jedoch gestattet, *mit hoher Wahrscheinlichkeit das Auftreten bestimmter Ereignisse vorauszu-*

»Körnige« und »unscharfe« Welt des Elektrons

sagen, wenn Elementarteilchen wie Elektronen oder Photonen im Spiele sind.

Für viele Leute klingt das zu Recht noch immer furchtbar abstrakt und uneinsichtig: Aber die »Affären« des Elektrons werden um so durchschaubarer, je mehr man bereit ist, »mathematisch« zu denken. Die *mathematisierten* Modelle oder Hilfsbilder sind es nämlich, die uns eine gewisse Vorstellung dieses Elementarteilchens geben: Jede »Veranschaulichung« des Elektrons in populären Texten ist immer nur eine Erläuterung des entsprechenden *Modells,* das ein *Theoretiker* »gezimmert« hat. Daß die Begreifbarkeit solcher gedanklichen Konstruktionen ihre Grenzen hinsichtlich der Anschaulichkeit hat, haben wir bereits im ersten Kapitel mit der Märchenstunde von der »Elektron-Proton-Ehe« gesehen, der das Bohrsche Atom*modell* zugrunde lag.

Es gibt inzwischen viele solcher »Märchen«, die von den Seltsamkeiten der Modelle vom Elektron berichten. Bisweilen erinnern sie an die faszinierenden Geschichten, die der englische *Mathematiker* Charles L. Dogson (Pseudonym: »Lewis Caroll«) über die kleine Alice geschrieben hat: »Alice im Wunderland«, »Alice hinter den Spiegeln«. Jeder, der sich heutzutage mit den Grundlagen der modernen Naturforschung und Technologie beschäftigen möchte, sollte seine Vorstellungskraft für scheinbar Unvorstellbares mit Hilfe dieser Erzählungen Carolls trainieren. Niels Bohr, der berühmte dänische Physiker, hat einmal den theoretischen Ansatz eines neuen Teilchenmodells, der von seinem Kollegen Wolfgang Pauli vorgelegt wurde, mit folgenden Worten kommentiert: »Wir sind uns alle einig, daß diese Theorie *verrückt* ist. Die Frage, die uns trennt, ist lediglich, ob sie *verrückt genug* ist, um eine Chance zu haben, *korrekt* zu sein. Ich persönlich habe das Gefühl, daß sie nicht verrückt genug ist.«

In der Tat ist unser Elektron mit seiner nachweisbaren Masse, seiner elektrischen Ladung und der fehlenden räumlichen Ausdehnung, das als Massenpunkt oder als Materiewelle betrachtet werden kann, schon ein recht »verrücktes« Gebilde: Es ähnelt verblüffend jener grinsenden Katze aus Carolls »Wunderland«, die vor der Nase der kleinen Alice immer wieder auftaucht und verschwindet: »Die Katze verschwand diesmal ganz allmählich, von der Schwanzspitze angefangen bis hinauf zu dem Grinsen, das noch einige Zeit zurückblieb, nachdem alles andere schon verschwunden war.«

»Negative« Energie?

Zu Recht wunderte sich Alice über dieses »Grinsen ohne Katze«: Aber ist denn ein »verweltes« Elektron nicht genauso verrückt? In den Materiewellen sah Louis de Broglie »eine Art Beben unbekannter Natur, das sich mit endlicher Geschwindigkeit im Raum ausbreitet«: Die Frage »*Was* bebt denn da eigentlich?« ist damit aber genauso berechtigt wie die Frage, *was* denn wohl grinse, wenn die Katze schon verschwunden ist...

Es sollte aber noch viel verrückter kommen mit den mathematisierten Hilfsbildern vom Elektron: Da versuchte z. B. der englische Physiker Paul A. Dirac, für dieses Elementarteilchen die Grundgedanken der Quantentheorie mit den Überlegungen Einsteins zur Relativitätstheorie in Einklang zu bringen. Diracs Bewegungsgleichung für das Elektron trug zwar allen Merkwürdigkeiten im Verhalten Rechnung, schuf aber eine neue »Verrücktheit« bei der Deutung der entsprechenden *Energie*gleichung: Über das Quadratwurzelziehen waren da plötzlich *negative Energiewerte* im Gedankenspiel!

Eine »negative Energie« gibt für einen »klassisch« argumentierenden Physiker oder Techniker natürlich keinen Sinn, genauso wie ein Teilchen mit »*negativer Masse*«, das sich z. B. *gegen* die Richtung bewegt, in die es geschubst wird. Eben solche unanschaulichen »Monstren« mußte Dirac jedoch aufgrund seiner Theorie in Kauf nehmen: Er nannte sie »*ungewöhnliche*« *Elektronen*...

Höchst ungewöhnlich sind sie allerdings, diese »ungewöhnlichen« Elektronen. Doch sie entziehen sich, zur Freude aller Naturforscher mit gesundem Menschenverstand«, jedwelcher Beobachtung. Sie sind experimentell nicht nachweisbar. Womit sich allerdings die Frage erhebt, ob man sie dann überhaupt braucht in einer vernünftigen Theorie, die ja immer nur *Aussagen über Beobachtbares* liefern soll.

Zum Leidwesen aller »vernünftigen« Menschen lassen sich in Diracs scheinbar unsinnigem Hilfsbild durchaus Aussagen über beobachtbare Ereignisse gewinnen: Eine recht schwerwiegende Prognose dieser Theorie, die Behauptung der Existenz eines neuen Elementarteilchens, wurde sogar erst nachträglich durch Beobachtung bestätigt!

Und das kam so: Wenn es schon, wie Dirac das behauptet hat, »negative Energiezonen« gibt, in denen sich »ungewöhnliche« Elektronen mit »negativer Masse« aufhalten, so müßten auch »normale« oder »gewöhnliche« Elektronen bestrebt sein, in diese energetischen Tiefen zu purzeln. (Wir wissen ja bereits: Alle Elektronen zeigen die Tendenz, sich in möglichst *niedrigen* Energiezuständen zu bewegen. Um z. B. ein Wasserstoff-»Hüllen-Elektron« die Energietreppe hinaufzuschubsen, muß man Energie investieren.) Warum fallen also die *gewöhnlichen Elektronen*, die sich experimentell nachweisen lassen, nicht pausenlos in die Diracsche »Unterwelt« der negativen Energie? Weil, so spekulierte der englische Physiker, diese Zustände bereits voll besetzt sind: Die unsichtbare »Unterwelt« der Diracschen Theorie ist »ausgebucht«: Unsere »gewöhnlichen«, experimentell kontrollierbaren und technisch nutzbaren Elektronen bilden lediglich den »Überfluß« eines »Diracschen Ozeans«, der gerammelt voll ist mit »ungewöhnlichen« Elektronen. Nur in seltenen Fällen kann ein Normal-Elektron aus unserer Beobachtungswelt in das unsichtbare »Dirac-Meer« zurückplumpsen. Wie sieht das aus?

Die »Erklärung« in der Diracschen Theorie lautet ungefähr so: Ab und zu tritt im Dirac-Meer ein *unbesetzter Zustand* auf, der sich als »Loch« äußert, wo ein ungewöhnliches Elektron fehlt. Ein solches »Loch« macht sich durch das *Fehlen von elektrischer Ladung* an dieser Stelle bemerkbar – und zwar als Mangel an *negativer* Elektrizität: Alle Elektronen, ob gewöhnlich oder ungewöhnlich, sind nämlich verabredungsgemäß »negativ elektrisch« geladen. Das bedeutet jedoch für die »Löcher-Spekulation«: Ein fehlendes negativ-elektrisches Elektron im Verband der ungewöhnlichen Teilchen des Dirac-Meeres muß sich *experimentell nachweisbar* als ein Teilchen bemerkbar machen, das sowohl *positiv elektrischer Ladungsträger* ist als auch eine *nicht-negative*, d. h. »normale« *Masse* von der Größenordnung des gewöhnlichen Elektrons besitzt. Mit anderen Worten: Wenn an Diracs Spekulation irgend etwas dran ist, dann muß man in unserem Universum elektrisch *positiv* geladene »Bruderteilchen« der negativ elektrischen »Normalelektronen« nachweisen können, *positive Elektronen* also.

Es dauerte keine drei Jahre, bis der experimentelle Nachweis solcher »Positronen« gelang. Sie sind sozusagen das Spiegelbild der gewöhnlichen Elektronen, Positronen besitzen die gleiche Masse wie Elektronen, tragen jedoch die entgegengesetzte »positive« elektrische Ladung.

Fällt nun ein ganz normales »gewöhnliches« Elektron in ein solch *fiktives* »Loch« des unsichtbaren Dirac-Meeres, d. h. prallt es mit einem *effektiv* vorhandenen Positron zusammen, so zerstrahlen beide

Elektron und Positron

»Teilchen« zu einem intensiven elektromagnetischen Wellenpaket, einem sogenannten »*Gamma-Quant*« von höchster Frequenz bzw. ganz kurzer Wellenlänge. Das »Gamma-Quant« ist dabei das Teilchenbild der berühmten *Gamma-Strahlung,* die bei natürlichen radioaktiven Zerfallsprozessen von Atomkernen auftritt (vgl. z. B. »Knaurs Buch der modernen Physik« und »Knaurs Buch der modernen Chemie«).

Dieser »gegenseitige Selbstmord« von Elektron und Positron (gleich: »Loch« im Dirac-Meer) unter Erzeugung eines energiereichen Gamma-Quants heißt in der Physik »Paar*vernichtung*«: Eine solche »Tragödie« spielt sich immer dann ab, wenn ein »Normalelektron« in ein Loch im fiktiven Dirac-Meer fällt. Das »Loch« (Positron) ist also das »Gegenstück«, das »Antiteilchen« des Elektrons: *Materie* (Elektron) und *Antimaterie* (Positron) zerstrahlen zum Gamma-Quant ...

Umgekehrt kann ein solches hochkarätiges Energiebündel wie ein Gamma-Quant einen Prozeß der »*Paarbildung*« auslösen: In diesem Fall entstehen ein negativ elektrisches Elektron und ein positiv elektrisches Positron scheinbar »aus dem Nichts« – aber nur *scheinbar;* denn die *Energie*portion h · v des Gamma-Quants wird bei diesem »Schöpfungsprozeß« ja tatsächlich aufgebraucht. (Die berühmte »Äquivalenz-Beziehung« zwischen Energie und Masse, $E = m \cdot c^2$, kommt dabei voll zum Tragen; vgl. Seite 23).

Wie sieht dieser Paarbildungsprozeß im Diracschen Hilfsbild aus? Ein energiereiches Gamma-Quant schlägt ein Loch ins Dirac-Meer, was besagt, daß an dieser Stelle nun ein *Positron* sitzt. Das herausgeschlagene »Unterweltselektron« wird dagegen in den Bereich positiver Energie gehoben und somit aus einem »ungewöhnlichen« in ein »gewöhnliches« *Elektron* verwandelt: Das bedeutet jedoch, daß ein *Positron* («Loch« im Dirac-Meer) und ein energetisch angehobenes und damit »normalisiertes« *Elektron* immer nur *paarweise* aus dem Energietopf des Gamma-Quants erzeugt werden können.

Vorzugsweise geschieht dieser Prozeß übrigens in der Nähe von *Atomkernen* mit einem starken elektrischen Feld: Durch die Bestrahlung mit Gamma-Quanten lassen sich beliebige »materielle« Stoffe als »Geburtshelfer« für die *elektrischen Ladungsträger* Elektron und Positron benützen, an Raumpunkten, wo vorher keinerlei Ladung vorhanden war (vgl. die Abbildungen Seite 36).

»Körnige« und »unscharfe« Welt des Elektrons

Das war nun bereits ein ziemlich »verrücktes« Hilfsbild vom »normalen« Elektron, das jedoch mit seinen experimentell kontrollierbaren Verhaltensweisen recht gut in Einklang steht. Mit all diesen scheinbaren »Verrücktheiten« vom *massebehafteten, ausdehnungslosen Ladungsträger, der als stehende Materiewelle den Atomkern umspült und aus dem unsichtbaren Dirac-Meer von Gamma-Quanten hochgeschleudert werden kann,* müssen wir uns im folgenden noch ausführlicher beschäftigen: Das merkwürdige »Elementarteilchen« Elektron wird uns mit all diesen »Gesichtern« jedoch ein besseres Verständnis seiner Verhaltensweisen liefern als das sattsam bekannte »Kügelchen«, das in vielen Elektronik-Darstellungen seine recht simplen, aber leider falschen Kreisbahnen um den Atomkern zieht ...

3. Kapitel

Die elektrischen »Schweißnähte« der Materie

3.1 Winzige Kreisel mit schräger Bugwelle ...

Einem aufmerksamen Leser wird wohl nicht entgangen sein, daß in der vorliegenden Betrachtung zwar bereits viel die Rede war von »Energiepaketen« und »Wechselwirkung«, von »Lichtquanten« und dem »Elektron als Materiewelle«, von »ungewöhnlichen Elektronen« und »Löchern im Dirac-Meer«. Kaum Beachtung fand dagegen die Tatsache, daß Elektronen doch vor allem *Träger elektrischer Ladung* sind. Dieser bedeutsame Sachverhalt, so sollte man meinen, müsse der Schlüssel zum Verständnis aller elektronischen Vorgänge sein.
Das ist heutzutage nur noch bedingt richtig: Ein wirklich überzeugendes Verständnis der Prozesse, die sich in der modernen Elektronik abspielen, erreicht man einfach nicht mehr ohne *quantentheoretische* Argumentation. Diese »These« haben wir bisher mehr oder weniger stillschweigend vorausgesetzt. »Quantentheoretisch« argumentieren heißt in unserem Fall, sich dessen bewußt werden, daß es eine präzise mathematische Apparatur zur *einheitlichen* Beschreibung all der Phänomene gibt, bei denen materielle Objekte *und* elektromagnetische Schwingungen *sowohl* Teilchen-Eigenschaften *als auch* Wellen-Eigenschaften besitzen. In der Argumentation der klassischen Physik kannte man bei der Materie ja immer nur das Teilchenbild, bei Licht-, Röntgen- oder Gamma-Strahlung dagegen ausschließlich das Wellenbild.
So mußten wir das »klassische« Hilfsbild des Wasserstoff-Atoms, in dem das Elektron auf Planetenbahnen den Atomkern umläuft, recht bald als falsch entlarven: Der traditionelle Bahn-Begriff ist nutzlos geworden in dieser energetisch »körnigen« und bewegungsmäßig »unscharfen« Welt des Elektrons. Allerdings müssen wir jetzt eingestehen, daß auch unter Berücksichtigung quantentheoretischer Überlegungen der sogenannten »*elektrostatischen Kraft*«, auch »*Coulomb-Kraft*« genannt, die zwischen einem *negativ elektrischen* »Hüllenelektron« und dem *positiv elektrischen* Atomkern wirkt, immer noch eine be-

Die elektrischen »Schweißnähte« der Materie

deutsame Rolle zukommt. Daß man von einer »negativen« (—) und »positiven« (+) Ladung spricht, ist übrigens eine ganz willkürliche Verabredung, die längst vor der Entdeckung des Elektrons getroffen wurde. Bertrand Russell schrieb dazu:
»Wenn man sagt, daß ein *Elektron* eine bestimmte *Menge an negativer Ladung* aufweise, so meint man damit lediglich, daß es sich auf eine ganz bestimmte Weise *verhält.* Ladung ist nicht wie rote Farbe, ist nichts Stoffliches, das man einem Elektron geben und wieder wegnehmen kann: Sie ist nichts anderes als eine gebräuchliche Bezeichnung für eine bestimmte physikalische Gesetzmäßigkeit.«
Sie erinnern sich bestimmt, wie Sie in der Schule Bekanntschaft mit negativer und positiver Elektrizität gemacht haben: Da werden Glas- und Hartgummistab an einem Lappen oder gar am Katzenfell gerieben, worauf beide Stäbe kleine Papierfetzen anziehen, was sie normalerweise ja nicht tun. Die Stäbe befinden sich dann nämlich in einem »*elektrischen* Zustand« und üben auf gewisse Stoffe (»Probekörper«) eine klar erkennbare *Kraft* aus. Die »Hartgummi-Elektrizität« benannte man im 18. Jahrhundert als »*negativ* elektrischen Zustand«, den glas-elektrischen Zustand dagegen als »*positiv*«.
Es wäre wohl höchst überflüssig, an dieser Stelle die übliche experimentelle »Zugnummer« von sich anziehenden und abstoßenden Holundermarkkügelchen zu präsentieren und auch noch die sattsam bekannten Elektrisierungsverfahren der Reibungselektrizität und »Influenz« zu erläutern, bei denen das Versuchsergebnis immer wieder lautet, daß ein elektrisch geladener Körper einen ungeladenen (elektrisch neutralen) Körper anzieht, daß Träger gleichnamiger Ladungen (beide + oder beide —) sich abstoßen und ungleichnamige (+ und —) sich anziehen. Um diese *Kraft*wirkung zu erklären, ist es allerdings erforderlich, den wichtigen Begriff »*elektrostatische Kraft*« einzuführen.
Denken Sie an eine räumlich konzentrierte Ladung, wie sie beim Elektron ja als »*Punktladung*« vorhanden ist: Man kann dann sagen, daß diese Ladung den *Zustand des Raumes* in ihrer Umgebung *verändert.* Mit der *Kraft* auf einen Probekörper kann diese Veränderung sichtbar gemacht werden. Anders gesagt: Die Punktladung soll von einem *Kraftfeld* umgeben sein, das so lange unverändert bleibt, als sich auch die Ladung nicht ändert. Daher hat es die Bezeichnung »*elektrostatisches Feld*« erhalten.

Elektrostatisches Feld

Nach dem *Coulombschen Gesetz* existiert nun eine meßbare *elektrostatische Kraft* (»Coulomb-Kraft«) zwischen zwei Ladungen, die sich rechnerisch genau festhalten läßt: Sie wird zum einen durch das Produkt beider Ladungen bestimmt und schwächt sich zum andern mit dem Quadrat des Abstandes dieser Ladungen ab. Wiederum anders ausgedrückt: In der Umgebung jeder Ladung (»Punktladung«) gibt es ein elektrostatisches *Feld*, in dem die *Feldstärke* umgekehrt proportional zum Quadrat der Entfernung eines Probekörpers verläuft.

Eine Verdopplung des Abstandes r zwischen einer Punktladung Q und einem Probekörper der Ladung q schwächt also die Kraft F auf die Probe q um ein Viertel; eine Verfünffachung von r bringt eine Schwächung von F um ein Fünfundzwanzigstel. Allgemein beträgt nach dem Coulombschen Gesetz die *Kraft* F auf eine Probeladung q im Abstand r von der Punktladung Q:

$$F = q \cdot \frac{Q}{r^2}.$$

Das *elektrostatische Feld* E an der Position von q im Abstand r von Q ist dagegen

$$E = \frac{Q}{r^2}.$$

Welch bedeutsame Rolle diese Coulomb-Kraft bei elektronischen Prozessen spielt, zeigt ein Vergleich mit der im Alltag merklich erlebbaren Gravitationskraft: Zwischen zwei Elektronen besteht eine *Abstoßung*, die rund 10^{42} (»zehn hoch zweiundvierzig«) mal größer ist als die anziehende Gravitationskraft zwischen beiden Massepunkten!

Die ungeheure elektrostatische Kraft bemerken wir gottlob nicht wie die Schwerkraft »am eigenen Leibe«: Das liegt daran, daß sowohl unsere Körper als auch die Objekte unserer Umwelt elektrisch neutral sind, d. h. genausoviele positive wie negative Ladungen enthalten. Würde dieses elektrische Gleichgewicht der Ladungen auch nur geringfügig aus der Balance kommen, so wäre das für den menschlichen Organismus absolut tödlich: Wir würden nicht »sanft« gegen unseren Planeten gedrückt wie von der Gravitationskraft, sondern durch einen Blitzschlag am Boden zermalmt...

Gottlob wird diese erschreckende Vision durch »natürliche Bilanzie-

Die elektrischen »Schweißnähte« der Materie

rungsvorgänge« normalerweise vermieden: Immer wieder jedoch liest man in den Zeitungen von grauenhaften Unfällen, in denen die »Elektrizitätskraft« sich auf verheerende Weise auswirkt.

Rein *formal* besehen ist die »elektrische Ladung« ähnlich wie die »Energie« wiederum ein ziemlich *abstrakter* Begriff. In unserem »körnigen« Universum tritt diese elektrische Ladung ebenso quantisiert auf wie die Energie: Es gibt ein *kleinstes* Ladungspaket an Elektrizität, ein »elektrisches Elementarquantum« oder »Elektrizitätsatom« gleichsam, das »*Elementarladung* e« genannt wird.

Das *Elektron* ist übrigens die natürliche »Punktladung«, die dieses kleinste Quantum e als *negative* Elektrizität trägt. Das *Positron* besitzt die elektrische Ladung e *positiv,* ebenso das *Proton,* der Atomkern des Wasserstoffs (vgl. Kapitel 1.1). Die Elementarladung e besitzt, ob positiv oder negativ elektrisch, den Wert

$$e = 1{,}602 \cdot 10^{-19} \text{ Coulomb}$$

wobei die Ladungseinheit »Coulomb« dem Produkt »Ampere · Sekunde« entspricht: »Ampere«, die Einheit der elektrischen Stromstärke im technischen Alltag, kennen Sie bestimmt vom Sicherungskasten im Haushalt, wo z. B. »Zehn-Ampere-Sicherungen« (10 A) eingeschraubt werden.

Alle elektrischen Ladungen treten stets nur in ganzzahligen Vielfachen der Elementarladung e auf, in Portionen von e, 2e, 3e usw. Sie sind also ähnlich »gequantelt« wie die Energiepakete (h · v), 2(h · v), 3(h · v) usw. Je nachdem, ob die abgepackten Elementarladungen positiv oder negativ elektrisch sind, ist auch das Gesamtpaket der Ladung positiv bzw. negativ.

Auf der elektrostatischen Kraft (*Coulomb-Kraft*), die stark anziehend zwischen positiven und negativen Ladungsträgern wirkt, beruht übrigens ein wichtiger Mechanismus, der *Atome* und *Moleküle* »zusammenschweißt«: Es ist die sogenannte »*Ionenbindung*«. Bevor wir uns dieser und anderen »Verkittungen« zwischen den Atomen widmen werden, müssen wir jedoch noch ein paar Überlegungen zum atomaren Aufbau der chemischen Elemente anstellen: Bisher haben wir uns ja nur

Kernladungszahl

mit der Hülle des einfachsten Atoms im Universum, mit der des *Wasserstoff*-Atoms, ausführlicher beschäftigt. Doch schließlich gibt es noch rund hundert andere Atomsorten.

All diese Atome besitzen bekanntlich verschieden »massige« *Atomkerne,* wobei die Kernmasse vom »leichten« *Wasserstoff* bis hin zum »schweren« *Uran* und darüber hinaus zu den *Transuranen* schrittweise zunimmt. Dabei ist der Wasserstoff-Kern, das Proton, rund 1837mal so massig wie das eine Hüllenelektron, während beim Uran-Atom das Verhältnis von Kernmasse zur Masse der 92 Elektronen in der Hülle sogar zirka 4760 zu 1 steht.

Nach außen hin wirkt ein Atom »im unbeschädigten Zustand« stets *elektrisch neutral*: Die Ladungsmenge der negativ elektrischen Hüllenelektronen muß also im Kern durch eine elektrisch positive Ladung entsprechender Größe ausbalanciert werden. Die positive *Kernladungszahl* entspricht dabei der *Anzahl der Hüllenelektronen*. Beispiel: Kupfer besitzt die Kernladungszahl 29. Das Kupfer-Atom hat also im Normalzustand 29 Elektronen in der Atomhülle.

Nun müssen wir jedoch zwei bereits erläuterte Sachverhalte unter einen Hut bringen: Zum einen wissen wir, daß die elektrische Ladung nach Portionen von e, der Elementarladung, abgepackt ist. Sie kann nur »gequantelt« auftreten. Nach dem Coulombschen Gesetz besteht jedoch zum andern eine gewaltige abstoßende Kraft zwischen eng aufeinandersitzenden Ladungsträgern, die gleichartige Ladung besitzen. Die positiven Ladungsträger im Atomkern sind die *Protonen* (Wasserstoff-Kerne), die jeweils die Elementarladung e-positiv haben. Warum fliegt der Atomkern trotzdem nicht auseinander?

Das liegt nicht nur an den gleichsam elektrisch »abschirmenden« *Neutronen,* die als ladungsfreie Elementarteilchen zwischen die Protonen des Kerns gepackt sind, sondern auch an einer »Kernkraft«, die selbst die gewaltige Coulomb-Kraft noch übersteigt: Es ist die sogenannte *»starke Wechselwirkung«* zwischen den Kernbausteinen, die mit einer Reichweite von 10^{-14} m (»zehn hoch minus vierzehn Meter«) Protonen und Neutronen zusammenschweißt. Diese »nukleare Kraft« (Kernkraft) ist die stärkste Wechselwirkung, die wir in der modernen Naturforschung kennen. In ihr zeigt sich eine unvorstellbar gigantische »Bindungsenergie« der Elementarteilchen im Atomkern.

Für elektronische Vorgänge, die uns in dieser Betrachtung ja vor allem

Die elektrischen »Schweißnähte« der Materie

interessieren, spielt jedoch die *elektromagnetische Wechselwirkung* die Hauptrolle: Sie kettet die Elektronen in die Atomhüllen der verschiedenen Atome, deren Aufbau wir im folgenden etwas ausführlicher betrachten wollen.

Niels Bohr, der dänische Physiker, war es bereits, der die Elektronenhüllen in sogenannte »*Schalen*« aufgeteilt hat, die wir heute allerdings *nicht* mehr als *räumliche* Bereiche, sondern als *Energiezonen* ansehen sollten: Es sind »Zwiebelschalen« der Energie. Dabei ist das bereits besprochene »Treppenbild« der verschieden hohen Energiestufen durchaus ein brauchbares Hilfsbild (vgl. Seite 16). Vom Kern weg nach außen zählt man zunächst »großstufige« Bereiche, die »K-Schale«, »L-Schale«, »M-Schale« usw. genannt werden (vgl. Tabelle Seite 59). Jede dieser Schalen, die ja *Energie*schalen sind, erhält eine »Schalen*nummer*« $n = 1$, $n = 2$, $n = 3$ usw. Diese Schalennummer heißt auch »*Hauptquantenzahl*«. Sie ist ähnlich wichtig wie die Hausnummer bei einer Adressenangabe auf dem Briefumschlag.

Je höher nun die »Hausnummer« der Schale ist, je größer also ihre *Hauptquantenzahl,* um so mehr Elektronen können sich im entsprechenden Energiebereich aufhalten: So ist in der K-Schale ($n = 1$) Platz für zwei Elektronen, in der L-Schale ($n = 2$) für acht, in der M-Schale ($n = 3$) für 18, in der N-Schale ($n = 4$) für 32 Elektronen usw.

Allgemein ausgedrückt, können sich in einer Schale mit der Hauptquantenzahl n maximal $2n^2$ (»zwei mal n Quadrat«) Elektronen aufhalten. Beispiel: Die Q-Schale hat die Hauptquantenzahl $n = 7$; also haben hier $2 \cdot 7^2 = 2 \cdot 7 \cdot 7 = 98$ Elektronen Platz.

Soweit der »großstufige« Bereich der Energietreppe in der Elektronenhülle, der durch die Hauptquantenzahl gekennzeichnet ist. Wenn man diese Zahl n mit einer »Hausnummer« bei der Adressierung vergleichen will, so kann die sogenannte »*Nebenquantenzahl*« l ergänzend als eine Art »Stockwerkangabe« betrachtet werden: Sie unterteilt nämlich den »Großschalenbereich« der Energie K, L, M usw. in deutlich getrennte »Etagen«, die »*Unterschalen*« s, p, d usw. genannt werden (vgl. wieder Tabelle Seite 59). Wir haben diese »Unterschalen« übrigens schon kennengelernt, als Aufenthaltswahrscheinlichkeiten des Elektrons nämlich, als »Elektron*enorbitale*« (vgl. Seite 42). Man spricht daher auch vom »s-Orbital«, »p-Orbital«, »d-Orbital« usw. Wir werden auf diese Sprechweise noch zurückkommen.

Nebenquantenzahl

Schale	Schalen-nummer (Haupt-quantenzahl)	2 n² Elek-tronen-plätze	Unter-schalen	Neben-quanten-zahl	2 l + 1 Elek-tronen-plätze	Unter-schale
K	n = 1	2	s	l = 0	2	s
L	n = 2	8	sp	l = 1	6	p
M	n = 3	18	spd	l = 2	10	d
N	n = 4	32	spdf	l = 3	14	f
O	n = 5	50	spdfg	l = 4	18	g
P	n = 6	72	spdfgh			
Q	n = 7	98	spdfghi			

Diese *Nebenquantenzahlen,* die man üblicherweise mit l = 0, l = 1, l = 2 usw. numeriert, können wieder einmal nur *quantentheoretisch* gedeutet werden: Das übliche Hilfsbild des um den Kern kreisenden »Planetenelektrons« versagt hierbei völlig.

Dagegen kann uns das als *stehende Welle* um den Kern »oszillierende«, d. h. als Materiewelle schwingende »verwellte« Elektron eine recht plausible Vorstellung der »Unterschalen« in der Atomhülle vermitteln: Die Nebenquantenzahl l wird in diesem Hilfsbild zur »portionierten« *Drehimpuls*-Quantenzahl, die immer nur ganz bestimmte »diskrete« Werte annehmen kann, was wiederum von der »De-Broglie-Wellenlänge« abhängt (vgl. Seite 24). Das Wort »diskret« bedeutet hier selbstverständlich nicht »taktvoll« oder »vertraulich«, sondern in seinem ursprünglichen Sinn »abgesondert«, »getrennt«, »genau umschrieben«.

Bei einer »klassischen« Planetenbahn des Teilchens Elektron wäre ein solcher *gequantelter* Bahndrehimpuls überhaupt nicht erklärbar, weil er zwischen dem Wert Null und dem Wert m · v · r jeden beliebigen Wert annehmen könnte (m ist die *Masse* des Teilchens, v seine *Geschwindigkeit* und r der *Radius* der Umlaufbahn). Anders sieht es dabei natürlich bei der *Materiewelle* Elektron aus, die bei einer De-Broglie-Wellenlänge von

$$\lambda = \frac{h}{m \cdot v}$$

Die elektrischen »Schweißnähte« der Materie

bekanntlich folgende stationäre Zustände in der Atomhülle einnehmen kann:

$2\pi r = \lambda$
$2\pi r = 2\lambda$
$2\pi r = 3\lambda$
$2\pi r = 4\lambda$ usw. (vgl. Seite 28).

Eine stehende Materiewelle auf einem Kreisumfang der Länge $2\pi r$ kann sich ja immer nur dann ausbilden, wenn die Welle nach einem vollen Umlauf wieder »nahtlos« zusammenpaßt; und das ist genau dann erfüllt, wenn die Wellenlänge λ ganzzahlig zunimmt (vgl. Abbildung Seite 27). Allgemein hat der »klassische« Bahndrehimpuls den Betrag $m \cdot v \cdot r$. Setzen wir nun jedoch die Zahlenvariable l für die ganzzahligen Werte in den Gleichungen: $2\pi r = 1\lambda$, $2\pi r = 2\lambda$, $2\pi r = 3\lambda$ usw., dann gilt allgemein

$$2\pi r = l \cdot \lambda$$

und mit Hilfe der Gleichung für die De-Broglie-Wellenlänge ergibt sich für den *Bahndrehimpuls* die Beziehung

$$m \cdot v \cdot r = l \cdot \frac{h}{2\pi}$$

Das in unserer Betrachtung bereits hinlänglich gewürdigte »Energie-Atom« h, das Plancksche Wirkungsquantum, zeigt also auch hier seine Wirkung: *Der Bahndrehimpuls der Hüllenelektronen ist gequantelt.* Er kann einschließlich des Wertes Null folgende Beträge annehmen:

$$0, \quad \frac{h}{2\pi}, \quad 2 \cdot \frac{h}{2\pi}, \quad 3 \cdot \frac{h}{2\pi} \quad \text{usw.}$$

Daher ist l neben n eine weitere charakteristische *Quantenzahl*, die, wie bereits erwähnt, die Bezeichnung »*Neben*quantenzahl« trägt. (Die n-Werte geben bekanntlich die *Haupt*quantenzahl an.) Nach dieser quantentheoretischen Betrachtung zur Nebenquantenzahl l können wir sie nun auch mit vollem Recht »*Drehimpuls-Quantenzahl*« l nennen, wobei l = 0, l = 1, l = 2, l = 3 usw. sein kann. Ohne Benützung des Hilfsbildes *Elektron als Materiewelle* könnte man die Drehimpuls-Quantelung nicht plausibel machen.

Drehimpuls-Vektor

Nun ist der Bahndrehimpuls m · v · r in jedem Fall, ähnlich wie die Geschwindigkeit v, eine sogenannte »*gerichtete Größe*«, die nicht nur einen bestimmten *Betrag* annehmen kann, sondern auch eine feststellbare *Richtung* besitzt: Betrag *und* Richtung sind bei solchen »gerichteten« Größen von der gleichen Bedeutung. In der Mathematik werden sie »*Vektoren*« genannt. Bisher haben wir uns nur den gequantelten *Beträgen* des Drehimpuls-*Vektors* gewidmet, die stets von der Größe l · (h/2π) sind.

Jetzt müssen wir uns mit den *möglichen Richtungen des Drehimpulses* beschäftigen, der einem Hüllenelektron zukommen kann: Vermutlich wird es Sie schon gar nicht mehr verwundern, daß »natürlich« auch diese *Richtung* des Drehimpuls-Vektors *gequantelt* ist, also wiederum nur ganz bestimmte, ausgezeichnete Richtungswerte annehmen kann. Diese Richtung wird durch die Quantenzahl m_l (»m Index l«) angegeben, die jeden ganzzahligen Wert zwischen —l (»minus l«) und + l (»plus l«) einschließlich Null annehmen kann.

Mit Hilfe des Bildes vom verwellten Elektron kann man sich das wieder ganz gut klarmachen: In den bisherigen Abbildungen (vgl. z. B. Seite 25) haben wir die Elektronenwellen ja stets so dargestellt, daß sie in der Ebene des Atomkerns hin und her schwingen. Die stehenden Materiewellen können sich nun aber auch »schräg« legen, wie das die Abbildung Seite 62 zeigt. Dann besteht zwischen den Größen l · (h/2π) und m_l · (h/2π) eine einfache Beziehung, die mathematisch besehen als »Projektion« des Drehimpuls-Vektors auf eine gegebene Richtung gekennzeichnet werden kann (auf der Abbildung rechts oben).

Es ist nun leicht einzusehen, daß durch die Verknüpfung der Quantenzahl m_l mit der Drehimpuls-Quantenzahl l nur ganz bestimmte Schräglagen der stehenden Materiewellen um den Atomkern möglich sind. Anders gesagt: Auch die Richtung des Drehimpuls-Vektors ist gequantelt.

Betrachten wir ein konkretes Beispiel: In der L-Schale mit der Hauptquantenzahl n = 2 kann die Drehimpuls-Quantenzahl l die beiden Werte l = 0 und l = 1, also maximal (n — 1), annehmen. l = 0 heißt aber automatisch m_l = 0. Für l = 1 dagegen sind, aufgrund der Tatsache, daß m_l jeden ganzzahligen Wert zwischen —1 und + 1 annehmen kann, immerhin die drei Werte m_l = — 1 (»minus eins«), m_l = 0 und m_l = + 1 möglich. Das ergibt zusammen *vier* Quantenzustände

Die elektrischen »Schweißnähte« der Materie

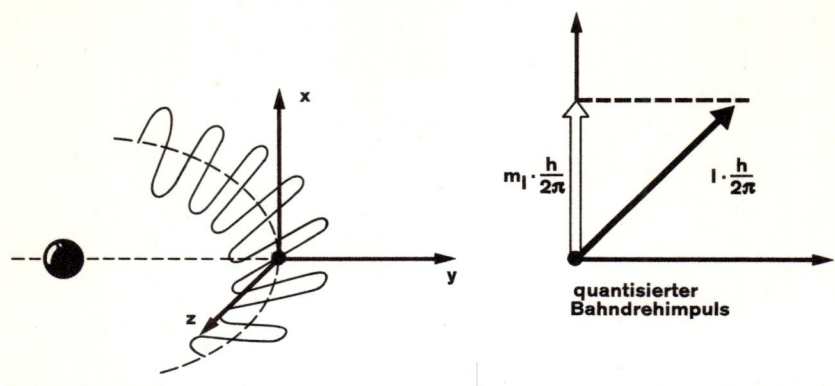

Die Richtung des quantisierten Drehimpuls-Vektors hängt von den beiden Quantenzahlen l und m_l ab.

in der L-Schale oder *vier* verschiedene Verläufe der stehenden Elektronenwelle.

Nun können wir aber aus unserer Tabelle ersehen, daß in der zweiten Energieschale (L-Schale) mit der Hauptquantenzahl n = 2 nicht bloß vier, sondern *acht* Elektronen Platz haben, die doppelte Anzahl also! Wie läßt sich das erklären?

Am einfachsten geht das, wenn wir jetzt aufs *Teilchenbild* des Elektrons umschalten: Elektronen reagieren ja mal als Welle, mal als Teilchen, so daß wir die Materiewelle Elektron als eine Art »Bugwelle« des Massenpunktes Elektron beschrieben haben (vgl. Seite 46). Als massiges »Pünktchen« benimmt sich nun aber das Elektron wie ein winziger *Kreisel*, der ständig um seine eigene Achse rotiert. Anders gesagt: Das kreiselnde Elektron besitzt, als *Teilchen* besehen, einen »inneren Drehimpuls«, der vom bereits vorgestellten Bahndrehimpuls unterschieden werden muß, einen sogenannten »*Eigendrehimpuls*«. Dieser Eigendrehimpuls besitzt einen unveränderlichen, gleichmäßigen Betrag von

$$\frac{\frac{h}{2\pi}}{2}$$

eine weitere Bestätigung für die tragende Rolle des Planckschen Wirkungsquantums h in der »körnigen« und »unscharfen« Welt des Elektrons (vgl. 2. Kapitel). In der Physik der Elementarteilchen wird der

Eigendrehimpuls »*Spin*« genannt und in Vielfachen von h/2 angegeben. Beim Elektron, das mit dem Betrag (h/2π)/2 kreiselt, beträgt der Spin also $\frac{1}{2}$.

Je nachdem, ob das Elektron links oder rechts herum »spint«, unterscheidet man eine *Spin-Quantenzahl* m_s (»m Index s«) von $m_s = +\frac{1}{2}$ und $m_s = -\frac{1}{2}$ (»minus ein halb«), was in der Abbildung Seite 64 deutlich zum Ausdruck kommt.

Diese vierte Quantenzahl, die *Spin*-Quantenzahl m_s, die neben der Hauptquantenzahl n, der Nebenquantenzahl l und der Quantenzahl m_l das Verhalten der Elektronen in der Atomhülle bestimmt, gibt uns nun eine einfache Erklärung dafür, daß in der L-Schale nicht bloß vier, sondern tatsächlich *acht* Elektronen Platz haben: Die vier verschiedenen »Rundläufe« für stehende Elektronenwellen bieten jeweils Platz für einen links- und einen rechtsdrehenden Elektronenkreisel, deren materielle »Bugwellen« in der gleichen Umlaufbahn wogen...

Das ist zwar lediglich ein poetisches Bild eines komplizierten Sachverhalts, der nur hochabstrakt mathematisiert auf unanschauliche Weise formuliert werden kann. Aber grobe »Anschauungskrücken« mit erklärtem Hilfsbild-Charakter sind in diesem Fall immer noch einprägsamer als strenge mathematische Ableitungen. Entscheidend ist jedenfalls, daß man bei solchen Erläuterungen stets mit *zwei Hilfsbildern* spielen muß, dem Wellen- *und* dem Teilchenbild: Erst beide Aspekte zusammen ergeben eine halbwegs einleuchtende Veranschaulichung »quantenmechanischer« Vorgänge.

(Die »*Quantenmechanik*« steht hier im Gegensatz zur »*klassischen*« Mechanik: Das auf einer kreis- oder ellipsenförmigen Planetenbahn den Atomkern umlaufende Partikelchen Elektron ist ein klassisch-mechanisches Bild. Dagegen trägt die Vorstellung eines gleichmäßig kreiselnden Ladungspunktes, der hinter der schrägen Bugwelle seiner eigenen stehenden Materiewelle einhertanzt, selbstverständlich deutlich quantenmechanische Züge.)

Da Hüllenelektronen stets die Neigung zeigen, von Zonen höherer Energie, also hoher Hauptquantenzahl n, in niederenergetische Bereiche zu »springen«, wobei der Energieüberschuß als Lichtquant (Photon) emittiert wird, müßten eigentlich alle Elektronen in der K-Schale

Die elektrischen »Schweißnähte« der Materie

(n = 1) versammelt sein. Mit steigenden Kernladungszahlen, die bekanntlich die positiv elektrischen Ladungsmengen in ganzzahligen Vielfachen der Elementarladung e signalisieren, sollten sich also immer mehr Elektronen in Kernnähe zusammendrängen. Außerdem würde die K-Schale infolge der zunehmenden Coulomb-Kraft bei größeren Atomkernen deutlich »schrumpfen«.

Das ist jedoch überhaupt nicht der Fall: Ein an Hüllenelektronen reiches *Blei*-Atom ist keineswegs deutlich kleiner als ein an Elektronen ärmeres *Aluminium*-Atom. Wie läßt sich das aufgrund unserer quantentheoretischen Betrachtungen erklären?

Im Gegensatz zu Lichtquanten, die sich in beliebiger Anzahl in einen bestimmten Quantenzustand versetzen lassen können, gilt für Elektronen in der Atomhülle das sogenannte »*Paulische Ausschließungs-Prinzip*« oder »Pauli-Verbot«, benannt nach dem Schweizer Physiker Wolfgang Pauli (vgl. Seite 48): Jedes Hüllenelektron kann immer nur einen einzigen, durch die vier Quantenzahlen n, l, m_l und m_s festgelegten Quantenzustand annehmen. Anders gesagt: *Genau eine* Wertekombination von n, l, m_l, m_s gehört zu jedem Elektron, das sich in der Hülle eines Atoms aufhält. Niemals stimmen also in der Atomhülle zwei Elektronenzustände in allen vier Quantenzahlen überein.

Daher »sitzen« in der energieärmsten K-Schale auch stets nur zwei Elektronen: Weil n = 1 ist, bleibt für die Drehimpuls-Quantenzahl (n − 1) nur der Wert l = 0, womit auch $m_l = 0$ wird. Als Auswahlmöglichkeit bleiben daher nur die beiden Zustände $m_s = +\frac{1}{2}$ und $m_s = -\frac{1}{2}$. Also wird die K-Schale lediglich von zwei entgegengesetzt kreiselnden Elektronen gefüllt. (Merksatz frei nach »Asterix und Obelix«: »Die spinen, die Elektronen!«)

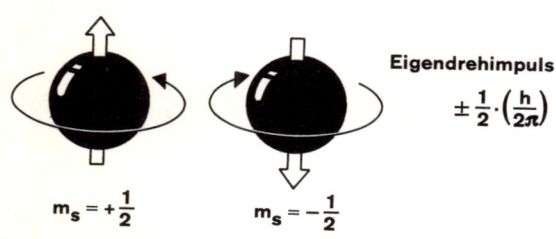

Eigendrehimpuls
$\pm \frac{1}{2} \cdot \left(\frac{h}{2\pi}\right)$

Elektronen besitzen einen Eigendrehimpuls, der »Spin« genannt wird. Je nachdem, ob sie links oder rechts herum kreiseln, schreibt man ihnen die Spin-Quantenzahl $m_s = +\frac{1}{2}$ oder $m_s = -\frac{1}{2}$ zu.

Vielleicht erinnern Sie sich in diesem Zusammenhang wieder an die grinsende Katze aus »Alice im Wunderland«, von der letztlich nur noch das Grinsen zurückblieb? Ähnlich kann es einem mit den »spinenden« Elektronen in der Atomhülle gehen, die als winzige Kreisel auf ihrer eigenen Materiewelle tanzen und einmal ganz als Welle, ein anderes Mal wiederum ganz als Teilchen reagieren: »Verrückt« ist das auf jeden Fall für unseren »gesunden Menschenverstand«. Aber inzwischen sind Sie womöglich schon fast bereit, mit Niels Bohr zu fragen, ob all das »verrückt genug ist, um eine Chance zu haben, korrekt zu sein«?

3.2 »Es elektront« zwischen den Atomkernen

Keine Sorge: Das quantenmechanische Hilfsbild vom verwellten und kreiselnden Elektron in der Atomhülle ist zwar »verrückt« – weil es von theoretischen *Physikern* entworfen wurde. Es ist aber immerhin so nützlich, daß selbst so nüchtern denkende Menschen wie *Techniker* auf seiner Grundlage präzise funktionierende Farbfernsehgeräte und Elektronenmikroskope bauen können. Die apparativ-technische Beherrschung des Elektrons ist ja so perfekt geworden, daß selbst bei den Physikern heute eitel Freude herrscht über die Möglichkeiten der technischen Nutzung dieser Elementarteilchen, von denen sie einst hofften, sie »mögen niemals niemandem nützlich sein«.

Gerade im Zeitalter der kontrollierten und gesteuerten Elektronen ist es aber wichtig geworden, daß nicht nur Fachleute über diese »ätherischen« und »total verrückten« Objekte Bescheid wissen, die in Transistorgeräten, in Fernsehapparaten und Computern die tragende Rolle spielen: Die Träger der negativ elektrischen Elementarladungen, die Elektronen, sind nicht einfach die immer wieder beschriebenen winzigen Billardkügelchen, die um den Atomkern kreisen wie Planeten um die Sonne. Gravitationskräfte spielen im Atom überhaupt keine Rolle.

Gewiß: Die *Coulomb-Anziehung* zwischen dem positiv elektrischen Atomkern, in dem die Protonen wie Rosinen als Träger der positiven Elementarladungen im »Neutronen-Teig« sitzen, und den negativ elektrischen Hüllenelektronen ist praktisch die *einzige* »Ursache« für den Zusammenhalt der Atome, aus denen sich alle materiellen Stoffe un-

Die elektrischen »Schweißnähte« der Materie

seres Universums aufbauen. Aber die Ladungsträger benehmen sich in ihrer Elektronenhülle derart verrückt, daß man bezüglich ihres Verhaltens mit dem für die Geschehnisse der normalen Umwelt so brauchbaren »gesunden Menschenverstand« einfach nicht mehr weiterkommt.
Deshalb war es eben ungemein nützlich, zu erfahren, daß Elektronen im »Gefängnis« der Atomhülle nur durch die skizzierten *Quantenzustände* beschrieben werden können, durch eine recht *abstrakte Zustandsform* also, die lediglich durch die vier Quantenzahlen n, l, m_l und m_s gekennzeichnet werden kann. Dabei können, nach dem Paulischen Ausschließungsprinzip, zwei oder gar mehr Elektronenzustände in der Atomhülle niemals in allen vier Quantenzahlen übereinstimmen.
Daher ist es bereits höchst verfänglich, mit einem Laien von den Elektronen als »Elementar*teilchen*« zu sprechen: Sie *reagieren* lediglich als massebehaftete Ladungsträger, als Energietransporteure und Materiewellen. Dennoch wäre es sinnlos, sie als individuelle Objekte anzusehen: Ein Elektron besitzt lediglich eine *raum-zeitliche Struktur,* die sich durch gewisse charakteristische *Wirkungen* zu erkennen gibt. Die Elektronenhülle des Atoms etwa ist eine *Ansammlung diskreter Zustände* (Quantenzustände), die nicht einmal als ein permanentes »Bäumchen-wechsle-dich«-Spiel konkreter Objekte auf verschiedenen Plätzen zu verschiedenen Zeiten gedeutet werden kann, wobei die Spielregel das Pauli-Prinzip ist.
Fast könnte man sagen, »*es elektront*« da eben in gewissen Bereichen, ähnlich wie man sagt »es blitzt« oder »es regnet«: Läßt man z. B. in einem Experiment zu zwei verschiedenen Zeitpunkten t_1 und t_2 »ein« Elektron reagieren, so kann man keineswegs behaupten, beide Male sei dies »ein und dasselbe« Elektron gewesen. Es hat eben jeweils »geelektront« – um's salopp, aber treffend zu sagen. Eine für die Dinge unserer normalen Umwelt zweckmäßig definierte »Individualität« kann einem Elektron überhaupt nicht zukommen.
Nun haben wir bereits angedeutet, daß mit Hilfe der Elektronen nicht nur Atomhüllen aufgebaut, sondern auch Atome zu *Molekülen* »zusammengeschweißt« werden können: Im einfachsten Fall geschieht das mit dem Mechanismus der »*Ionenbindung*«, die in Fachkreisen auch »heteropolare Bindung« genannt wird. Wie funktioniert diese Ionenbindung? Zunächst aber: Was ist überhaupt ein »Ion«?

Atom und Ion

Atome im »unbeschädigten« Zustand, d. h. mit kompletter Atomhülle, sind bekanntlich nach außen hin *elektrisch neutral*: Es herrscht ein Gleichgewicht der negativen und der positiven Ladungsträger. Das sieht so aus: Die Anzahl der Hüllenelektronen (elektrisch negativ) entspricht genau der Anzahl der positiv elektrischen Protonen im Atomkern. Diese ganzzahligen Vielfachen der (positiven) Elementarladung heißen, wie wir bereits von Seite 57 wissen, »Kernladungszahl«: Die Kernladungszahl gibt also auch die Anzahl der Elektronen in der Atomhülle an, wenn das Atom nach außen elektrisch neutral erscheint.

Nun ist es aber leicht einzusehen, daß ein solches System aus positiv elektrischem Atomkern und negativ elektrischer Hülle nicht immer im elektrischen Gleichgewicht sein muß: Wie sieht es z. B. aus, wenn eines der Hüllenelektronen »verlorengeht«? Dann herrscht in jedem Fall in Ermangelung einer negativen Elementarladung ein *Überschuß an positiver Elektrizität*: Nach außen hin ist das System jetzt elektrisch positiv. Es heißt dann nicht mehr »Atom«, sondern »*Ion*«: Bei positiv elektrischem Ladungsüberschuß spricht man von einem »*positiven Ion*«.

Gibt es auch »*negative Ionen*«? Selbstverständlich: Ein neutrales Atom wird ja genau dann zum negativen Ladungsträger, wenn es einen

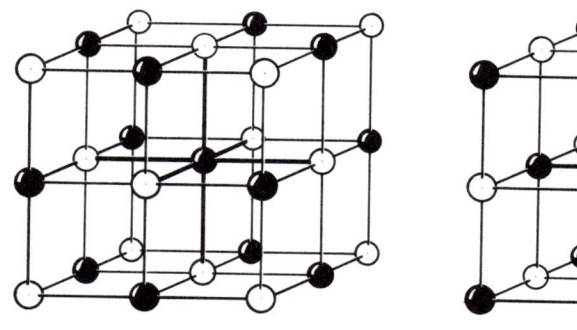
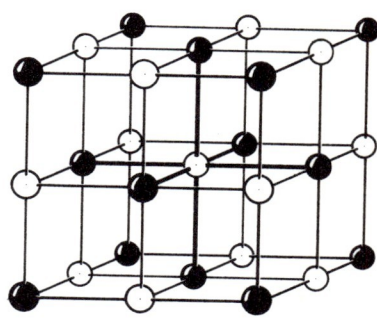

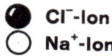
● Cl⁻-Ion
○ Na⁺-Ion

Im »Würfelgitter« des Kochsalz-Kristalls ist jedes positiv elektrische Natrium-Ion (Na⁺) von sechs negativ elektrischen Chlor-Ionen (Cl⁻) umgeben (rechts). Umgekehrt wird aber auch jedes negative Cl-Ion von sechs positiven Na-Ionen umlagert (links).

Überschuß an negativer Elektrizität besitzt. In diesem Falle halten sich eben *mehr* Elektronen in der Atomhülle auf, als die Kernladungszahl positiv elektrische Protonen im Atomkern angibt. Ein negatives Ion ist daher gleichsam ein »überladenes« Atom, während ein positives Ion eine Art von »Atomrumpf« darstellt.

Ein typisches Beispiel kann das leicht verdeutlichen: Da gibt es etwa das elektrisch neutrale *Natrium-Atom* (chemisch: Na), dessen K- und L-Schale komplett mit zehn Elektronen aufgefüllt sind. Gemäß unserer Tabelle auf Seite 59 wissen wir, daß davon zwei Elektronen in der K-Schale »spinen«; die restlichen acht Elektronen in der L-Energieschale verteilen sich auf zwei Unterschalen s (2) und p (6). Damit sind die »Hausnummern« n = 1 und n = 2 (Hauptquantenzahlen) vollständig ausgebucht. Da die Kernladungszahl von Natrium aber 11 ist, muß noch ein restliches Elektron in der M-Schale (n = 3) auf der s-Unterschale »sitzen«. Auf diese Weise herrscht im Natrium-*Atom* elektrische Neutralität zwischen 11 Protonen im Atomkern und 11 Elektronen in der Atomhülle. Symbolisch kann man diese Situation kurz und deutlich so notieren:

Na: $1\,s^2\quad 2\,s^2\quad 2\,p^6\quad 3\,s^1$

Dabei deuten die Zahlen 1, 2, 3 auf Hauptquantenzahlen der Energieschalen K, L, M an, die Buchstaben s und p die zugehörigen Unterschalen und die Hochzahlen von s und p die Anzahl der Elektronen in diesen Bereichen.

Für ein anderes chemisches Element, das *Chlor* (Cl), gehen wir jetzt umgekehrt von der symbolischen Notierung aus. Das elektrisch »ausbalanzierte« Chlor-*Atom* besitzt folgende »Konfiguration« in der Elektronenhülle:

Cl: $1\,s^2\quad 2\,s^2\quad 2\,p^6\quad 3\,s^2\quad 3\,p^5$

Was können wir aus diesem »Steckbrief« des elektrisch neutralen Chlor-Atoms ablesen? Durch Addition der Hochzahlen stellen wir zunächst fest, daß die Anzahl der Hüllenelektronen – und damit die Kernladungszahl – den Wert 17 besitzt. Wie beim Natrium-Atom sind K- und L-Schale (n = 1, n = 2) wieder voll mit Elektronen belegt. In der M-Schale (n = 3) ist lediglich die s-Unterschale aufgefüllt: In der p-Unterschale dagegen sitzen nur fünf Elektronen, obwohl »Platz« für sechs Elektronen wäre ...

»Elektronenraub« im Kristallgitter

Erfahrungsgemäß besteht nun die Tendenz, solche noch nicht abgeschlossenen Energieschalen mit Elektronen aufzufüllen, d. h. irgendein »fremdes« Elektron schließt sich diesem System an und macht damit die äußere Unterschale voll. Auf diese Weise entsteht ein Gebilde, das nach außen hin *elektrisch negativ* wirkt, in diesem Fall ein negatives Chlor-*Ion* (Cl^-). Das Cl^--Ion besitzt dann die folgende Elektronen-Konfiguration

Cl^-: $1\,s^2\ \ 2\,s^2\,p^6\ \ 3\,s^2\ \ 3\,p^6$

Andererseits kann nun aber das zuerst genannte *Natrium*-Atom »geneigt« sein, für diese Auffüllung der p-Unterschale in der M-Schale des *Chlor*-Atoms sein »alleinstehendes« Elektron $3\,s^1$ abzugeben, wodurch bei ihm ein Mangel an negativer Elektrizität entsteht, der natürlich einem *Überschuß an positiver Elektrizität* entspricht. Aus dem ursprünglich neutralen Natrium-*Atom* wird auf diese Weise ein *elektrisch positives* Natrium-*Ion* (Na^+) mit der Elektronen-Konfiguration

Na^+: $1\,s^2\ \ 2\,s^2\ \ 2\,p^6$

Durch diese beiden Prozeduren in den »Randbezirken« der Atomhüllen, hier Abgabe eines Elektrons, dort Aufnahme eines Elektrons, entstehen *Ionen* (Na^+ und Cl^-), zwischen denen sich aufgrund der entgegengesetzten Ladung eine beträchtliche *Coulomb-Anziehung* ausbilden kann, wenn sie einander »nahekommt«: Diese elektrostatische Wechselwirkung macht den größten Teil der Bindungsenergie aus, die zur Bildung von NaCl-*Ionenkristallen* führt.
Es dürfte kaum einen Leser dieses Buches geben, der nicht schon irgendwo die Abbildung eines solchen charakteristischen »Würfelgitters« des Kochsalzkristalls (denn NaCl ist das Zeichen für die chemische Verbindung Kochsalz) gesehen hätte: Dabei wird jedes positive Na-Ion von sechs negativen Cl-Ionen umgeben. Und umgekehrt wird jedes Cl-Ion von sechs Na-Ionen »umlagert« (vgl. Abbildung Seite 67). Wie kommt also dieses bestechend einfache und regelmäßige Gebilde des NaCl-Kristallgitters zustande, indem die verschiedensortigen Bausteine (Na^+- und Cl^--Ionen) wie Zitrusfrüchte sauber gepackt in einer Obstkiste sitzen? Ein simpler »*Elektronenraub*« ist schuld daran: Alle Partner dieses Verbandes runden nämlich auf solche Weise ihre äußeren Energieschalen ab und werden so zu »kugelrunden« Ionen von

Die elektrischen »Schweißnähte« der Materie

Beim »elektrostatischen Schweißverfahren« der Ionenbindung zeigen sich in der Grundfläche des Kristallgitters kreisrunde Dichteverteilungen bzw. Aufenthaltswahrscheinlichkeiten der Hüllenelektronen.

entgegengesetzter Ladung, die sich gegenseitig durch eine starke Coulomb-Kraft anziehen. Die kugelsymmetrische Ladungsverteilung in den Elektronenhüllen aller Ionen erleichtert dieses »elektrostatische Schweißverfahren«, das »*Ionenbindung*« genannt wird.

Anders gesagt: Der »Elektronenraub« führt in diesem Fall eine energetische Flurbereinigung herbei, wodurch es gleichmäßig um die Atomkerne herum »elektront« wie in kugelsymmetrischen Zwiebelschalen.

Elektrostatisches Kräftespiel

Dieser Sachverhalt offenbart sich besonders schön bei der Strukturanalyse mit Hilfe von Röntgenstrahlen (vgl. Abb. Seite 70): In der Grundfläche des Kristallgitters zeigen sich dabei kreisrunde Dichteverteilungen oder *Aufenthaltswahrscheinlichkeiten* der Hüllenelektronen (vgl. Seite 42).

Natürlich gibt es in diesem elektrostatischen Kräftespiel des Ionenkristalls *nicht nur* Coulomb-*Anziehung* zwischen entgegengesetzt geladenen Ionen. Auch eine gewisse Coulomb-*Abstoßung* tritt auf zwischen Ionen gleicher Ladung, zwischen den positiven Atomkernen und den negativ geladenen Elektronenhüllen, wobei aufgrund des Pauli-Prinzips die abstoßende Wechselwirkung bei den aufgefüllten Schalen sogar noch verstärkt wird.

All das wird jedoch von der gewaltigen Anziehungskraft der entgegengesetzt geladenen Na^+- und Cl^--Ionen gleichsam »überstrahlt«: Das Gleichgewicht der Kräfte spielt sich bei den NaCl-Ionenkristallen ein bei einem Abstand von $2{,}81 \cdot 10^{-8}$ cm zwischen den entgegengesetzt geladenen Bausteinen der Elemente Natrium und Chlor.

Diese relativ einfache Koppelung von atomaren Bausteinen zu Molekülen und darüber hinaus zu Kristallbereichen ist der verbreitetste Mechanismus beim Aufbau sogenannter »anorganischer« Verbindungen der »toten« Natur. Die Ionenbindung in reiner Form kommt da-

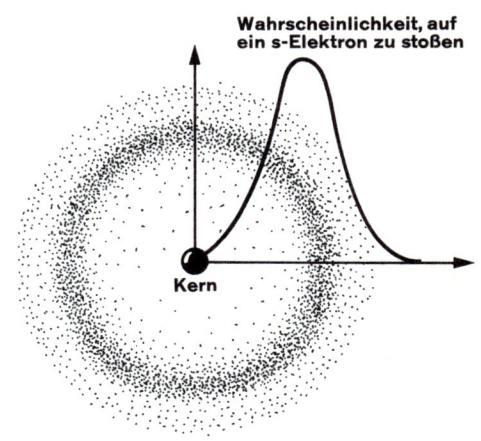

Den Wahrscheinlichkeitsraum eines Hüllenelektrons gibt das sogenannte »Elektronen-Orbital« (kurz: »Orbital«) an. Das s-Orbital bildet dabei eine kugelsymmetrische Wolke.

Die elektrischen »Schweißnähte« der Materie

her allerdings nicht immer zum Tragen: Zumeist sind es mehr oder weniger verwickelte Mischformen der chemischen Bindung, die bei den Stoffen, mit denen der Techniker – und damit auch der Elektroniker – arbeiten muß. Ein weiterer wichtiger Mechanismus ist die sogenannte »*Kovalenzbindung*«, die vor allem bei »organischen« Verbindungen dominiert, bei den Baumaterialien lebendiger Organismen also und bei Verbindungen, in denen das Element Kohlenstoff eine entscheidende Rolle spielt.

Diese »kovalente« oder »homöopolare« Bindung findet – im Gegensatz zur Ionenbindung – zwischen *elektrisch neutralen Atomen* statt und heißt daher auch einfach »*Atom*bindung«. War bei der Ionenbindung das entscheidende Stichwort »Elektronenraub«, so können wir jetzt bei der Kovalenzbindung von einer »*gemeinsamen Nutzung*« *von Elektronen* sprechen. Diesem Sachverhalt ist es auch zuzusprechen, daß die Atombindung *bevorzugte Richtungen* besitzt, während die Ionenbindung ja nach allen Seiten gleich stark wirkt.

Am besten läßt sich diese Ausbildung von gerichteten »Elektronenbrücken« zwischen den Atomen erläutern, wenn wir auf den Gedanken des *Wahrscheinlichkeitsraumes* für Hüllenelektronen zurückgreifen (vgl. Seite 46): Mit welcher Wahrscheinlichkeit sich ein Elektron im Zeitmittel in einer bestimmten Entfernung vom Atomkern aufhält, das gibt das sogenannte »Elektron*orbital*« an. Diese »Orbitale« signalisieren die Dichteverteilung der Elektronen in der Atomhülle. Wieder salopp gesagt: Sie zeigen an, wo es am wahrscheinlichsten »elektront«, wenn man experimentell eingreift.

Die Unterschalen s und p werden in diesem Bild zu »s-*Orbitalen*« und »p-*Orbitalen*«. Dabei ist das s-Orbital mit Platz für zwei entgegengesetzt spinende Elektronen (Pauli-Prinzip!) am einfachsten gebaut: Es ist eine kugelsymmetrische »Wolke« der Elektronendichte.

Was heißt das? Am Atomkern selbst ist die Chance gleich Null, ein s-Elektron aufzustöbern. Die Wahrscheinlichkeit, es anzutreffen, steigt dann ziemlich rasch an bis zu einem Maximalwert, der dem »klassischen« Bahnradius entspricht. Darüber hinaus nimmt die Wahrscheinlichkeit, daß sich ein s-Elektron bemerkbar macht, wieder rasch ab (vgl. Abbildung Seite 71).

Für die sechs p-Elektronen der p-Unterschale stehen dann drei p-Orbitale zur Verfügung, die jeweils wieder ein entgegengesetzt spinendes

Gemeinsames Elektronenpaar

Elektronenpaar aufnehmen können. Nach den drei Raumrichtungen spricht man von einem »p_x-Orbital«, einem »p_y-Orbital« und einem »p_z-Orbital« (vgl. Abb. S. 74). Jedes dieser p-Orbitale veranschaulicht man am besten in Form einer »Doppelkeule«: Am Atomkern selbst ist die Aufenthaltswahrscheinlichkeit für ein p-Elektron wiederum Null. Dann steigt die Wahrscheinlichkeit, es anzutreffen, nach zwei genau entgegengesetzten Richtungen gleichmäßig an und fällt darauf wieder ab. Auf diese Weise entstehen die drei merkwürdigen Doppelkeulen der p-Orbitale.

Die kovalente Bindung zwischen Atomen kommt nun normalerweise dadurch zustande, daß sich zwei Elektronen mit entgegengesetztem Spin »zusammenfinden«, wobei jeweils ein Elektron von den an der Bindung beteiligten Atomen stammt. Anders gesagt: Gewisse Orbitale der beiden Partner schieben sich ineinander, »überlappen« sich gleichsam. Die Atome besitzen dadurch ein *gemeinsames Elektronenpaar,* wobei sich die beiden »antiparallel« spinenden Elektronen vorzugsweise in dem »Überlappungsgebiet« der gekoppelten Orbitale aufhalten, also zwischen den verbundenen Atomen.

Bilden also im einfachsten Fall zwei Wasserstoff-Atome (H-Atome) mit je einem halb besetzten s-Orbital ein Wasserstoff-Molekül (H_2 oder H—H), so überlappen sich die beiden s-Orbitale in einer Weise, wie es die Abbildung auf Seite 89 zeigt: Ein gemeinsames Elektronenpaar bildet die »Schweißnaht« zwischen den beiden Atombausteinen. Und dieser Sachverhalt ist kein Elektronenraub wie bei der Ionenbindung, sondern eine gemeinsame Nutzung beider Elektronen ...

Ein anderes typisches Beispiel für diesen kovalenten Bindungstyp ist das Wasser-Molekül H_2O oder H—O—H (vgl. Abbildung Seite 89): Das Sauerstoff-Atom (O) besitzt zwei halb besetzte p-Orbitale, die sich mit je einem halb besetzten s-Orbital zweier H-Atome überlappen. Ein gerichtetes »Elektronenpaar-Doppel« sorgt für den Zusammenhalt eines Sauerstoff-Atoms mit zwei Wasserstoff-Atomen im Wasser-Molekül.

Geradezu ideal gebaut für diese Kovalenzbindung ist das »engagementfreudige« *Kohlenstoff*-Atom (C-Atom), das folgende Elektronen-Konfiguration in der Atomhülle besitzt:

C: $1s^2\ 2s^2\ 2p^2$

Die elektrischen »Schweißnähte« der Materie

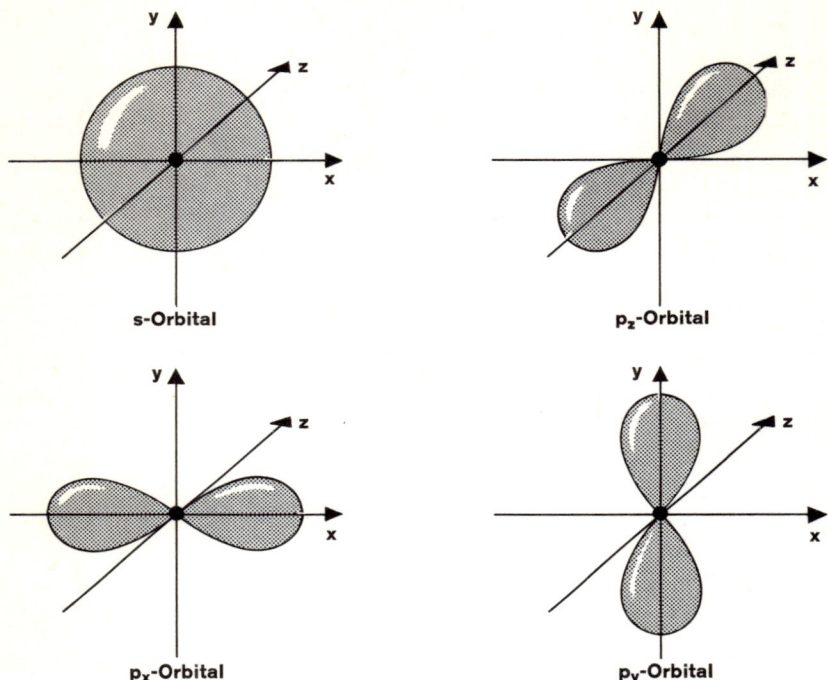

Während das kugelförmige s-Orbital zwei entgegengesetzt spinenden Elektronen Platz bietet, stehen den sechs p-Elektronen der p-Unterschale drei p-Orbitale in der Form von Doppelkeulen zur Verfügung.

Die vier Elektronen der Hauptquantenzahl $n = 2$ schwärmen hier geradezu aus und bieten sich nach vier Seiten hin zur Elektronenpaarbildung an. (Auf diese Weise gibt es die charakteristische »Wertigkeit« des C-Atoms, die für den Chemiker so bemerkenswert ist, daß er bei der organischen Chemie von »Kohlenstoff-Chemie« spricht.)

Für den Physiker und Techniker ist vor allem bemerkenswert, daß die Orbitalüberlappungen zweier Atome gleichsam tiefe Energiegräben bilden, die als »Austauschplatz« für das entgegengesetzt spinende Elektronenpaar dienen: Die nach dem Pauli-Prinzip beliebige *Austauschbarkeit* der hier »hin und her kreiselnden« Elektronen ohne feststellbare Zustandsänderung im System führt nämlich zu einer »*Austausch-*

kraft«, die der Coulomb-Abstoßung zwischen den beiden jeweils positiv elektrischen Atomkernen so mächtig entgegenwirkt, daß ein fester Zusammenhalt der beiden Atombausteine garantiert ist.

Die kovalente Bindung wird also nicht zuletzt durch die Austauschmöglichkeit zweier ununterscheidbarer Elektronen »ohne Individualität« aufrechterhalten: Man kann ja überhaupt nicht feststellen, welches Atom welches Elektron geliefert hat. Das Paar der negativen Ladungsträger wird gemeinsam genutzt bei dieser Form der Bindung, die sich deutlich von der Ionenbindung unterscheidet.

Im folgenden Kapitel wollen wir den dritten, gerade für die Elektronik höchst bedeutsamen Bindungstyp kennenlernen, die *metallische Bindung*: Sie spielt, wie wir sehen werden, nicht nur im »guten alten Kupferdraht« eine wichtige Rolle...

4. Kapitel

Freie Elektronen »hinter Gittern...«

4.1 »Ionen-Felsen im Elektronensee«

In den ersten drei Kapiteln unserer Betrachtung des merkwürdigen Elementar-»Teilchens« Elektron haben wir eine energetisch »körnige« und mechanisch »unscharfe« Welt kennengelernt, in der es mehr oder weniger heftig »elektronen« kann. Dabei reagieren die Elektronen, je nach experimentellem Eingriff des Physikers oder Technikers, mal als Partikelchen, mal als Materiewelle.
Dieses höchst eigenartige Verhalten der Elektronen macht es unabdingbar, daß wir diese körnige und unscharfe Welt mit *quantentheoretischen* Überlegungen zu beschreiben versuchen: Das ist gewiß nicht immer so simpel und unmittelbar einleuchtend wie die alten Geschichtchen von den Elektronenkügelchen, die »mutterseelenallein in der Weltgeschichte herumfliegen« wie verirrte Billardkugeln oder sich wie ein tanzender Mückenschwarm formieren, die als Hüllenelektronen im Atomkern brav ihre Planetenbahnen um den Atomkern ziehen usw. usf.
Wer heutzutage ein solides Verständnis der elektronischen Vorgänge erwerben möchte, der muß das Teilchen-*und*-Wellen-Bild des Elektrons kennen, muß von »Energiepaketen« und »Wechselwirkungen« sprechen und über die »Quantenzustände« in der Elektronenhülle Bescheid wissen, die durch die vier Quantenzahlen n, l, m_l und m_s eindeutig festgelegt sind. Er darf sich nicht wundern, wenn das Elektron einmal als spinender Kreisel, ein anderes Mal als De-Broglie-Wellenzug auftaucht, um schließlich in irgendeinem Orbitalbereich nur noch »identitätslos zu elektronen«...
Sollten Sie also im vorangegangenen Kapitel ernsthafte Verständnisschwierigkeiten gehabt haben, so denken Sie an die Vorzüge des »Mediums« Buch: Man kann in einem Buch jederzeit zurückblättern und bestimmte Passagen nochmals lesen. Dieses Verfahren ist für jeden Lernenden eine höchst nützliche Sache. Sach- und Fachbücher sind da-

zu da, häppchenweise »verzehrt« zu werden, wobei man einen »geistigen Verdauungsapparat« durchaus auf mehrmaligen Verzehr einstellen kann, ohne bei der Lektüre Schaden zu nehmen.
Im Gegenteil: Bei jeder Art von »Verdauungsbeschwerden« sollte man sofort aufhören zu lesen oder aber ohne Scham zurückblättern. Bisweilen empfiehlt sich sogar eine Bleistift-und-Papier-Lektüre, d. h. man kann sich Notizen machen. Das Stoffgebiet dieser Betrachtung ist alles andere als das süße Honiglecken eines Kriminalromans: Wer Ihnen hier eine »romanhaft spannende« Lektüre verspricht, dem sollten Sie von vornherein mißtrauen. In solch einem Fall ist der Lerneffekt gleich Null oder zumindest sehr gering. Womit natürlich keineswegs gesagt sein soll, daß Sachbücher langweilig zu sein brauchen ...
Wenn Sie daher nach den ersten drei Kapiteln eine Art Zwischenbilanz ziehen, so werden Sie feststellen, daß Sie eine ganze Menge ungewöhnlicher »Geschichten« vom Elektron kennengelernt haben, die zum Teil wirklich »märchenhaft« geklungen haben: Da gab es »Verrücktheiten«, die durchaus nach »Alice im Wunderland« geklungen haben und dennoch zum gesicherten Erkenntnisstand der exakten Forschung gehören. »Schuld« daran ist die komplette *Mathematisierung* dieses Wissensbereiches – und die moderne Mathematik ist halt nun einmal nicht nur eine bisweilen recht verzwickte, sondern auch ziemlich »verrückte« Angelegenheit (vgl. »Knaurs Buch der modernen Mathematik«).
Wir sagten es bereits: Bei den »elektronischen« Mechanismen, die dazu führen, daß sich aus Atomen Moleküle und damit die »Fertigbauteile« unserer materiellen Welt aufbauen, die auch technisch genutzt werden, gibt es neben den bereits erläuterten Bindungstypen Ionen- und Atombindung auch noch die *metallische Bindung*. Zwei bildhafte Schlagworte konnten uns das Verständnis in den beiden ersten Fällen erleichtern: Da war der »Elektronenraub« bei der Ionenbindung und die »gemeinsame Nutzung eines Elektronenpaares« bei der Atombindung (kovalenten Bindung).
Bei der *Metallbindung* dagegen kann man jetzt von einem »*gemeinsamen Elektronensee*« sprechen, in den die positiv geladenen »Ionen-Felsen« der Atomrümpfe eingebettet sind.
Gerade diese Tatsache, daß die (wiederum Gitter bildenden) Kristalle von reinen Metallen über ein gemeinsames Reservoir praktisch »freier«

»Weiche« Metallbindung

Elektronen verfügen, das wir »Elektronensee« genannt haben, ist übrigens ein Sachverhalt, der ausschließlich *quantentheoretisch* plausibel gemacht werden kann: Nach der »klassischen« Atomtheorie müßte nämlich jedes Elektron zu dem ihm zugehörigen Atomkern gehören und könnte nicht beliebig frei im Metallgitter herumschwirren, wie das effektiv der Fall ist.

Wie aber läßt sich dieser gemeinsame Elektronensee, der alle Atomrümpfe des metallischen Kristallgitters umspült, auf quantentheoretischer Basis erklären? Ganz einfach: Atome von Metallen besitzen stets eine von Elektronen *schwach besetzte äußere Schale*. Bei enger Nachbarschaft der metallischen Atome überlappen sich daher die Materiewellen der Außenelektronen. Sie »zerfließen« sozusagen und bilden einen gleichmäßig zwischen den positiven Atomrümpfen sich ausbreitenden negativ-elektrischen »Ladungssee«.

Aufgrund des Pauli-Prinzips, nach dem zwei Elektronen ja niemals in allen vier Quantenzahlen n, l, m_l, m_s übereinstimmen können, kann es bei dieser gegenseitigen Durchdringung in den äußeren Hüllen passieren, daß manche Elektronen sogar in höhere Energiezustände angehoben werden müssen. Da diese Konfiguration bei den Metallgittern jedoch *energetisch* immer noch günstiger liegt als der Normalzustand im isolierten Atom, funktioniert die metallische Bindung recht gut, wenn sie auch wesentlich »weicher« ist als die starre Ionenbindung. (Metalle sind ja erfahrungsgemäß viel leichter plastisch verformbar und mechanisch zu bearbeiten als mineralische Stoffe.)

Die Atombausteine im Metallgitter sind also wegen der »zerfließenden« Außenhüllen ziemlich dicht zusammengepreßt: Sie berühren sich gegenseitig mit den durch Elektronen komplett aufgefüllten *Innenschalen* und bilden so die dichtestmögliche »Kugelpackung«. Wie bei der Ionenbindung entstehen auf diese Weise kugelrunde, positiv elektrische Ionen mit symmetrischer Ladungsverteilung in den verbliebenen Schalen.

Das abgegebene Elektron der Außenschale wird jedoch von keinem der Nachbaratome »geraubt«: Es fließt in einen gemeinsamen »Topf«, in den »Elektronensee« zwischen den Ionen. Das ist der entscheidende Unterschied zur Ionenbindung, bei der zudem noch – eben aufgrund des »Elektronenraubes« – abwechselnd positive und negative Ionen im Gitter sitzen. Bei der Metallbindung gibt es dagegen nur *positiv elek-*

Freie Elektronen »hinter Gittern...«

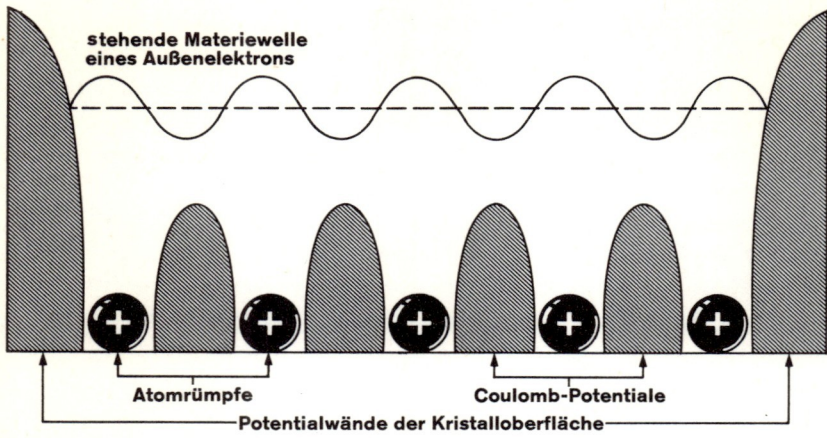

Die stehenden Wellen der Außenelektronen werden vom Metallgitter zwischen den elektrostatischen Potentialwänden der Kristalloberfläche regelrecht »eingekastelt«.

trische *Atomrümpfe* in der Kugelpackung, die von einem *negativ* elektrischen *Elektronensee* »umwogt« werden. (Die beiden Bindungstypen Metallbindung und Ionenbindung sind damit wohl zu unterscheiden.)
Die »zerfließenden« Außenhüllen der metallischen Bausteine lassen sich natürlich wieder am besten im *Wellen*bild des Elektrons plausibel machen: Der benachbarte Atomkern im Metallgitter sitzt nun jeweils dort, wo normalerweise beim isolierten Atom die stehende Materiewelle des Außenelektrons schwingt. Das »abgedrängte« Außenelektron dagegen kann sich jetzt gleichmäßig über das gesamte Gitter »verwellen«. Es breitet sich wie eine »Elektronen-Wolke« z. B. über die ganze Höhe einer mächtigen Saturn-V-Rakete aus oder über die volle Länge eines Transatlantikkabels!
Warum läuft aber dieser nun schon mehrfach zitierte »Elektronensee« der aus den Außenhüllen der Gitterbausteine »verdrängten« Elektronen nicht einfach aus? Es wäre doch immerhin denkbar, daß diese verwellten Außenelektronen am Gitterrand nicht haltmachen, sondern zwischen den Atomrümpfen abfließen wie aus einer durchlöcherten Badewanne!

Elektrische Leitfähigkeit

Das ist deshalb nicht der Fall, weil das Metallgitter einen regelrechten »Potential*kasten*« mit elektrostatischen »Potentialwänden« bildet, der die stehenden Materiewellen der ausschweifenden Außenelektronen richtiggehend »einkastelt«.

Im Detail sieht dieser Mechanismus so aus: Da läßt sich eine mittlere Coulomb-Anziehung ermitteln, die durch die positiv elektrischen Potentiale aller Atomrümpfe im *Innern* des Metallgitters entsteht und gleichmäßig auf das Elektronenmeer der negativen Ladungsträger einwirkt. Auf diese Weise bildet sich eine Art »Potentialmulde« aus – das »Meeresbecken« gleichsam. Rund um diese Potentialmulde verläuft ein deutlicher »Potentialwall«, der von den Atomrümpfen an der Metall*oberfläche*, an den Gitterrändern also, dadurch ausgebildet wird, daß sich die gegenseitigen Überlagerungen der Coulomb-Potentiale für die entgegengesetzt geladenen Elektronen lediglich nach innen deutlich bemerkbar machen: Das Metallgitter schließt damit die stehenden Elektronenwellen der ausgeschwärmten Außenelektronen gleichsam wie in einem »Kasten« ein (vgl. Abbildung Seite 80).

Nach der *Quantentheorie der Metalle* sind also die äußeren Elektronen in den Hüllen der Metall-Atome wegen ihrer *Wellennatur* nicht an bestimmte Einzelbausteine des Gitters gebunden: Sie können sich jeweils von »ihrem« Atom ablösen und zerfließen über den gesamten Kristall. Genau das ist auch der Grund, warum Metalle so gut *elektrisch leitend* sind: Pro Atom kann im Metallgitter ja zumindest eine Elektronenwelle der Außenschale freigesetzt werden, die im Elektronensee als sogenanntes »*Leitungselektron*« mit seiner Elementarladung für den Elektrizitätstransport zur Verfügung steht.

Diese *elektrische Leitfähigkeit* der Metalle, die sogar jemandem vertraut ist, der noch nie eigenhändig mit Trockenbatterie, mit Klingeldraht und Lämpchen hantiert hat, geht also eindeutig aufs Konto der erläuterten *Metallbindung,* bei der sich die Außenelektronen der Atomhüllen gleichsam »abwellen« können, während sie in Ionenkristallen oder in Molekülen mit Kovalenzbindung immer an spezielle Atome gebunden sind. Solche Stoffe verhalten sich im Normalzustand als elektrische Nichtleiter oder »Isolatoren«.

Doch bleiben wir vorerst bei den elektrisch leitenden Metallen: Da sitzen ja nun, wie gesagt, die Bausteine des metallischen Kristallgitters dicht gepackt, Innenschale an Innenschale, voll aufgefüllt mit Hüllenelektronen. Damit erhebt sich doch wohl die Frage, wie die freien Leitungselektronen, also die »abgewellten« Außenelektronen, beim Elektrizitätstransport so glatt durch diese feste »Kugelpackung« hindurchkommen: Der verhältnismäßig enge Spielraum der »Kugelritzen« zwischen den runden Atomrümpfen reicht dafür ja wohl nicht aus. Jedenfalls, so könnte man sich vorstellen, müßte es zu dauernden Rempeleien einerseits zwischen Leitungselektronen untereinander und andererseits zwischen Leitungselektronen und Atomrümpfen kommen.

Das ist jedoch, wie im Experiment nachweisbar, nicht der Fall: Aus zahlreichen, verschiedenartigen Versuchen geht für Physiker und Techniker ganz klar hervor, daß solche Kollisionen und damit »Streuungen« von Leitungselektronen beim Elektrizitätstransport in Metallgittern nicht auf der Tagesordnung stehen. So kann ein Leitungselektron unter günstigen Bedingungen (gleichmäßiger Gitterbau, tiefe Temperatur) einen geradlinigen, kollisionsfreien Kurs von der Größenordnung eines Zentimeters (!) steuern: Das ist eine gigantische Ent-

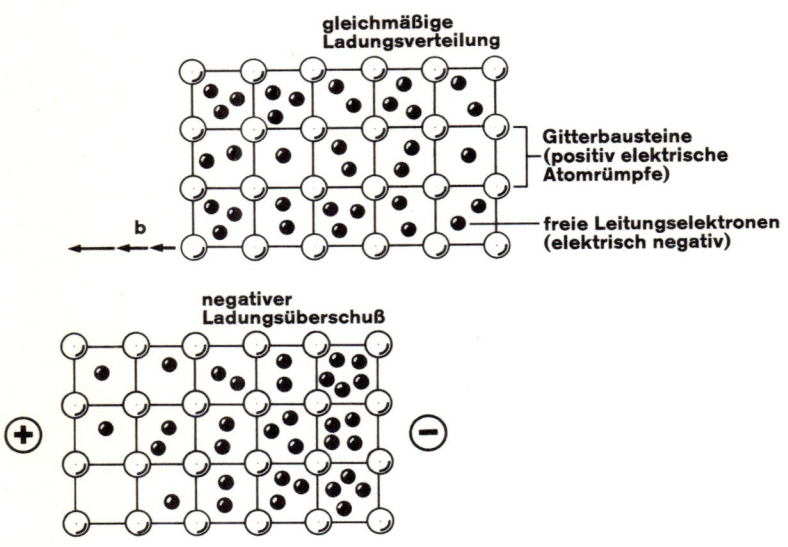

Das Freie-Elektronen-Modell der Metalle wird im Tolmanschen »Schüttelversuch« recht gut bestätigt.

»Periodisches« Metallgitter

fernung, wenn man überlegt, daß bei dieser »Geradeaus-Fahrt« des freien Elektrons mehrere hundert Millionen bis eine Milliarde Atomrümpfe passiert werden!
Mit dem »klassischen« Bild des Massenpunktes auf der geradlinigen Bahn kann man diesen erstaunlichen Sachverhalt wieder einmal nicht erklären. Man muß da schon *quantentheoretisch* argumentieren: Zum einen ist festzustellen, daß ein Leitungselektron als *Materiewelle* sich innerhalb einer gleichmäßigen Struktur, im »periodischen« Metallgitter also, praktisch unbehindert ausbreiten kann. Zum andern wird der erwartete Kollisionskurs durch die entgegengesetzt spinenden Elektronenkreisel auf ein Minimum beschränkt. Anders gesagt: Auch die freien Leitungselektronen gehorchen dem vielzitierten *Pauli-Prinzip* (vgl. Seite 64).
So wogen die Wellen des Elektronensees zwischen den Ionen-Felsen also mit der Leichtigkeit eines »Elektronen*gases*«: Der Elektronensee im Metallgitter mit seinen praktisch *freien* und *nicht*-wechselwirken-

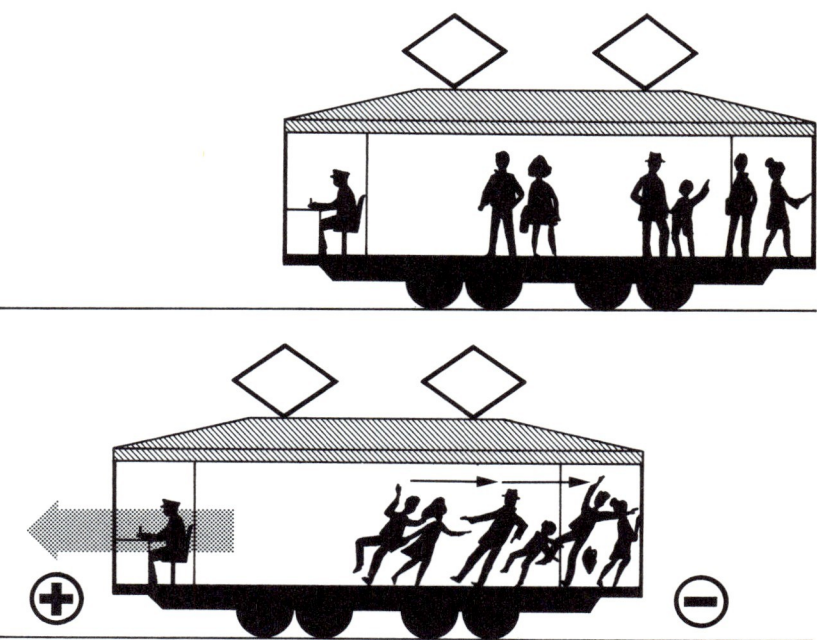

den Elektronen, die dem Paulischen Ausschließungsprinzip genügen, wird daher auch »Fermi-*Gas*« genannt. Ein solches »Fermi-Gas«, benannt nach einem berühmten italo-amerikanischen Kernphysiker, setzt sich stets aus Teilchen mit dem Spin $m_s = \pm \frac{1}{2}$ zusammen.

Das »Freie-Elektronen-Modell« der Metalle ist ein recht brauchbares und einleuchtendes Hilfsbild, um viele Sachverhalte gut zu erklären: Eine gute Bestätigung dieses Modells der freien Elektronen »hinter Gittern« ist der sogenannte »*Schüttelversuch*« von C. R. Tolman geworden, dessen Grundgedanken hier kurz skizziert werden sollen.

Man nehme, wie Abbildung S. 82/83 zeigt, einen Metallstab und beschleunige ihn durch einen kräftigen Ruck nach links. Dann machen die freien Leitungselektronen aufgrund ihrer trägen Masse m_e (vgl. Seite 25) diese Bewegung des starren Metallgitters zunächst überhaupt nicht mit. Es geht ihnen dabei ähnlich wie den Leuten, die in einer überfüllten Straßenbahn stehen und bei plötzlichem scharfem Anfahren des Zuges nach hinten geschleudert werden. Beim kräftigen Linksrutsch des Metallstabes purzeln die Leitungselektronen also nach rechts, wo sie am Stabende für einen deutlichen negativen Ladungsüberschuß sorgen. Das linke Stabende dagegen, das von den freien Elektronen fast entleert wird, besitzt dann einen positiven Ladungsüberschuß: Im Metallstab entsteht auf diese Weise ein elektrisches Feld E (vgl. Seite 55), dessen Kraftwirkung auf die Leitungselektronen deren Trägheitskraft $m_e \cdot b$ entgegengesetzt ist; b ist in diesem Fall die Beschleunigung des Elektrons.

Genau umgekehrt verläuft dieser Vorgang bei einem kräftigen Ruck nach rechts. Schüttelt man den Metallstab also mit einer gewissen Frequenz periodisch hin und her (links – rechts, links – rechts usw.), so läßt sich mit einem hochempfindlichen Meßgerät tatsächlich eine *elektrische Wechselspannung* nachweisen, die sich zwischen den beiden Stabenden ausbildet: Sie liegt in der Größenordnung von 10^{-9} V (milliardstel Volt). Verglichen mit der Wechselspannung an den Steckdosen Ihrer Wohnung (220 V) ist dieser Betrag hundertmilliardenfach geringer. Aber immerhin: Die Spannung ist nachweisbar und liefert eine gute Bestätigung für das »Freie-Elektronen-Modell« der metallischen Kristalle.

Im folgenden soll nun gezeigt werden, wie man dieses recht simple

Austauschkräfte

Modell verfeinern muß, um andere charakteristische Eigenschaften von Metallen zu erklären. Dazu benützt man gewöhnlich das sogenannte »Bändermodell«.

4.2 »Ausgetretene« Energiestufen im Kristalltreppchen

Innenschale an Innenschale, dicht gepreßt also, sitzen die allesamt positiv elektrischen Atomrümpfe (Ionen) im Metallgitter. Dazwischen bewegt sich ein »Gas« freier und nicht-wechselwirkender Elektronen: Wieso, kann man fragen, fliegt denn diese Konstruktion aufgrund der Coulomb-Abstoßung nicht auseinander?
Eine vergleichbare Frage haben wir bereits, wie Sie sich vielleicht erinnern, bezüglich der Bindungskräfte im *Atomkern* gestellt, wo positiv geladene Protonen – und neutrale Neutronen – durch die »starke Wechselwirkung« zusammengeschweißt werden (vgl. Seite 57). Eine ganz ähnliche Situation liegt nun im Falle der Metallbindung vor: Da werden die positiven Atomrümpfe des Gitters durch heftige Wechselwirkungen zwischen den Elektronen*schalen* »gekittet«. Die Ionen tauschen dabei untereinander Elektronen in gewissen Orbitalen aus, wodurch starke *Austauschkräfte* entstehen. Im Eisen und im Wolfram etwa tragen auf diese Weise die inneren Schalen entschieden zu einer »Austauschbindung« bei. Die ungerichtete Metallbindung ähnelt auf diese Weise also durchaus der gerichteten Kovalenzbindung (vgl. Seite 72).
Die Mechanismen, in die die Leitungselektronen als Transporteure elektrischer Ladung verwickelt sind, erweisen sich bei näherer Betrachtung also als nicht die einfachsten: Zumindest ist die Sachlage verwickelter, als man zunächst annehmen könnte, wenn man *nur* über »Volt«, »Ampere« und »Ohm« spricht, wie das vielfach geschieht. Natürlich muß man auch darüber reden, aber das rechte Verständnis der damit verbundenen Prozesse sitzt eben doch einige Etagen tiefer – in der *Struktur der materiellen Bausteine* nämlich –, die von der modernen Technologie genutzt und verarbeitet werden.
Unsere bisherigen Betrachtungen zur Metallbindung galten nun jedoch dem »idealen« Metallgitter von makelloser Ebenmäßigkeit, durch das die verwellten Leitungselektronen als »elektrischer Strom« nahezu un-

Freie Elektronen »hinter Gittern ...«

gestört gleiten konnten: Aufgrund dieser idealisierten Zustände dürfte sich so etwas wie ein »elektrischer Widerstand« eigentlich überhaupt nicht bemerkbar machen. Natürlich sieht die Realität da doch ein wenig anders aus: In gebräuchlichen Kupferdrähten etwa, in denen Strom fließt, gibt es deutliche Verunreinigungen des Materials durch »Fremdatome« und sonstige Gitterfehler, mit denen die Leitungselektronen in mehr oder minder heftige Wechselwirkungen treten, wobei sie beträchtlich an Energie verlieren. Das natürliche metallische »Kristallgebäude« ist keineswegs eine makellos periodische Struktur: Hier und da gibt es da doch kräftige »Laufmaschen« und »Knötchen« wie in einem abgetragenen Perlonstrumpf ...

Diese »Störstellen« sind der eigentliche Grund für den *elektrischen Widerstand,* wenn wir zunächst einmal von der Temperatur des Metalls absehen, auf die wir noch gesondert zu sprechen kommen. Dieser Widerstand hängt davon ab, wie weit ein Leitungselektron im Durchschnitt »freien Durchlauf« durch das auf natürliche Weise »ramponierte« Metallgitter hat. Diese Wegstrecke kann, wie bereits gesagt, immerhin in der Größenordnung Millimeter bis Zentimeter liegen (vgl. Seite 82): Der elektrische Widerstand hängt also davon ab, wie groß die *mittlere freie Weglänge* der Elektronen im Gitter ist, die sich von den Außenschalen der Gitterbausteine »abwellen« konnten, bevor sie auf die genannten Störstellen rumpeln und durch diese Wechselwirkung Energie verlieren.

Aus diesem Modell für den elektrischen Widerstand folgt übrigens unmittelbar das »klassische« *Ohmsche Gesetz,* mit dem Sie bestimmt schon einmal in irgendeiner Form Bekanntschaft gemacht haben. Es besagt ganz einfach: In metallischen Leitern ist die elektrische *Stromstärke* der angelegten *Spannung* proportional – solange sich, und das ist entscheidend, die *Temperatur nicht ändert.* ›Strom‹ und ›Spannung‹ sind in diesem Fall durchaus einleuchtende Begriffe, die Sie sich durch die klassische Anschauungskrücke eines fließenden Wasserstroms verdeutlichen können. (Natürlich werden wir sie in unserer Betrachtung noch präzisieren.) Das Verhältnis von elektrischer Spannung U und elektrischer Stromstärke I ist danach der sogenannte »Widerstand« R des entsprechenden Leiters:

$$R = \frac{U}{I}$$

Ohmsches Gesetz

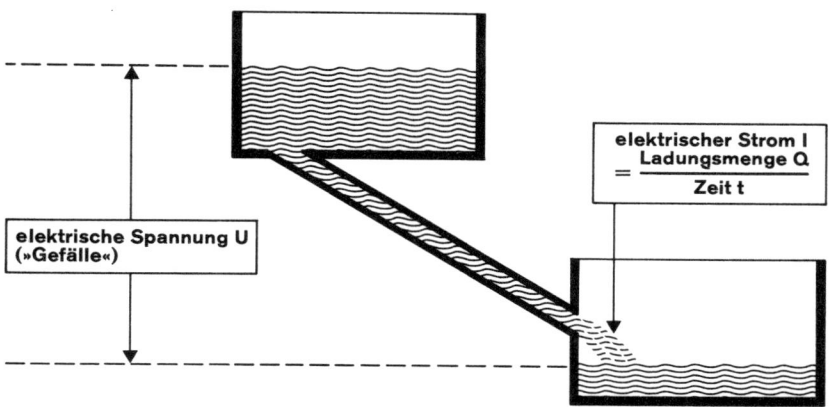

Eine höchst simple, aber recht brauchbare Veranschaulichung der Begriffe »Spannung« und »Strom« in der Elektrizitätslehre ist der fließende Wasserstrom über ein Gefälle.

Die Spannung U wird gewöhnlich in der Einheit *Volt* (V) gemessen, die Stromstärke I in *Ampere* (A). Für die Maßeinheit $\frac{V}{A}$ (»Volt pro Ampere«) des Widerstandes benützt man gewöhnlich die abkürzende Bezeichnung »Ohm« (Ω). All das sind Einheiten, die heute von elektrischen Haushaltsgeräten aller Art her bestens bekannt sein dürften – wenn damit auch keineswegs ein »tiefes Verständnis« verbunden sein muß...

Das Ohmsche Gesetz ist direkt aus der quantentheoretisch beschreibbaren Struktur der metallischen Materie ableitbar. Der elektrische Widerstand steigt mit der angelegten Spannung und fällt mit dem Strom, der durch den Leiter fließt – solange, wie gesagt, die *Temperatur konstant* gehalten wird: Die Temperatur kommt in der Beziehung $R = \frac{U}{I}$ ja überhaupt nicht vor! Man könnte also, so paradox das klingen mag, auch feststellen: Das Ohmsche Gesetz besagt im wesentlichen, daß der elektrische *Widerstand* R lediglich von der *Temperatur* des metallischen Leiters bestimmt wird. Warum wohl?
Es ist leicht einzusehen, daß dieser Widerstand um so größer wird, je

Erläuterungen zum Bildteil Seite 89 bis 96

1: Um Atome zu Molekülen zusammenzuschweißen, verwendet die Natur »elektronische« Mechanismen (vgl. Seite 73).

2, 3, 4, 13: Lichtempfindliche und lichtemittierende Halbleiter-Bauelemente, die sogenannten »opto-elektronischen« Bauelemente, spielen inzwischen eine bedeutsame Rolle in der Elektronik: Halbleitendes Gallium-Arsenid-Phosphid (GaAsP) z. B. strahlt ein so schönes Rotlicht aus, daß man geradezu von einem »Festkörper-Lämpchen« sprechen kann.

5: Im Elektronen-Bändermodell lassen sich durch energetische Überlegungen die Unterschiede zwischen elektrischen Leitern, Halbleitern und Isolatoren verständlich machen.

6: Der sogenannte »p-n-Übergang« als Grenzzone zwischen einer p-leitenden und einer n-leitenden Schicht, der sich wie ein Ventil für elektrische Ladungsträger verhält, bildet die theoretische Basis der Transistor-Physik und -Technologie.

7: Bei der Feldemission von Elektronen spielt der sogenannte »Schottky-Effekt« eine bedeutsame Rolle (vgl. Seite 227). Die Abbildung zeigt eine sogenannte »Schottky-Diode«, die in der Mikrowellen-Technik eingesetzt wird.

8: Einen eindrucksvollen Größenvergleich zwischen Transistoren und einer Reißzwecke zeigt dieses Photo.

9, 10, 11: Nach den drei amerikanischen Physikern John Bardeen, Leon N. Cooper und John R. Shrieffer wurde die »BCS-Theorie« der Supraleitfähigkeit benannt.

12: Die Funktionsweise eines p-n-p-Transistors wird auf Seite 141 f. beschrieben.

13: Lumineszenz-Diode (siehe Text zu Bild 2, 3, 4).

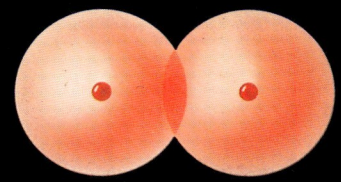
H-H (Wasserstoff-Molekül)

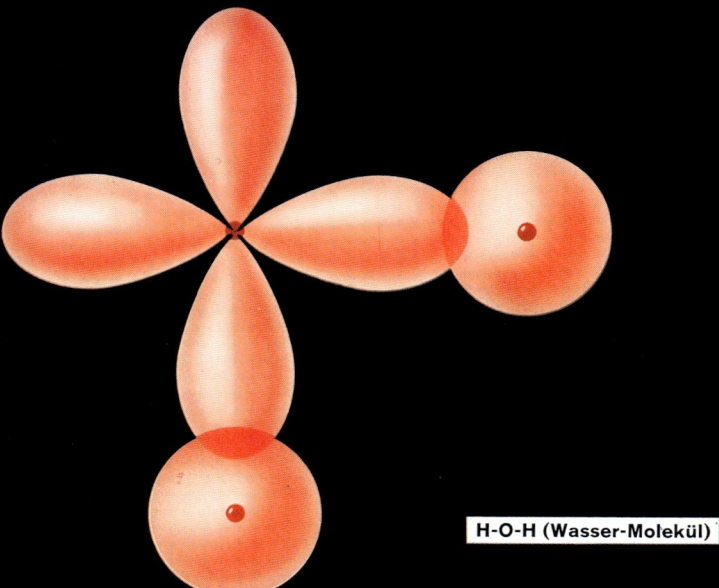
H-O-H (Wasser-Molekül)

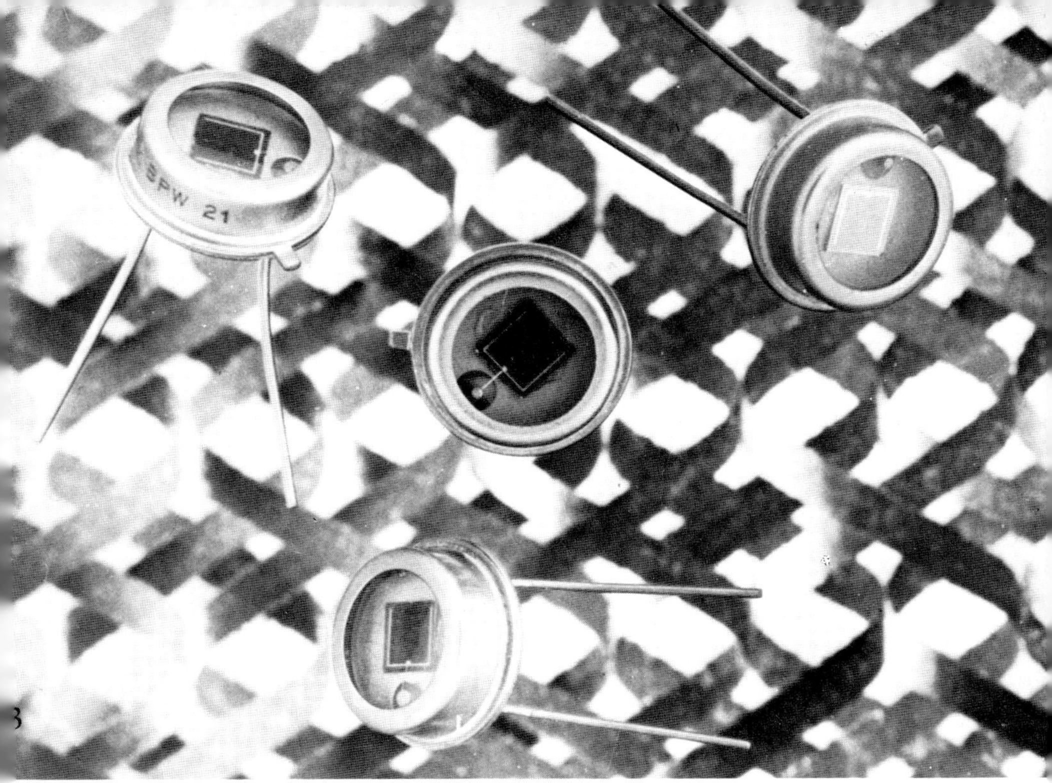

3

Metall	Halbleiter	Isolator
	Leitungsband	Leitungsband (leer)
	»Verbotszone«	»Verbotszone«

bei Zimmertemperatur

	Leitungsband (leer)	Leitungsband (leer)
	»Verbotszone«	»Verbotszone«

am absoluten Nullpunkt

elektrische Dipolschicht

− p

Überschuss an negativer Ladung

Akzeptoren-Überschuss

n

Donatoren-Überschuss

Überschuss an positiver Ladung

+

🔴	Ionisierter Akzeptor	🔵	Neutraler Akzeptor
🟢	Ionisierter Donator	🔵	Neutraler Donator
•	Elektron	•	Defektelektron (»positives Loch«)

10

11

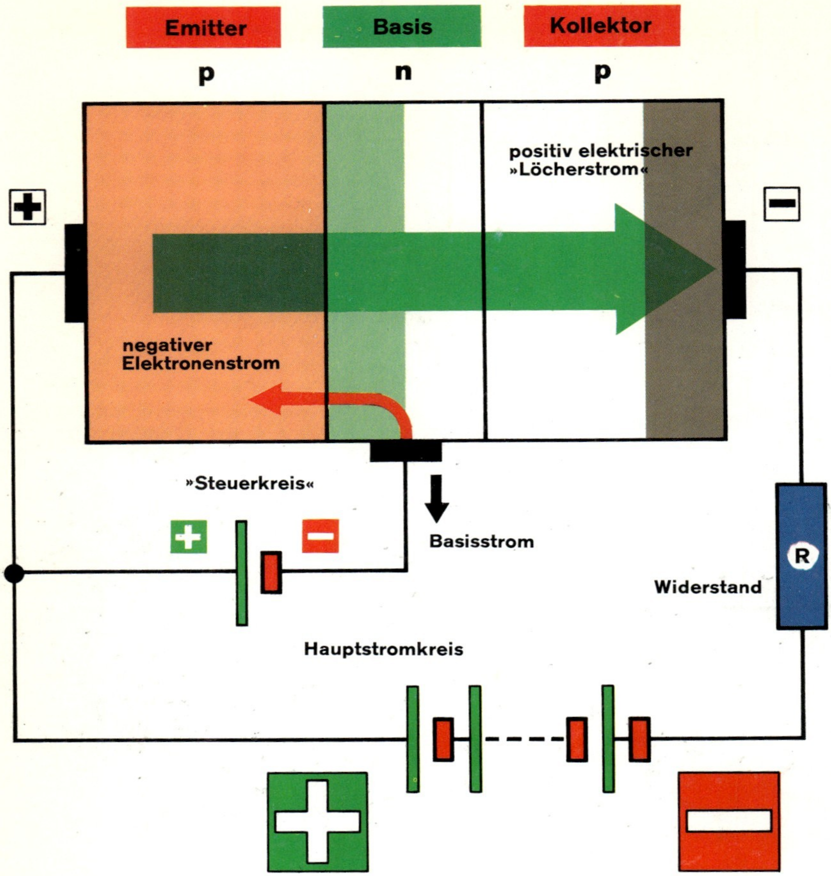

Emitter
Basis
Kollektor
p
n
p
positiv elektrischer
»Löcherstrom«
negativer
Elektronenstrom
»Steuerkreis«
Basisstrom
R
Widerstand
Hauptstromkreis

12

13

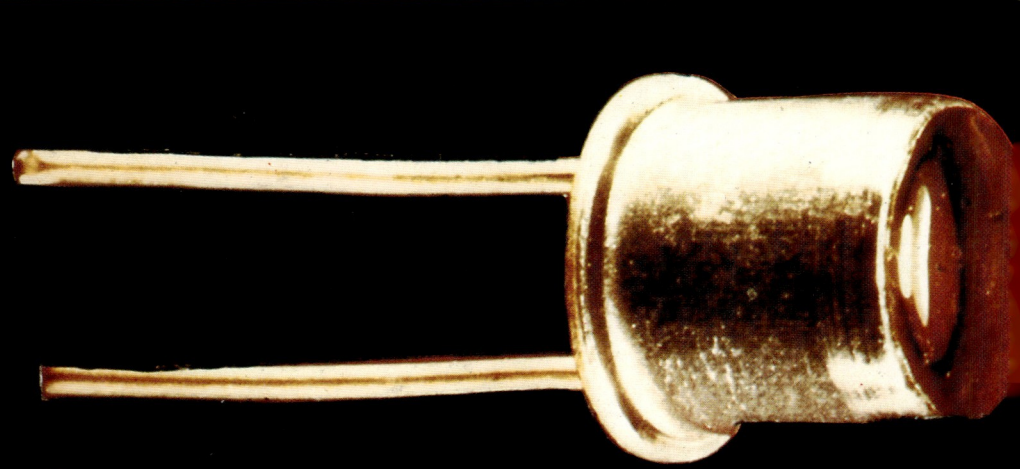

Supraleitfähigkeit

höher die Temperatur liegt. Die Atomrümpfe des Metallgitters sitzen nämlich keineswegs fest und starr auf den entsprechenden Gitterplätzen: Je heißer das System wird, um so heftiger *schwingen* diese Bausteine des Gitters um ihre »Stammplätze« herum. Auf diese Weise bildet sich im normalen Temperaturbereich unseres Alltags eine »*plastische Welle*« aus, die sich als periodische Dichteschwankung im Metallgitter deuten läßt. Natürlich ist das eine erhebliche Störung im Gitter, die den geradlinigen Durchlauf der Elektronenwellen stark beeinträchtigt. Die mittlere freie Weglänge der Leitungselektronen verkürzt sich mit steigender Temperatur: Der Widerstand nimmt zu.

Nur am Rande sei hier vermerkt, daß die *Energie* dieser Gitterschwingung »natürlich« wieder *gequantelt* ist: Das entsprechende Energiequant der plastischen Welle im Gitter heißt übrigens »*Phonom*«, in Anlehnung an das »Photon«, das Energiequant der elektromagnetischen Welle. Mit den »Phonomen« als Energiequanten der Kristallgitter-Schwingungen befaßt man sich vor allem in der Festkörperphysik.

Nach diesem theoretischen Modell des elektrischen Widerstandes versteht man nun auch, daß sich sein Wert praktisch auf *Null* senken müßte, sobald sich im reinen Metallgitter alle Atomrümpfe im Stillstand befinden, d. h. der *absolute Nullpunkt* bei rund 273 Minusgraden der Celsiusskala erreicht wird. Dieser Sachverhalt ist durchaus experimentell bestätigt worden. Dennoch müssen wir gleichsam ein »Warnschild« an dieser Stelle aufbauen, auf dem groß und unübersehbar der Ausdruck »*Supraleitung*« steht. Was ist darunter zu verstehen? Keinesfalls darf diese merkwürdige »quantenphysikalische« Erscheinungsform der sogenannten »*Supraleitfähigkeit*«, die sich bei rund der Hälfte aller Metalle zeigt, mit dem gerade skizzierten »verschwindenden« Widerstand beim absoluten Nullpunkt verwechselt werden. Dieses Phänomen tritt nämlich schon einige Grade *über* »Null absolut« auf. Die Supraleitfähigkeit gestattet es, elektrische Kreisströme zu erzeugen, die reibungslos ohne neuerliche Energiezufuhr über Jahre hinweg in gleichbleibender Stärke fließen – solange nur im Laboratorium das Kühlsystem arbeitet, das die fast »totale Kälte« in der Nähe des absoluten Nullpunkts aufrechterhält. Der elektrische Widerstand mancher Metalle sinkt also bereits kurz *vor* dem vollständigen Kaltpunkt auf einen Nullwert. Wie läßt sich das erklären?
Erst im Jahre 1957 haben die Physiker J. Bardeen, L. N. Cooper und

Freie Elektronen »hinter Gittern...«

J. R. *Shrieffer* eine nach den Anfangsbuchstaben ihrer Namen benannte »*BCS*-Theorie« der Supraleitung entworfen, die wir hier kurz skizzieren wollen: Unterhalb einer gewissen Temperatur in Nullpunktnähe ist die Störung der Gitterstruktur durch ein Leitungselektron erheblich schwächer als die Störung dieses Elektrons durch die erläuterte Wärmebewegung der Atomrümpfe, durch die »thermische Gitterbewegung« also. Es kann daher passieren, daß ein negatives Elektron in seiner unmittelbaren Nähe eine beträchtliche Coulomb-*Anziehung* auf die positiven Atomrümpfe ausübt und auf diese Weise das Metallgitter »verbiegt«. Diese Deformation erscheint einem weiteren Elektron als »attraktive« Störstelle: Es wird von der Störung angezogen.

Auf diese Weise finden sich zwei Elektronen zu einem sogenannten »Cooper-Paar« zusammen: Die stark *anziehende* elektrostatische Kraft an der Störstelle überwiegt die normalerweise dominierende Coulomb-*Abstoßung* zwischen den beiden Elektronen. Setzen sich nun zahlreiche solcher »Cooper-Paare« in gleicher Richtung in Bewegung durchs ex-

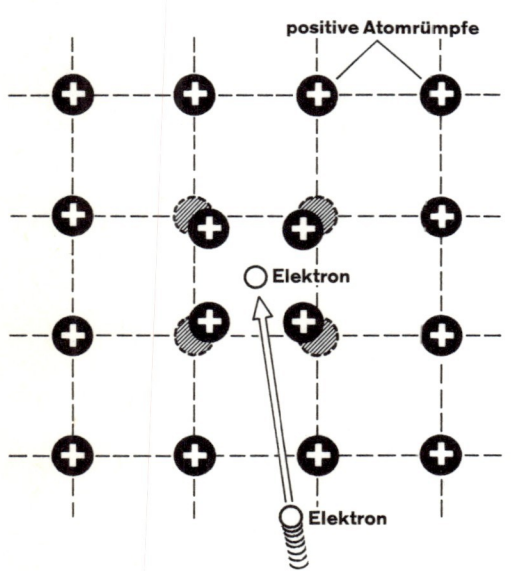

In der Nähe des absoluten Nullpunktes kann ein negativ elektrisches Elektron das Metallgitter in seiner unmittelbaren Nähe deformieren, worauf ein weiteres Elektron diese Störstelle »anfliegt«: Beide Elektronen bilden dann ein sogenanntes »Cooper-Paar«.

Elektronische »Cooper-Paare«

trem unterkühlte Metallgitter, so fließt natürlich ein »Strom«. Die Leitungselektronen passieren den Kristall auf kollisionsfreiem Kurs, d. h. ohne Wechselwirkungen mit dem Gitter und damit ohne Energieverlust.

Nun wissen wir aber, daß es im »Gitter-Kasten« ähnlich wie im »Atom-Kasten« einen *niedrigsten Energiezustand* gibt, der von keinem Elektron unterboten werden kann (vgl. Seite 42). Tiefer als bis auf dieses Minimalniveau kann kein Elektron im Gitter fallen: Also sind die »Cooper-Paare« geradezu »verdammt«, in diesem Energiezustand zu verharren – es sei denn, das Kühlsystem fällt aus, und »wärmere Tage« brechen im Kristall an. Dann bekommen die Kräfte der thermischen Gitterbewegung wieder das Übergewicht: Die Supraleitfähigkeit geht verloren.

Soviel zu einer weiteren Merkwürdigkeit aus der energetisch »körnigen« Welt der Elektronen. Nun war aber bereits vom sogenannten *»Bändermodell«* der metallischen Kristalle die Rede, das uns bei den folgenden Betrachtungen besser helfen kann als das bisher benützte »Freie-Elektronen-Modell«. Wie sieht dieses neue Hilfsbild aus? Wir wissen bereits, daß man im *Atom* von den »Energie*stufen* einer Energietreppe« sprechen kann, den »erlaubten« *Energieniveaus* der Hüllenelektronen also. Jede Stufe dieser Energietreppe ist mit einem entsprechenden *Elektronenzustand* verbunden, der durch die vier Quantenzahlen n, l, m_l, m_s wertmäßig eindeutig nach dem Pauli-Prinzip festliegt. Soweit die energetische Situation im *Atom*.

Bilden nun viele Atome ein *Kristallgitter,* so bringt gleichsam jeder Elektronenzustand der Atomhülle »sein« spezifisches Energieniveau in den Kristall mit ein. Durch die wechselweise Einwirkung von Nachbaratomen können diese Niveaus jedoch leicht verschoben werden, so daß aus der erlaubten Energie*stufe im Atom* von einer klaren Höhe ein ganzes »Energieband« *im Gitter* entsteht, das eine Serie von erlaubten Zuständen signalisiert. Das messerscharfe energetische Treppchenbild des Atoms mit seinen sauberen Stufen wird also zu einer gleichsam »ausgetretenen Stufenfolge« von unterschiedlichsten Höhenzügen im Treppenbild eines Kristalls (vgl. Abbildung Seite 100).

Etwas salopp könnte man wieder sagen: Der Kristall besitzt im Gegensatz zum einzelnen Atom eine kräftig »ausgelatschte Energietreppe« mit breiten Stufen unterschiedlichster Höhenzüge. Das sind dann die

Freie Elektronen »hinter Gittern...«

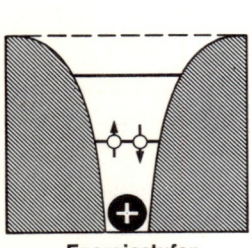

Energiestufen eines Atoms

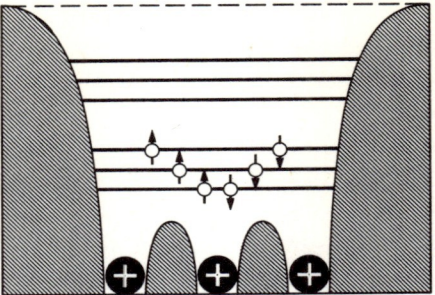

Energieniveaus eines Moleküls

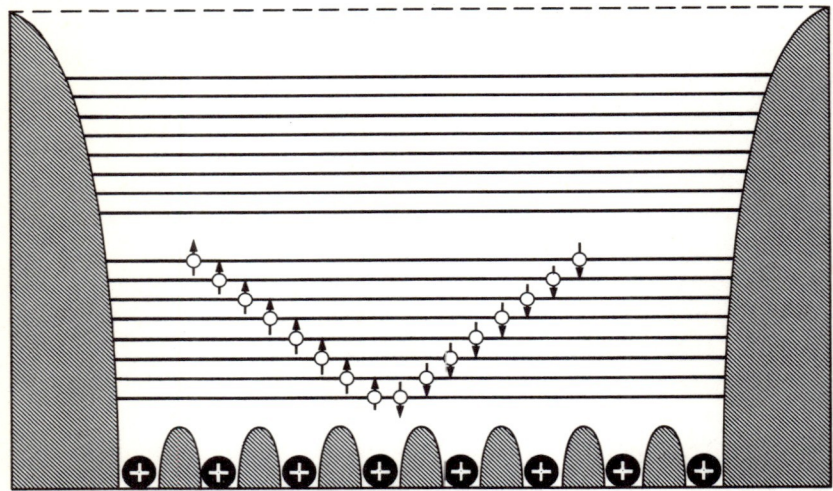

»Energiebänder« eines Kristalls

⚪ ⚪ entgegengesetzt spinendes Elektronenpaar
⊕ positiv elektrischer Atomrumpf

Den möglichen Aufenthaltsraum für Elektronen im Kristall bilden erlaubte Energiebänder. Dazwischen liegen energetische Verbotszonen.

Elektronen-Bändermodell

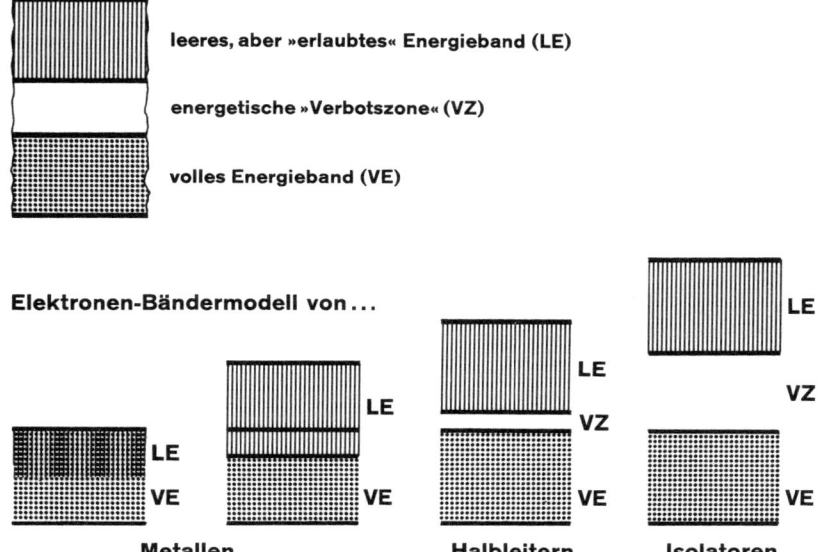

Das Elektronen-Bändermodell gibt eine recht plausible Erklärung für die Tatsache, daß Metalle gute Elektrizitätsleiter sind: Die erlaubten Energiebänder für Elektronen im Kristall überlappen sich hier und überbrücken damit die energetischen Verbotszonen. Auf diese Weise gelangen die Elektronen leicht ins höhergelegene »Leerband«, das energetisch »erlaubt« ist.

erlaubten Energie*bänder* als mögliche »Aufenthaltsräume« für Elektronen im Kristall. Ähnlich wie im Atom sind diese Elektronen-Bänder durch mehr oder weniger breite »Verbotszonen« getrennt, wo es aufgrund quantentheoretischer Überlegungen überhaupt nicht »elektronen« kann: Es sind die »verbotenen Energiebereiche« für Elektronen im Kristall.

In den *erlaubten Bändern* des kristallischen Energiebereichs haben übrigens genau doppelt so viele Elektronen Platz, wie es Atombausteine im Gitter gibt. Dabei werden wiederum, ähnlich wie in der Atomhülle, zunächst die energetisch niedrigen Bänder nach den Spielregeln des Pauli-Prinzips mit Elektronen besetzt.

Das Elektronen-Bändermodell gibt eine recht vernünftige Erklärung für die Tatsache, daß Metalle so gute elektrische Leiter sind: Elektrisch leitend kann ein Stoff nur sein, wenn er in diesem Hilfsbild ein Energieband besitzt, das *nur teilweise* mit Elektronen besetzt ist. Ein sich als Ladungstransporteur in Bewegung setzendes Leitungselektron muß ja *Energie aufnehmen* können, d. h. im Bändermodell sich auf ein höher gelegenes Energieband begeben können. Ist das nächsthöhere Energieband aber schon mit Elektronen voll belegt, dann ist dieser Übergang natürlich nicht möglich.

Bei den Metallen kann dieses Malheur nicht passieren: Da gibt es entweder nur halbbesetzte obere Energiebänder, oder aber die Bänder sind so extrem breitgezogen, daß sie sich gegenseitig überlappen und somit die quantentheoretisch erklärbaren »Verbotszonen« glatt überbrücken. In diesem Fall besteht für energetisch angehobene Elektronen natürlich überhaupt keine Schwierigkeit, »nach oben« zu kommen. Eine von außen angelegte elektrische Spannung, die automatisch ein elektrisches Feld erzeugt, bringt die Elektronen ohne Schwierigkeit auf ein höheres Energieniveau: Die »Energielandschaft« der Metalle im Bändermodell ist also ideal für energetische Anhebungen von Elektronen.

Anders sieht es bei den schon erwähnten *Isolatoren* aus, die im Normalzustand überhaupt keine Leitungselektronen besitzen: Im Elektronen-Bändermodell haben sie eine breit klaffende »Verbotszone« zwischen einem aufgefüllten Energieband und dem darüber liegenden energetisch erlaubten »Leerband«. Kein Elektron schafft da unter normalen Bedingungen den »Riesensprung nach oben«. Erst ein gewaltiger Energiestoß von beispielsweise Millionen Volt angelegter Spannung läßt einen guten Isolator »durchschlagen«: Nur so können nämlich Elektronen über die breite Verbotszone hinweggeschleudert werden.

Zwischen den Metallen als guten Leitern des elektrischen Stromes und den »elektrisch toten« Isolatoren liegen nun aber die für die Elektronik so bedeutsamen »*Halbleiter*«: Gerade für diese Stoffe liefert das Elektronen-Bändermodell eine plausible Erklärung ihres elektrischen Verhaltens. Davon soll im nächsten Kapitel die Rede sein.

5. Kapitel

»Elektronenspender« und »Elektronenfänger«

5.1 »Verdrecktes Gitter senkt den Widerstand«

Um über physikalische – und damit technologisch verwertbare – Vorgänge im Bereich der Moleküle, Atome und Elementarteilchen vernünftig zu berichten, muß man, wie Werner Heisenberg es einmal treffend ausgedrückt hat, »Spiele mit verschiedenen Bildern« betreiben. Wir haben uns bemüht, dieser generellen »Spielregel« zu folgen: Sowohl das *Teilchen*bild als auch das *Wellen*bild des Elektrons wurde gebraucht; das *Freie-Elektronen*-Modell des Kristallgitters fand genauso Verwendung wie das energetische Elektronen-*Bändermodell*. All das sind recht nützliche Hilfsbilder, um die wichtigsten Wechselwirkungen im Bereich der atomaren Welt verständlich zu machen: Es wäre in der Tat kompletter Unsinn, zu fragen, wie diese Landschaft nun »in Wirklichkeit« aussähe. Man kann von dort immer nur Kunde durch *experimentelle Eingriffe* erhalten und an Hand dieser Daten dann *theoretische Modelle* erarbeiten, die unsere Anschauung aufgrund der Erfahrungswerte aus unserer alltäglichen Umwelt wenigstens nicht allzu sehr narren...

Gerade wenn wir uns im folgenden mit der für die gesamte Elektronik so bedeutsamen *Halbleitern* beschäftigen werden, müssen wir ganz einfach »Spiele mit *verschiedenen* Bildern« spielen, um hinter die merkwürdigen Mechanismen dieser Materialien zu kommen: Wir brauchen etwa das *Teilchen*bild, um die Bewegung von Elektronen-»Löchern« in Halbleiter-Kristallen plausibel zu machen. Andererseits ist das *Wellen*bild erforderlich, um den praktisch ungestörten Durchgang von Elektronen durch das periodische Potentialfeld des Gitterwerks verständlich zu erläutern. Darüber hinaus werden wir uns, wie schon angedeutet, des Hilfsbildes »*Bändermodell*« bedienen.

Wir sind jetzt bereits so weit, daß wir, ähnlich wie die Physiker, Chemiker und Techniker, mit diesen Bildern »spielen« können – unbeschadet der Tatsache, daß uns dieser Personenkreis natürlich *mathematisch*

»Elektronenspender« und »Elektronenfänger«

einiges »voraus hat«: Das ist jedoch keineswegs ein Hindernis, das unser Verständnis für die Mechanismen des Elektrizitätstransports in Halbleitern hemmen könnte.
Sie sollten lediglich niemals außer acht lassen, daß Hilfsbilder dieser Art durchaus extrem gegensätzlich, d. h. »*komplementär*« sein können: Am deutlichsten kommt dieser Gegensatz wohl zum Ausdruck, wenn man nach der *Energie des Elektrons* im Teilchen- oder Wellenbild fragt. Diese Energie ballt sich im Teilchenbild auf engstem Raume zusammen, an der Position x des Elektrons nämlich. Dagegen ist sie im Wellenbild über den gesamten Raum »verschmiert«, in dem sich die Materiewelle Elektron ausgebreitet hat.
Je nach der experimentellen Situation muß man *eines* der beiden Hilfsbilder zur Erklärung heranziehen: Von entscheidender Bedeutung sind sie jedoch *beide*, da man stets mit dem einen oder aber mit dem anderen arbeiten muß.
Versuchen wir also, mit unserem Repertoire an Hilfsbildern den für die Elektronik so wichtigen *Halbleitern* auf die Schliche zu kommen: Wie sehen die Mechanismen des Ladungstransportes hier aus?
»Halbleiter« ist in diesem Fall ja in der Tat ein mißverständlicher Begriff: Entweder fließt in irgendeinem Material elektrischer Strom, wobei sich *Ladungsträger* (Elektronen oder Ionen) verschieben lassen müssen, oder aber diese Ladungsträger sitzen fest. Im ersten Fall haben wir es mit einem Leiter zu tun, im zweiten Fall mit einem Nichtleiter (Isolator). Was bestimmt die Situation bei einem »Halbleiter«? Wenn er Strom leitet, dann müssen in jedem Fall *bewegliche,* nicht ans Atom oder Ion gebundene *Ladungsträger* vorhanden sein.
Beim Halbleiter ist dies nur unter ganz bestimmten Voraussetzungen der Fall. Um's mit einem Merksätzlein zu sagen: »Je heißer ein Halbleiter, um so freier seine Elektronen.« Das jedenfalls ist eine erste, für Halbleiter recht typische Situation: Im Gegensatz zu den Metallen, bei denen der elektrische Widerstand ja mit steigender Temperatur zunimmt und damit die elektrische Leitfähigkeit abnimmt, fällt der Widerstand in Halbleitern bei steigenden Materialtemperaturen. Ihre Leitfähigkeit wird also größer, wenn es »heiß« wird – in der Regel zumindest. Deshalb ist in diesem Zusammenhang bisweilen auch von »*Heißleitern*« die Rede. Wie funktioniert aber der »Heißleiter« Halbleiter?

Elektronenvolt

Wieder einmal helfen uns da nur quantentheoretische Überlegungen weiter: Bei einigen nichtmetallischen Kristallen mit kovalenter Bindung (Atombindung), beim *Silizium* (Si) oder *Germanium* (Ge) etwa, schwingen die verwellten Außenelektronen nicht wie beim Metall über das gesamte Gitter hinweg, sondern lediglich bis zu den Nachbaratomen hinüber. Immerhin: Dies genügt bereits, um die äußeren Elektronenwellen im nächsthöheren Energiezustand (»erster Anregungszustand«) über den gesamten Kristall hin auszubreiten. Eine kleine Energieschwelle hemmt allerdings die freie Entfaltung der Außenelektronen: Erst im »angeregten« Zustand bewegen sie sich frei durchs Gitter. Sie sind dann zu *Leitungselektronen* geworden...

Am leichtesten ist diese Halbleiter-Situation im Elektronen-*Bändermodell* zu begreifen: Da gibt es zwar, ähnlich wie bei den Isolatoren, eine energetische »Verbotszone« zwischen dem höchsten, vollbesetzten Energieband und dem darüber gelegenen Leerband, das übrigens »Leitfähigkeitsband«, kurz »*Leitungsband*«, genannt wird. Diese Kluft ist jedoch keineswegs so breit wie bei den Isolatoren. Es genügt schon eine kräftige Wärmebewegung des Kristallgitters, die ja mit steigender Materialtemperatur zunimmt, um die Außenelektronen über die energetische Verbotszone hinüberzuschubsen.

Die *thermische Energie* eines »heißen« Halbleiter-Kristalls reicht also bereits aus, diese Elektronen vom höchstgelegenen, vollbesetzten Energieband ins Leitungsband zu lupfen...

Wie breit darf eine energetische Verbotszone bei Halbleitern sein, um dieses »Hinüberschütteln« von Außenelektronen durch die Wärmebewegung der Gitterbausteine noch sicher zu gewährleisten? Man gibt diese Breite normalerweise in einer *Energie*einheit an, in »*Elektronenvolt*« (eV) nämlich: Dabei ist ein Elektronenvolt (1 eV) diejenige Energie, die ein Elektron gewinnt, wenn es eine elektrische Spannung U von einem Volt (1 V) durchläuft. In dieser Größenordnung liegen auch ungefähr die Breiten der verbotenen Aufenthaltsräume für Elektronen, der Energielücken zwischen den energetisch höchstgelegenen Vollbändern (»*Valenzbänder*«) und den darüber liegenden *Leitfähigkeitsbändern*: Im bereits genannten *Germanium*-Kristall z. B. ist die Verbotszone 0,72 eV breit, im *Silizium*-Kristall bereits 1,1 eV.

Dagegen liegen die Breiten der verbotenen Zonen in den *Isolatoren* meist erheblich über 3 eV, beim Magnesiumoxid, einem typischen

»Elektronenspender« und »Elektronenfänger«

Nichtleiter, etwa bei 7,3 eV: Das erwähnte »Hinüberschütteln« der Außenelektronen vom Valenzband ins Leitungsband ist hier durch die Wärmebewegung des Gitters einfach nicht mehr möglich.

Einerseits ist die energetische Verbotszone eines Halbleiters also im Bändermodell immerhin so breit, daß erst eine deutliche Wärmebewegung des Kristalls Elektronen ins Leitungsband hebt. (Wäre dieser Zustand bereits bei Normaltemperatur vorhanden, wäre das Material kein Halbleiter, sondern eben ein Leiter.) Die verbotene Zone zwischen den beiden Bändern darf aber andererseits auch nicht allzu breit sein, nicht über 3 eV nämlich: Sonst wird sie für die Außenelektronen einfach nicht mehr überbrückbar, wenn das Gitter seine Wärmeschwingungen ausführt. In diesem Fall liegt ein Nichtleiter (Isolator) vor. Diese eigenartige »Zwitterstellung« zwischen Leitern und Nichtleitern hat den »*Halb*leitern« ihre etwas merkwürdige Bezeichnung eingebracht.

Unsere bisherigen Betrachtungen standen unter dem Motto: »Je heißer ein Halbleiter, um so freier seine Elektronen.« Jetzt wollen wir eine weitere typische Halbleiter-Situation betrachten, die vielleicht unter dem Motto stehen könnte: »Verdrecktes Gitter senkt den Widerstand« – und hebt damit die elektrische Leitfähigkeit im Halbleiter.

Beim »Verschmutzen« eines Halbleiter-Kristalls, wobei sich deutliche *Störstellen* im Gitter ausbilden, gibt es dann zwei Möglichkeiten, die zu interessanten technischen Gebilden führen. Ohne sie wäre übrigens die von uns allen in den letzten Jahren erlebte rasante Entwicklung der Elektronik überhaupt nicht möglich gewesen. Wie sehen nun diese »gezielten Verunreinigungsaktionen« im Halbleiter-Bereich aus?

Dazu müssen wir zunächst einen Blick auf das »reine« Germanium-Kristallgitter werfen: Wie unsere Abbildung zeigt, besteht es aus ineinander verschachtelten Tetraedern, die Sie vielleicht von den als »Tetrapack« geformten Milchbehältern her kennen – im Volksmund scherzhaft »Picasso-Euter« genannt. (Auch Fruchtsäfte und Limonaden werden in diesen höchst unzweckmäßigen Wachskartons abgefüllt, die im Kühlschrank unverhältnismäßig viel Platz beanspruchen.) In diesem tetraedrisch geschachtelten Germanium-Gitter, das übrigens die gleiche Struktur aufweist wie ein Diamant-Gitter, sitzt jeder Gitterbaustein so, daß er von vier Nachbar-Bausteinen jeweils gleich weit entfernt ist. Zwischen jeweils zwei Gitterbausteinen kreiseln damit zwei entgegen-

Gemeinsame Nutzung von Elektronenpaaren

Das reine Germanium-Kristallgitter besteht aus ineinandergeschachtelten Tetraedern. Dabei sitzt jeder Gitterbaustein so, daß er von vier Nachbar-Bausteinen gleichen Abstand hat.

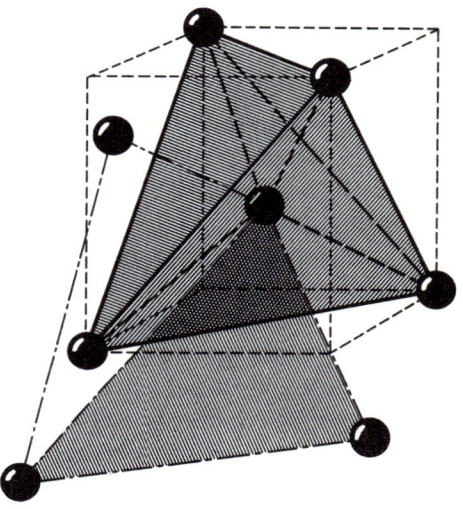

gesetzt spinende Elektronen hin und her, die für die erforderliche *Austauschkraft* der kovalenten Bindung sorgen.

»Verdreckt« man nun dieses idyllische Bild der vierfach mit den Nachbaratomen »Doppelball« spielenden Gitterbausteine durch den Einbau von »Fremdatomen« wie Phosphor (P), Arsen (As) oder Antimon (Sb), so wird diese Situation der gemeinsamen Nutzung von Elektronenpaaren, die zwischen jeweils zwei Partnerbausteinen im Gitter hin und her spinen, deutlich gestört: Da gibt es dann beim Doppelball-Spiel einen Ball, d. h. ein Elektron, zuviel.

Dieses »*Überschuß-Elektron*« ist natürlich nur ganz locker ans Gitter gebunden: Es ist ja eigentlich »überzählig«. Schon bei normalen Materialtemperaturen können solche überschüssigen Elektronen von den thermischen Gitterschwingungen »freigeschaukelt« werden. Etwas präziser gesagt: Ein beispielsweise ins Ge-Gitter gesetztes As-Atom bringt ein überschüssiges – und damit für die Kovalenzbindung überflüssiges – Elektron mit ein, das aufgrund des *Pauli-Prinzips* in den nächsthöheren Energiezustand versetzt werden muß, um den »Haushalt« der Quantenzahlen nicht durcheinanderzubringen. Dieses nächsthöhere Niveau ist jedoch bereits der erste Anregungszustand.

»Elektronenspender« und »Elektronenfänger«

Jeder elektrisch positive Gitterbaustein im Germaniumkristall ist von vier benachbarten Gitterbausteinen gleich weit entfernt: Die kovalente Bindung wird jeweils von einem Paar entgegengesetzt spinender Elektronen besorgt.

Damit befindet sich das Überschußelektron im Leitfähigkeitsband und kann als *Leitungselektron* dienen.

Durch diese »Gitterverschmutzung« wird also der Elektrizitätstransport im Halbleiter-Kristall wesentlich erleichtert: Elemente wie Arsen, Phosphor oder Antimon heißen daher »Elektronenspender« oder »*Donatoren*«. Ist im Halbleiterbereich ein solcher Donator im Spiel, dann werden *negative* Ladungsträger freigesetzt, so daß von sogenannter »*n*-Leitung« die Rede ist.

Positive Ladungsträger?

Das legt natürlich die Vermutung nahe, daß vielleicht auch eine »*p*-Leitung« im Spiele sein könnte, in der überschüssige *positive Ladungsträger* eine Rolle spielen: Dieser »Verdacht« bestätigt sich. Man kann in ein Germanium-Gitter nämlich auch Fremdatome einbauen, die lediglich *drei* Außenelektronen besitzen, also eines weniger, als zur Aufrechterhaltung der »vierarmigen« Kovalenzbindung der Gitterbausteine erforderlich ist. Dann ist natürlich, im Gegensatz zur *n*-Leitung, kein »Überschuß-Elektron« vorhanden, sondern es *fehlt* eines. Zu die-

Werden im Germanium-Kristallgitter Fremdatome als Gitterbausteine eingebaut, die jeweils ein für die Austauschkraft der kovalenten Bindung überzähliges Elektron aufweisen, so können diese »Überschuß-Elektronen« im Halbleiter als Leitungselektronen dienen: Der entsprechende Ladungstransport mit Hilfe dieser negativen Ladungsträger wird »*n*-Leitung« genannt. Die für die *n*-Leitung verantwortlichen Fremdatome heißen »Donatoren« oder »Elektronenspender«.

»Elektronenspender« und »Elektronenfänger«

ser Sorte von Fremdatomen im Germanium-Gitter gehören Aluminium (Al), Gallium (Ga) oder Indium (In). Weil sie ein Elektron zuwenig für die Kovalenzbindung besitzen, heißen sie »Elektronenfänger« oder »*Akzeptoren*«.

Wie sieht ein solcher »Elektronenfang« aus? Was bewirkt er bezüglich der elektrischen Leitfähigkeit? Die *Störstelle,* die ein ins Gitter der Germanium-Atome eingebautes Fremdatom der »Akzeptoren«-Sorte hervorruft, macht sich also durch das *Fehlen eines Elektrons* bemerkbar. um die Kovalenzbindung an der Störstelle im Gitter zu komplettieren, muß also irgendwie ein zusätzliches Elektron »organisiert« werden: Woher aber nehmen und nicht stehlen?

Das fehlende Elektron wird bei diesem Halbleiter-Mechanismus mit eingebautem »Elektronenfänger« (Akzeptor) nun tatsächlich »gestohlen« – von der Nachbarbindung nämlich, die vor diesem »Diebstahl« natürlich noch komplett ist. Das »Abwandern« des entsprechenden Elektrons zur Störstelle bewirkt dann die Ausbildung eines *Elektronen-*»*Lochs*« in der Nachbarschaft: Das »Loch« ist gleichsam von der Störstelle »herübergewandert«.

Elektronen-»Loch« heißt nun in diesem Falle aber eindeutig »Mangel an negativer Ladung«, was gleichbedeutend ist mit *positivem Ladungsüberschuß*: Man spricht daher auch von einem (elektrisch) »*positiven Loch*«. Alsbald wird auch dieses Loch wieder von einem weiteren Elektron der nächst benachbarten Bindung im Gitter gefüllt, was einen weiteren Diebstahl zur Folge hat: Erneut wandert das Loch einen Gitterpunkt weiter. Von Nachbar zu Nachbar entsteht auf diese Weise eine sogenannte »*Löcherleitung*« von positiven Ladungsträgern, d. h. fehlenden Elektronen (»*Defekt-Elektronen*«). Diese Wanderschaft der »positiven Löcher« im Halbleiter-Gitter ist die bereits erwähnte »*p-Leitung*« von Elektrizität...

Wenn Sie je in einem überfüllten Kino gesessen sind, wo die Besucher immer wieder von der Platzanweiserin aufgefordert werden, »aufzuschließen«, weil in der Mitte der Reihe noch ein Platz frei ist, so werden Sie diese »Löcherleitung« im Halbleiter leicht verstehen: Der leere Platz in der Kinoreihe wandert beim »Aufschließen« der Besucher in ähnlicher Weise wie das »positive Loch« durch den Kristall.

Diese reichlich kuriose Art des Elektrizitätstransports durch wandernde »Elektronenlücken« (Defekt-Elektronen) im Gitter des Halb-

Halbleiter als Heißleiter

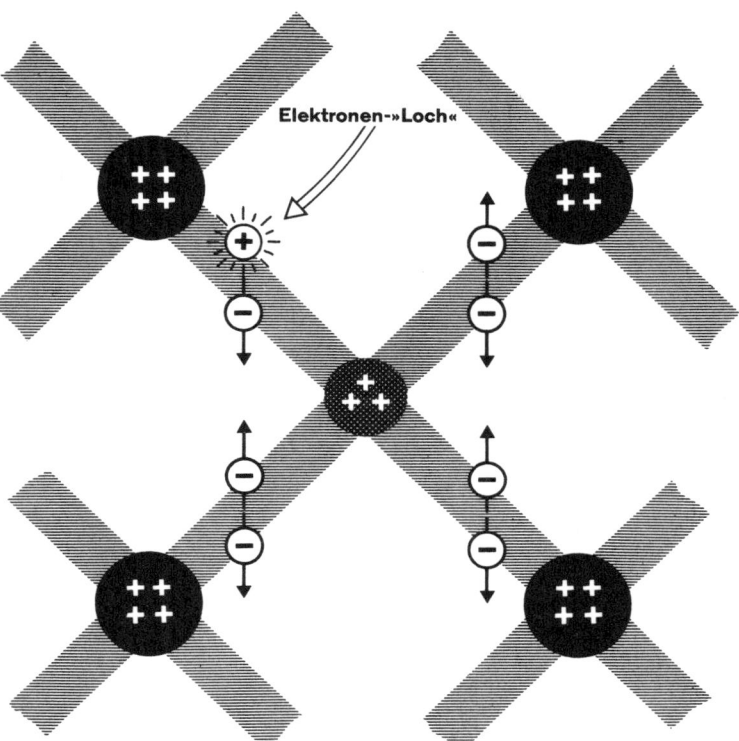

Werden im Germanium-Kristallgitter Fremdatome eingebaut, denen zur Aufrechterhaltung der »vierarmigen« Kovalenzbindung jeweils ein Elektron fehlt, so entstehen an den entsprechenden »Störstellen« im Gitter gleichsam »Elektronen-Löcher«, die sich als elektrisch positiver Ladungsüberschuß auswirken. Die Existenz dieser »positiven Löcher« führt im Halbleiter zu einem Ladungstransport, der »p-Leitung« genannt wird. Diese »Löcherleitung« kommt dadurch zustande, daß fortlaufend die fehlenden Elektronen von benachbarten Bindungsarmen abgezogen werden. Die »elektronenfangenden« Fremdatome heißen »Akzeptoren« oder »Elektronenfänger«. Die positiven Löcher, die sich als effektive Ladungsträger auswirken, werden bisweilen »Defekt-Elektronen« genannt.

leiter-Kristalls ist eine Spielart der sogenannten »Störleitung«: Sie steht damit im Gegensatz zur »Eigenleitung« des Kristalls, wo ja tatsächlich »echte« Elektronen im Leitungsband (Leitfähigkeitsband) hocken und den Halbleiter zum Heißleiter machen.

»Elektronenspender« und »Elektronenfänger«

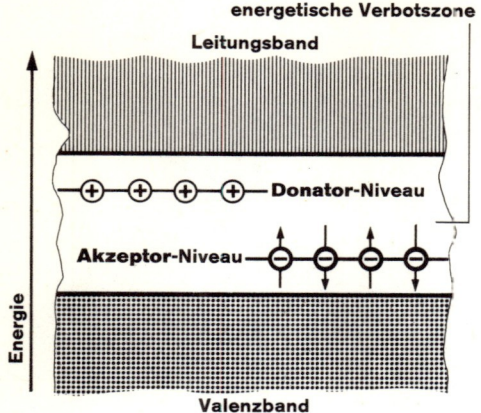

Durch den Einbau von Fremdatomen (Donatoren oder Akzeptoren) im Kristallgitter verändert sich natürlich die energetische Situation in der Energieverbotszone zwischen Valenzband und Leitungsband: Es bilden sich Zwischenstufen aus, die »Donator-Niveau« (oben) oder »Akzeptor-Niveau« (unten) genannt werden.

Es ist nützlich, sich diese »Störleitung« auch im *Bändermodell* zu verdeutlichen: Das energetisch höchstgelegene, mit Elektronen vollgepackte »Valenzband« wird in diesem Fall dadurch »gelöchert«, daß immer wieder Elektronen »nach oben« abwandern. Die *Richtung* dieses »Exodus« der Valenzband-Elektronen ist zwar wie bei der Eigenleitung das Leitfähigkeitsband, jedoch gibt es hier eine bedeutsame »Zwischenstation«: Das ist energetisch möglich durch die eingebauten Störstellen im Gitter, verursacht durch *Donatoren* (»Elektronenspender«) und *Akzeptoren* (»Elektronenfänger«) als Fremdatome. Diese Bausteine verändern natürlich die energetische Situation gegenüber einem »reinen« Halbleiter-Gitter.

Das sieht dann so aus: Da entsteht *knapp unter dem Leitungsband* ein sogenanntes »*Donator-Niveau*« des verschmutzten Kristalls, auf das sich die überschüssigen Elektronen der *n*-Leitung begeben können. Es liegt energetisch in unmittelbarer Nachbarschaft des Leitfähigkeitsbandes, so daß die Elektronen leicht angehoben werden können. Deutlich weiter unten, nämlich *knapp über dem Valenzband,* bildet sich dagegen ein »*Akzeptor-Niveau*« im Bändermodell aus: Es ist die Energiestufe des »Defekt-Elektrons«, d. h. die Energiestufe, die ein »normales« Elektron *einnähme, falls es dort säße.* Eine schwache thermische Energie des Gitters kann bereits dazu ausreichen, ein Elektron aus dem vollen Valenzband in dieses Akzeptor-Niveau zu hieven, wo-

durch in diesem Valenzband ein »positives Loch« entsteht (vgl. Abbildung Seite 112).
Es bietet sich nun geradezu an, daß man diese beiden Spielarten des »Elektronenspendens« (*n*-Leitung) und »Elektronenfangens« (*p*-Leitung) in den Halbleiterkristallen *kombiniert*. Das ergibt eine Reihe faszinierender technischer Anwendungsmöglichkeiten, deren Mechanismen wir im folgenden ansehen wollen: Sie gehören zu den grundlegenden Prozessen der Festkörper-Physik, die von der modernen Elektronik ausgewertet werden.

5.2 »Kleiner Grenzverkehr« am p-n-Übergang

Die wandernden »Löcher« (Defekt-Elektronen) bei der *p*-Leitung haben wir bereits als sogenannte »*Störleitung*« (auch: »Störstellenleitung«) in systematisch »verunreinigten« Halbleitern gekennzeichnet. Das gezielte Durchsetzen des reinen Halbleiter-Kristallgitters mit Fremdatomen, bei der *p*-Leitung bekanntlich mit »elektronenfangenden« Akzeptoren, heißt übrigens in Fachkreisen »*Dotierung*«. Also können wir jetzt sagen: Ein mit Aluminium oder Indium »dotiertes« Germanium-Gitter ist derart mit wandernden »*p*-Löchern« gespickt, daß sie sich wie ein Schwarm positiv geladener Elektronen verhalten. Ein dotierter Halbleiter-Kristall besitzt damit in jedem Fall die *Störstellen* der Fremdatome im Gitterwerk und wird bereits bei Normaltemperatur zum »*Störhalbleiter*«.
Ist deshalb auch der mit »elektronenspendenden« Donatoren dotierte *n*-Halbleiter ein »*Störhalbleiter*«? Richtig: Obwohl die Störleitung in diesem Fall durchaus mit »echten« Elektronen bewerkstelligt wird, so bedarf sie doch des Einbaus von Fremdatomen ins Gitter – nun allerdings von solchen mit überschüssigen Valenz-Elektronen.
Bei der *n*-Leitung ist im normaltemperierten oder »kühlen« Halbleiter das Leitungsband ja nicht völlig leer wie bei den *Eigen*halbleitern: Schon eine recht geringe Wärmeenergie reicht bei einem *n*-Leiter aus, um Elektronen aus dem knapp unter dem Leitfähigkeitsband liegenden Donator-Niveau in dieses Leitfähigkeitsband »hinüberzuschubsen«. Ein energetisch vorteilhaftes Donator-Niveau bildet sich aber nur dann aus, wenn der Kristall mit Donator-Fremdatomen dotiert ist.

»Elektronenspender« und »Elektronenfänger«

Der Abstand dieser beiden Energiezonen im Bändermodell liegt nämlich bloß bei etwa einem hundertstel Elektronenvolt (0,01 eV). Die thermische Energie von Elektronen im Halbleitergitter bei Zimmertemperatur weist dagegen bereits Durchschnittswerte von 0,03 eV auf: Das genügt selbstverständlich, um die kleine 0,01-eV-Lücke zwischen Donator-Niveau und Leitungsband durch eine ganze Reihe von Elektronen überspringen zu lassen.

Die gewaltige Lücke zwischen Valenz- und Leitungsband (Germanium: 0,72 eV, Silizium: 1,1 eV) läßt sich mit dieser schwachen thermischen Energie der Elektronen bei *Normaltemperatur* jedoch *nicht* »schließen«: Es ist ähnlich aussichtslos wie der Versuch eines Stabhochsprin-

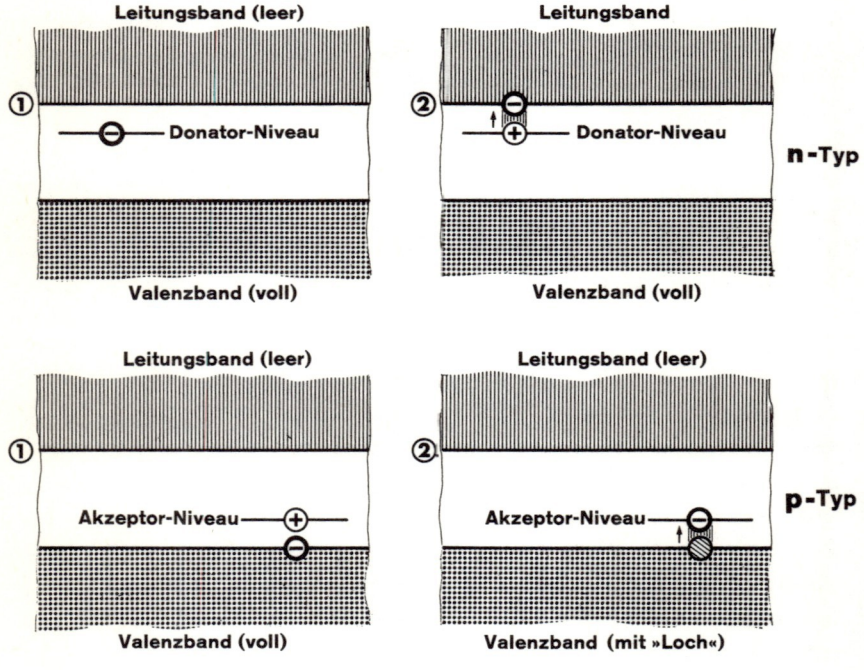

Die sogenannte »Störleitung« in einem mit Donatoren oder Akzeptoren »dotierten« Halbleiter-Kristallgitter ist sowohl nach dem *n*-Typ mit normalen Elektronen als auch nach dem *p*-Typ mit »Löchern« (Defekt-Elektronen) möglich.

Akzeptoren und Donatoren

gers, die Turmspitze einer Kathedrale mit seinem Glasfiberstab anzuspringen ...

Halten wir also die drei typischen Halbleiter-Leitungsarten in *dotierten* Kristallen noch einmal klar fest:

Bei *Normaltemperatur* (Zimmertemperatur) findet im dotierten Stoff *keine Eigenleitung* statt: Im Hilfsbild des Bändermodells ist das Valenzband komplett gefüllt mit praktisch »immobilen« Elektronen; das Leitfähigkeitsband ist unbesetzt. Die Situation ist ähnlich wie bei einer total verstopften Tiefgarage, in der die vorderste Reihe der geparkten Pkws die Ausfahrt blockieren. Die an der Garage vorbeiführende Hauptstraße ist obendrein ohne fließenden Pkw-Verkehr.

Hat der Störhalbleiter eine Dotierung mit *Donatoren* (»Elektronenspendern«), so ist zwar das Valenzband gefüllt, das Leitfähigkeitsband aber nicht mehr leer: Es wird schon bei Zimmertemperatur fortlaufend mit Elektronen aus dem Donator-Niveau beschickt. In unserem »Autobild« sieht die Sache so aus: Die Tiefgarage des Valenzbandes ist zwar verstopft, aber aus einer etwas tiefergelegenen Nebenstraße auf dem Donator-Niveau fahren laufend Pkws auf die Hauptstraße (Leitungsband).

Der andere Typ von Störhalbleiter, den man mit *Akzeptoren* (»Elektronenfängern«) dotiert hat, besitzt bei Zimmertemperatur zwar ein leeres Leitungsband; dagegen ist sein Valenzband »durchlöchert«, weil ständig Elektronen zum benachbarten Akzeptor-Niveau abwandern können. Die Entfernung dieses energetischen Niveaus vom Valenzband ist nämlich ähnlich gering wie die Distanz zwischen Donator-Niveau und Leitungsband. Im »Autobild« betrachtet, gibt es hier in der Tiefgarage eine Nebenausfahrt, die zwar nicht auf die »Hauptverkehrsader« des Leitfähigkeitsbandes führt, aber immerhin auf eine befahrbare Nebenstraße (Akzeptor-Niveau).

Soweit die Situation in Störhalbleitern vom Typ der *n*-Leitung und *p*-Leitung bei Zimmertemperatur. Lassen wir nun die Materialtemperatur kräftig ansteigen, dann macht sich die *Temperaturabhängigkeit* jeder »Halbleitung« bemerkbar: Bei entsprechend hohen Temperaturen setzt bekanntlich die *Eigenleitung* im Kristall ein und überwiegt dann immer deutlicher die Mechanismen der »elektronenspendenden« bzw. »elektronenfangenden« Fremdatome des dotierten Gitters.

Ein »heißer« Störleiter arbeitet also nur noch im bescheidenen Maße

»Elektronenspender« und »Elektronenfänger«

als *n*-Leiter bzw. *p*-Leiter: Der Elektrizitätstransport geschieht jetzt *vorwiegend* durch Elektronen, die aufgrund der beträchtlichen thermischen Energie aus dem Valenzband ins Leitungsband »hochgeschleudert« werden, durch *Eigen*leitung also.

Ein *Stör*halbleiter, der allzu »heiß« wird, kann also praktisch zum *Eigen*halbleiter werden: Mit steigender Materialtemperatur verwischen sich dann zusehens die markanten Unterschiede der *n*- und *p*-Halbleitung. »Im Sinne des Erfinders« ist das nicht: Bei bestimmten Halbleiter-Bauelementen kann sich dieser Sachverhalt sogar sehr störend auswirken, wie wir gleich sehen werden. Das altbekannte Schimpfwort »Druckseffekt« aus erzürntem Technikermund feiert dann wieder fröhliche Urständ ...

In der *Elektronik* nutzt man nämlich die Halbleiter in fast allen Bauelementen vor allem dadurch, daß man *n*-leitende und *p*-leitende Zonen *aneinanderstoßen* läßt, wodurch »Grenzschichten« entstehen. Das kann heute durchaus innerhalb ein und desselben Halbleiter-Kristalls technisch realisiert werden, dann nämlich, wenn man eine Gitterhälfte mit Fremdatomen des *Donatoren*-Typs dotiert, die andere Hälfte dagegen mit solchen des *Akzeptoren*-Typs. Was geschieht dann?

Es entsteht ein deutlicher »Verarmungsbereich« an Ladungsträgern links und rechts von der *Grenzschicht*: Die Überschußelektronen aus dem »Spendergebiet« der *n*-leitenden Zone »diffundieren«, d. h. wechseln hinüber zu den »positiven Löchern« des *p*-leitenden Gebietes und fallen in sie hinein, »verstopfen« sie gleichsam. Dieser »kleine Grenzverkehr« bedeutet natürlich eine Ladungsneutralisierung und damit einen *Verlust von Ladungsträgern* im Kristall.

»*Rekombination*« nennt der Fachmann diesen die Ladung neutralisierenden Vorgang: Die Ladungsträger der beiden Störhalbleiter-Zonen »rekombinieren« und erzeugen an der Grenzschicht eine verdünnte Zone, die das Fließen eines elektrischen Stromes erheblich stört. Mit anderen Worten: Der »Rekombinationsbereich« an der Grenzschicht zwischen der *n*- und *p*-leitenden Zone besitzt einen *hohen elektrischen Widerstand*.

Dieser Rekombinationsvorgang hat selbstverständlich seine »natürlichen« Grenzen, dann nämlich, wenn die verdünnte Zone an der Grenzschicht eine gewisse *Breite* erreicht hat: Es gibt in dieser Situation ja weder positive Löcher (Defekt-Elektronen) mehr, die aufzufüllen

p-n-Übergang

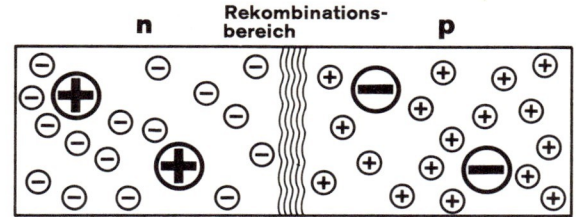

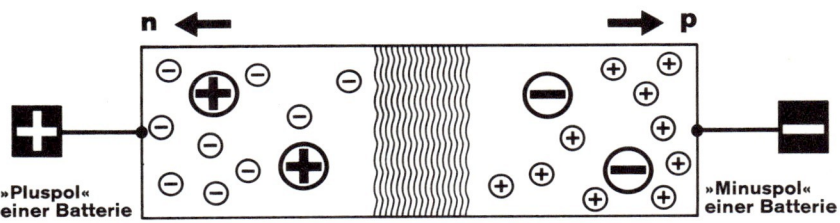

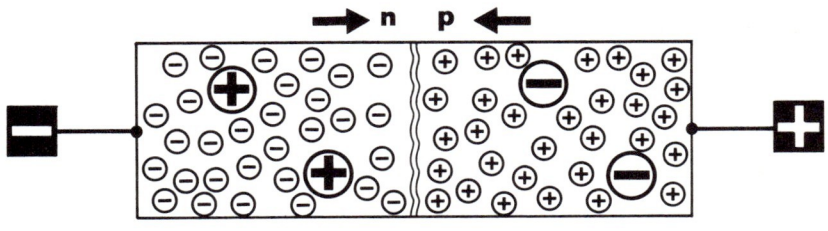

Auf den Mechanismen des Ladungstransports, die sich an der Grenzschicht eines *p-n*-Übergangs mit Leitungselektronen und Defekt-Elektronen abspielen, beruht die gesamte Transistorphysik und -technologie: Je nach Polung einer von außen angelegten Spannung bildet sich an der Grenzschicht entweder eine hochohmige »Sperrschicht« (Mitte), oder der sogenannte »Rekombinationsbereich« wird von Ladungsträgern »überflutet« (unten), so daß dem Strom wenig Widerstand entgegengesetzt wird. Man unterscheidet deshalb zwischen einer Sperr-Richtung und einer Fluß-Richtung des *p-n*-Übergangs.

»Elektronenspender« und »Elektronenfänger«

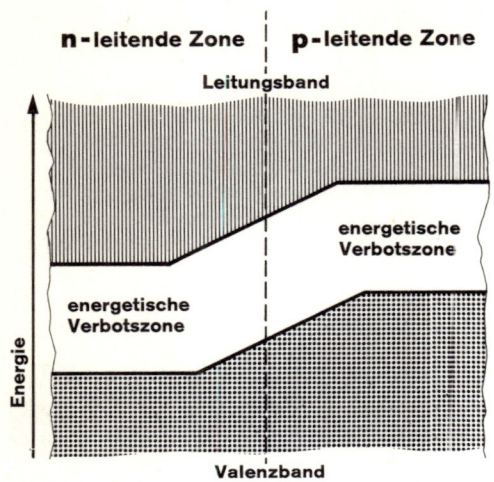

Die unterschiedlichen Energieniveaus von Leitungsband und Valenzband am p-n-Übergang zeigen sich deutlich im Bändermodell.

sind, noch das entsprechende »Füllmaterial«, die überschüssigen Valenzelektronen aus dem n-leitenden Bereich nämlich. Kurzum: Es sind in der verdünnten Zone dann überhaupt *keine beweglichen Ladungsträger* mehr vorhanden.

In dieser Gitterzone überwiegt jetzt die unbewegliche Ladung der festsitzenden Atomrümpfe. Dabei ist die p-leitende Zone im Vergleich zum n-leitenden Bereich elektrisch negativ. Anders gesagt: Im p-Bereich herrscht ein Überschuß an negativer Ladung (ionisierte Akzeptoren), im n-Bereich positiver Ladungsüberschuß (ionisierte Donatoren).

Die Grenzschicht am sogenannten »p-n-Übergang« im Halbleiterkristall ist damit zu einer elektrischen *Dipolschicht* geworden. Der positive Pol dieses Dipols sitzt im n-Bereich, der negative Pol im p-Bereich. Über die Grenzschicht hinweg bildet sich also ein *elektrisches Feld* **E** aus, während der n-Bereich als auch der p-Bereich feldfrei sind. Dieses Feld am p-n-Übergang erschwert die »Diffusion« von Elektronen und Defekt-Elektronen erheblich: Der »kleine Grenzverkehr« kommt zum Erliegen...

Da ein elektrischer *Strom* aber stets den *Ortswechsel von Ladungsträgern* bedeutet, herrscht an der Grenzschicht jetzt gleichsam eine Art »Stromsperre«. Man kann diesen Mangel an beweglichen Ladungsträ-

Transistorphysik

gern im Grenzschichtbereich sogar noch verstärken, indem man Elektronen und Defekt-Elektronen aus diesem Bereich »abzieht«.

Dazu braucht man lediglich eine elektrische Spannung »gegengeschaltet« an den *p-n*-Übergang des dotierten Halbleiterkristalls anlegen: Dabei kommt die *n*-leitende Zone mit ihren überschüssigen negativen Elektronen ans positive »Ende« der Spannung, an den »Plus-Pol« einer Batterie etwa. Die *p*-leitende Zone mit ihren positiven Defekt-Elektronen dagegen wird am »Minus-Pol« negativ geschaltet (vgl. Abbildung Seite 117).

Diese Schaltung einer »Gegenspannung« am *p-n*-Übergang baut also eine »Verarmungssperrschicht« von hohem elektrischem Widerstand auf, die den Stromdurchgang praktisch blockiert. Wird diese an den Kristall angelegte Spannung dagegen »umgepolt« (Plus-Pol an die *p*-leitende Zone, Minus-Pol an die *n*-leitende Zone), so werden immer wieder Ladungsträger in den Rekombinationsbereich »gedrückt«. Rekombinierende Ladungen werden von der Stromquelle laufend nachgeliefert. Der Verarmungsbereich an der Grenzschicht verschwindet damit praktisch ganz. Ungehindert fließt ein elektrischer Strom durch den *p-n*-Übergang des Kristalls (vgl. Abbildung Seite 117).

Auf diese Weise wird der *p-n*-Übergang zu einem technisch interessanten Halbleiter-Bauelement, das einen elektrischen Widerstand besitzt, der in der einen Richtung rund hundertmal größer ist als in der anderen Richtung. Man kann sogar sagen: Die Theorie des *p-n*-Übergangs ist geradezu die Basis für all die aufregenden Entwicklungen der *Transistor*physik und -technologie geworden. Mehr davon im siebten Kapitel.

6. Kapitel

»Abgedriftete« und »ausgeschleuderte« Elektronen

6.1 »Vom Wasser haben wir's gelernt«?

Als zum erstenmal vom »Ohmschen Gesetz« die Rede war, haben wir bereits die klassische Anschauungskrücke vom fließenden Wasserstrom zur Verdeutlichung der Begriffe »Strom« und »Spannung« benützt: Elektrischer Strom ist stets mit dem Ortswechsel von mobilen Ladungsträgern verbunden, was im Hilfsbild den dahinströmenden Wasserteilchen entspricht. Die elektrische Stromstärke I ist dabei definiert als Ladungsmenge Q, die in einer Zeitspanne t durch eine gegebene Fläche dringt:

$$I = \frac{Q}{t}$$

Auch die andere Bildkomponente »stimmt«: Wasser fließt nur dort, wo ein Gefälle da ist, wo eine Kraft auf die Teilchen wirkt. Dieses Gefälle entspricht der Spannung U, einer »Potentialdifferenz«, die eine elektrische Kraft auf die Ladungsträger wirken läßt, so diese zu wandern beginnen.
Vielleicht stoßen Sie sich noch ein wenig an Ausdrücken wie »Potential« oder »Potentialdifferenz« in solchen Beschreibungen elektrischer Sachverhalte? In der Tat ist dieses sogenannte »*elektrische Potential*« auch recht merkwürdig definiert: Es ist die auf die Elementarladung bezogene *elektrische potentielle Energie* und wird an einem bestimmten Raumpunkt durch die *Arbeit* festgelegt, die erforderlich ist, um diese Elementarladung aus dem Unendlichen zu eben diesem Punkt zu schaffen.
Da es sich bei allen in der Elektronik ausgenützten elektrischen Spannungen jedoch stets um Potential*differenzen* handelt, wird diese nicht gerade übermäßig einleuchtende Definition in ihrer »verständnishemmenden Wirkung« gemildert: Die Ladungsträger wandern ja, weil eine elektrische *Kraft* auf sie wirkt, die als »elektrische *Feldstärke*« benannt

»Abgedriftete« und »ausgeschleuderte« Elektronen

ist. Genauer gesagt: Das elektrische Feld E ist definiert durch die resultierende Kraft $F = e \cdot E$ auf die »Probeladung« e.

Die *Arbeit*, die bei dieser Wanderung aufgebracht werden muß, berechnet sich auf altbekannte Weise nach »Kraft mal Weg« und entspricht der Ladungsmenge Q (die in Vielfachen von e auftritt) mal der Spannung U. Diese Spannung ist die Differenz zweier elektrischer Potentiale, also ein effektiver Unterschied in der elektrischen potentiellen Energie, ein »Potentialgefälle« gleichsam, womit wir wieder beim »Gleichnis« des strömenden Wassers angelangt wären ...

Dieses einfache Hilfsbild von den »strömenden« Ladungsträgern läßt sich auch mit dem Bild der »Potentialmulde« veranschaulichen, wo in einem elektrischen Leiter »Potentialtopf an Potentialtopf« sitzt (vgl. Seite 81), die mit Elektronen überquellen. Alle Elektronen, die über dem »Topfrand« liegen, sind dabei Leitungselektronen. Legt man nun eine Spannung an, was in diesem Modell einem mechanischen Gefälle entspricht, so fließt ein Strom von Ladungsträgern, d. h. die Elektronen bewegen sich zum positiven Pol (Pluspol) hin: In unserer Abbildung kullern die Elektronen über den Topfrändern die schrägstehenden Potentialtöpfe entlang.

Sogar der »heißleitende« Halbleiter (Eigenleitung) läßt sich in diesem »Topfmodell« recht gut plausibel machen: Aus den nicht ganz bis zum Rand gefüllten Töpfen springen von Zeit zu Zeit durch die Wärmeenergie bewegte Elektronen über den Topfrand hinweg und werden auf diese Weise zu Leitungselektronen. Beim eigenleitenden Halbleiter gilt ja bekanntlich: Je höher die Temperatur, um so freier die Elektronen. Senkt man die Temperatur, so »frieren« diese Elektronen in den Potentialtöpfen ein: Die Leitfähigkeit geht verloren.

▷

Überquellende Potentialtöpfe, bei denen die Leitungselektronen über die Topfränder hinwegrollen, sind ein nützliches Hilfsbild für die gute elektrische Leitfähigkeit von Metallen (1): Während hier zum Stromfluß die »Topfgalerie« nur leicht geneigt zu werden braucht, was einer kleinen Potentialdifferenz (Spannung) entspricht, braucht der heißleitende (eigenleitende) Halbleiter bereits ein stärkeres Potentialgefälle, wenn Strom fließen soll (2). Bei einem Isolator (Nichtleiter) dagegen reichen auch kräftige Potentialgefälle nicht aus, um die »eingetopften« Elektronen für den Stromfluß freizusetzen (3).

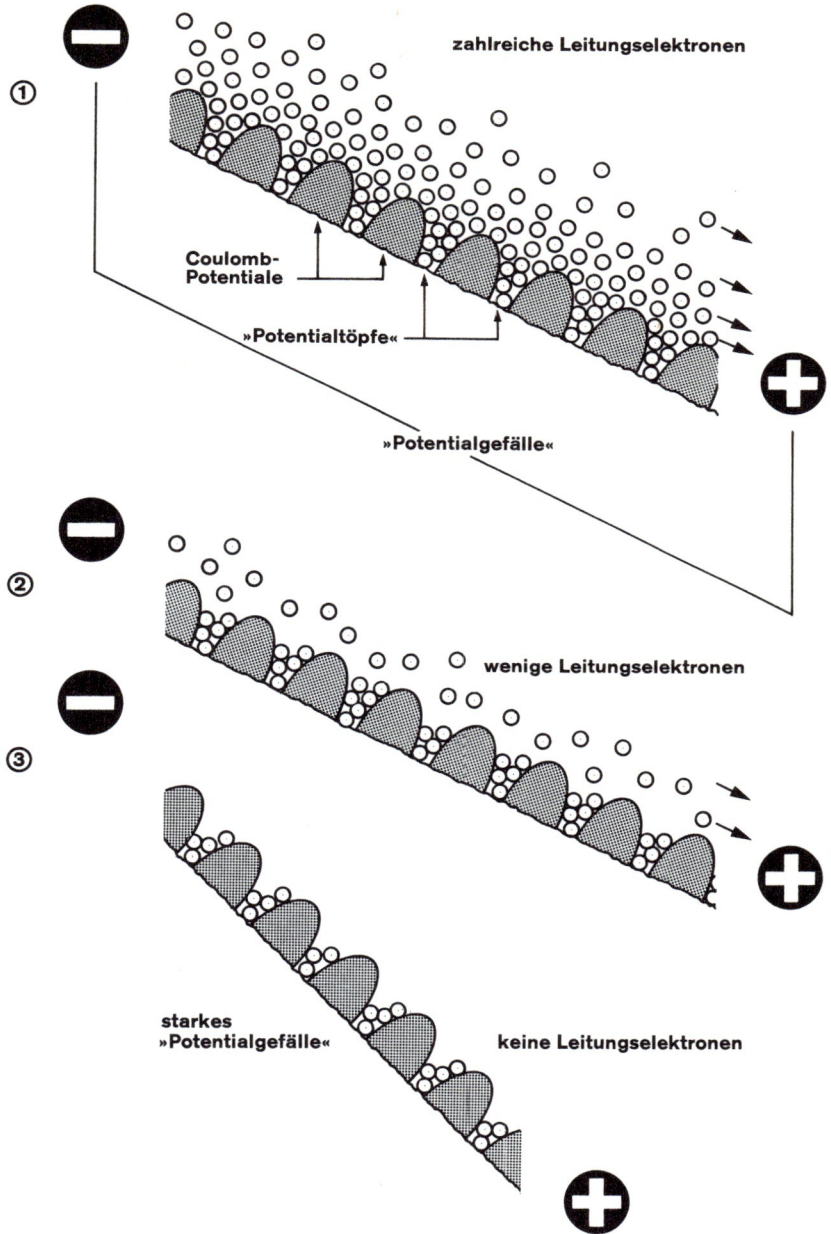

»Topfmodell«

»Abgedriftete« und »ausgeschleuderte« Elektronen

Bei den Isolatoren oder Nichtleitern schließlich erreicht kaum eines der »eingetopften« Elektronen den »Rand der Freiheit«: Weder kräftiges Erhitzen noch hohe Spannungen (im Modell: stark geneigte Potentialtöpfe) setzen Leitungselektronen frei. Nur unter extrem hohem Druck, dann nämlich, wenn man das unter Normalbedingungen isolierende Material mit Millionen von Atmosphären zusammenquetscht, werden auch Nichtleiter elektrisch leitend: Im Topfmodell quellen dann, wie die Abbildung auf Seite 123 anschaulich macht, die Elektronen aus den seitlich gedrückten Potentialtöpfen über den Rand hinweg.

Selbstverständlich ist das strömende Wasser nur eine Art von »Gleichnis« und das Topfmodell nur ein recht grobes Hilfsbild vom Elektrizitätstransport in Festkörpern. Unsere quantentheoretischen Überlegungen mit dem Teilchen- oder Wellenbild und dem Elektronen-Bändermodell waren da schon weitaus zweckmäßiger. Lesen Sie zum Vergleich folgende Schilderung:

Elektronische Materiewellen von meßbarer De-Broglie-Wellenlänge in der Größenordnung der Röntgenstrahlen-Wellenlänge schwingen nahezu ungestört durch das periodische Potentialfeld der Kristallgitter. Deutliche Störungen treten bei Normaltemperatur eigentlich nur auf, wenn das Gitter deutlich mit Störstellen durchsetzt ist: Dann verlieren nämlich die von den Außenschalen der atomaren Gitterbausteine abgewellten Elektronen durch Wechselwirkung mit den Störstellen-

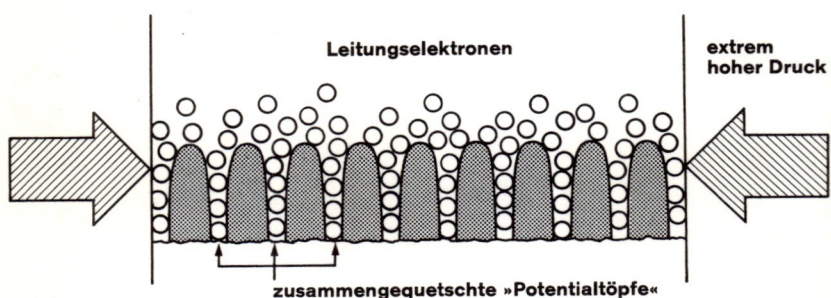

Unter extrem hohen Drücken von Millionen Atmosphären werden sogar »hartnäckige« Isolatoren elektrisch leitend: Ihre Potentialtöpfe werden dann so stark zusammengequetscht, daß selbst bei spärlicher oder niedriger Füllung Elektronen über die Topfränder gedrückt werden und als Leitungselektronen zur Verfügung stehen.

Freie Wegstrecke

»Knötchen« im Kristallgefüge deutlich an Energie, die sie in h · v-portionierten Päckchen abgeben. Je heftiger die Atomrümpfe im Gitterwerk bei steigender Materialtemperatur vibrieren, um so höher steigt auch die gequantelte Energie dieser als plastische Welle sich ausbreitenden Gitterschwingung. Die Wechselwirkung zwischen den vibrierenden Gitterbausteinen und den Leitungselektronen wird um so heftiger, je höher die Temperatur steigt: Der elektrische Widerstand nimmt zu, die Leitfähigkeit ab.

Sie wissen bestimmt noch, um welches Kristallgitter es sich bei dieser Art von elektronischer Leitung handelt: Ist es ein metallischer Kristall oder ein Halbleiter-Kristall, durch den hier die Elektronenwellen schwingen? Richtig: Es handelt sich eindeutig um das Kristallgitter eines *Metalls,* wo die Elektronen auf den äußeren Schalen der atomaren Bausteine wegen ihrer Welleneigenschaft nicht an bestimmte Einzelatome gebunden sind und daher über den gesamten Kristall »zerfließen« können.

Diese Wellennatur der praktisch freien Leitungselektronen ist die einzige vernünftige Erklärung für ihre Freisetzung von der Atomhülle und obendrein dafür, daß sie beim Ladungstransport so weite Wegstrecken »unbehelligt« durchs Metallgitter zurücklegen können (vgl. Seite 82). Nennen wir diese vom Elektron überwundene Strecke bis zum Zusammenstoß mit einem Gitterbaustein »*freie Wegstrecke l*« und die dazugehörige Zeitspanne (»Flugzeit«) Δt, gelesen »delta t«, so gilt aufgrund der altbekannten Beziehung, nach der sich die Geschwindigkeit als Weg pro Zeit darstellt:

$$v_m = \frac{l}{\Delta t}$$

Dabei ist v_m (»v Index m«) die *mittlere Geschwindigkeit* der Leitungselektronen. Nun wissen wir aber bereits, daß die Geschwindigkeit ein *Vektor* ist, eine gerichtete Größe also (vgl. Seite 61): Bei einem Vektor ist aber nicht nur der Betrag bedeutsam, sondern auch die Richtung. Welche Richtung hat die mittlere Geschwindigkeit v_m der Leitungselektronen?

Sie ist, kurz gesagt, nach allen Himmelsrichtungen im Kristall »statistisch verteilt«: Bezüglich des elektrischen Stromes I »verpufft« sie sozusagen und leistet für sein Fließen keinen Beitrag, solange nicht eine

»Abgedriftete« und »ausgeschleuderte« Elektronen

Potentialdifferenz vorhanden ist, d. h. eine elektrische Spannung U an den Kristall angelegt wird. Dann erst wirkt eine elektrische Kraft auf die Ladungsträger (Leitungselektronen), die von der elektrischen Feldstärke E bestimmt wird. Weil jedes Leitungselektron nun aber die Ladung e trägt, wirkt im Feld jeweils eine Kraft der Größe F = e · E in Richtung des Feldes auf das einzelne Elektron.

Eine Kraft, die an einem frei beweglichen Elektron angreift, das mit einer *Masse* behaftet ist, beschleunigt es aber, setzt es in Bewegung: »Kraft ist Masse mal Beschleunigung« haben Sie sicher schon einmal gelernt. Außerdem gilt noch: »Beschleunigung ist Geschwindigkeit pro Zeit.« Das liefert für das Leitungselektron mit der Masse m_e des »langsamen« Elektrons (vgl. Seite 25) folgende Kräftegleichung:

$$e \cdot E = m_e \cdot \frac{\Delta v_m}{\Delta t}$$

Das sieht auf den ersten Blick scheinbar schwierig aus: Wenn Sie sich aber klarmachen, daß links vom Gleichheitszeichen die bereits erwähnte *Kraft* e · E steht, die in Feldrichtung wirkt, und rechts vom Gleichheitszeichen wiederum eine gleich große *Kraft* (gleich Masse mal Beschleunigung bzw. Masse mal Geschwindigkeit pro Zeit), so ist diese Gleichung eigentlich leicht zu verstehen.

Beachtenswert ist allerdings wieder einmal die *Richtung* der Kraft. Auch eine Kraft ist ja, genau wie die Geschwindigkeit, eine gerichtete Größe, ein *Vektor*: Deshalb ist der Ausdruck »Δv_m«, gelesen »delta v Index m«, im Zähler des Bruchs die Geschwindigkeit des Leitungselektrons in *Stromrichtung*. Dieses Δv_m wird auch »*Driftgeschwindigkeit*« genannt. Eine einfache Umformung der vorangegangenen Gleichung ergibt für die Driftgeschwindigkeit:

$$\Delta v_m = \frac{e \cdot E}{m_e} \cdot \Delta t$$

Aufgrund der uns bereits bekannten Beziehung $v_m = \frac{1}{\Delta t}$ (die mittlere Geschwindigkeit der Leitungselektronen ist freie Weglänge pro »Flugzeit«) können wir nun noch »Δt« durch $\frac{1}{v_m}$ ersetzen und erhalten schließlich für die *Driftgeschwindigkeit* Δv_m, die allein verantwortlich ist für das Zustandekommen eines elektrischen Stroms I, folgende Gleichung:

$$\Delta v_m = \frac{e \cdot l}{m_e \cdot v_m} \cdot E$$

Was verrät uns dieser Ausdruck rechts vom Gleichheitszeichen, den wir durch einfaches Umformen und Ersetzen gewonnen haben, bezüglich der elektrischen Vorgänge im Kristall bei angelegter Spannung?
Zunächst sei noch einmal darauf hingewiesen, daß die Driftgeschwindigkeit Δv_m für alle Leitungselektronen die *gleiche Richtung* (»das Potentialgefälle hinunter«) besitzt und damit für den Stromfluß allein verantwortlich ist. »Die Richtung stimmt«: Alle freien Elektronen bewegen sich nun zum Pluspol hin.
Der Ausdruck $(e \cdot l/m_e \cdot v_m) \cdot E$ rechts vom Gleichheitszeichen besagt, daß die Driftgeschwindigkeit der Elektronen, die für den Stromfluß verantwortlich ist, proportional zur Feldstärke E ist und damit von der Spannung U abhängt: Je höher die angelegte Spannung U, um so kräftiger und »voller« fließt der Strom I.
Wie kann der Stromfluß deutlich »gebremst«, also geschwächt werden? Das ist dann der Fall, wenn die mittlere Geschwindigkeit v_m der Elektronen, die ja nach allen Richtungen des Kristalls hin »verpufft«, kräftig zunimmt: Darum steht v_m im Nenner des Bruchs. v_m nimmt dann zu, wenn die Temperatur des Systems ansteigt. Heiße metallische Leiter leiten ja erfahrungsgemäß schlechter als kühle.
Die freie Weglänge l steht dagegen im Zähler des Bruchs: Die Driftgeschwindigkeit erhöht sich also mit der Größe der freien Weglänge. Auch das leuchtet ein: Eine große freie Weglänge bedeutet ja »freie Fahrt« in Stromrichtung für die Leitungselektronen. l hängt von der Sauberkeit des Metallgitters ab: Je weniger Störstellen da sind, desto glatter kommen die Elektronen durch.
Das war in einer knappen Skizze der *Inhalt des Ohmschen Gesetzes auf der Basis der Quantentheorie der Metalle*: Man geht davon aus, daß die äußeren Elektronen aufgrund ihrer Wellennatur nicht ans einzelne Atom gebunden sind und sich im verwellten Zustand ziemlich weit (freie Weglänge l) durchs Kristallgitter »schwindeln« können, bis sie auf einen atomaren Gitterbaustein krachen ...
Vielleicht hat es Ihnen gefallen, die Hintergründe dieses relativ simplen Gesetzes einmal ausführlicher kennengelernt zu haben. Ansonsten brauchen Sie sich eigentlich nur zu merken, daß im Ohmschen Gesetz lediglich das Verhältnis der elektrischen Spannung U, die dem elektri-

»Abgedriftete« und »ausgeschleuderte« Elektronen

schen Feld E proportional ist, zum Strom I, der von der Driftgeschwindigkeit Δv_m der Leitungselektronen bestimmt wird, als *elektrischer Widerstand* R festgelegt ist. Es gilt also einfach (vgl. Seite 86):

$$R = \frac{U}{I}$$

Wenn wir diese Beziehung zu $U = R \cdot I$ umformen, dann wird dieser Widerstand R zu einer »Proportionalitätskonstanten« bei gleichbleibender, konstanter Materialtemperatur, die ausschließlich bestimmt ist von Material und Gestalt des durchströmten Leiters.

Rein formal besehen entspricht der elektrische Widerstand R dem *Reibungswiderstand* eines analogen Gesetzes der Hydraulik: Wird ein Wasserstrom durch ein sehr enges Schläuchlein oder ein mit Sand gefülltes, weites Rohr gedrückt, dann ergibt sich der Reibungswiderstand als Beziehung zwischen der pressenden Druckdifferenz (»Spannung«) und der Wassermenge, die pro Sekunde ein- oder ausfließt (»Strom«).

Man kann also recht simplifizierend, aber immer noch korrekt sagen: Elektrischer Widerstand tritt in einem Leiter dann auf, wenn sich Elektronen an der Materie »reiben« ...

»Vom Wasser haben wir's gelernt« könnte also durchaus das Motto für eine erste Betrachtung zum Thema Spannung, Strom und Widerstand sein, die zu wichtigen Gleichungen wie $R = U/I$, $U = I \cdot R$ und $I = U/R$ führt: Wenn man nur den rechnerischen Umgang mit diesen »Ablegern« des Ohmschen Gesetzes pflegen will, genügt als Anschauungshilfe durchaus das Gleichnis vom fließenden Wasserstrom. Wer die elektronische Leitung durch Leiter und Halbleiter jedoch in ihren subatomaren Mechanismen begreifen möchte, der muß darüber hinaus schon noch zu anderen Hilfsbildern greifen. Aber genau das haben wir in dieser Betrachtung ja schon längst praktiziert.

6.2 Vom »Lichtpfeil« getroffen ...

Unter dem Einfluß einer angelegten Spannung, die ein elektrisches Feld aufbaut, setzt in Leitern und eigenleitenden Halbleitern eine Wanderung von Leitungselektronen ein: Diese Elektronenwanderung bedeutet einen elektrischen Strom, der definitionsgemäß vom Pluspol zum

Austrittsarbeit

Minuspol fließt, also entgegengesetzt zur tatsächlichen Bewegung der Elektronen, die ja bekanntlich zum Pluspol hin strömen. Dabei überlagert sich die *gerichtete Driftgeschwindigkeit* Λv_m der Leitungselektronen der sehr viel rascheren, aber völlig ungeordneten Geschwindigkeit v_m, die sich im Kristall »statistisch verteilt« und somit keinen Beitrag zum Stromfluß liefert: Einzig und allein die Driftgeschwindigkeit Λv_m ist bestimmend für das Fließen des elektrischen Stroms, wobei die Strom*stärke* I definiert ist durch die Ladungsmenge Q, die pro Zeiteinheit durch den Querschnitt der Leiterfläche dringt: $I = Q/t$.

Diesen Vorgang haben wir in den verschiedensten Hilfsbildern ausführlich betrachtet: Es ist der einfachste Mechanismus, um einen Festkörper mit elektronischen Ladungsträgern zu durchströmen, d. h. einen elektrischen Strom fließen zu lassen. Von der simplen elektrischen Taschenlampe bis hin zur komplizierten elektronischen Datenverarbeitungsanlage wird dieses »Driften« der Leitungselektronen technisch realisiert, wenn Ströme durch Leiter- und Halbleiterkristalle fließen.

Aber so frei beweglich die Leitungselektronen innerhalb des Kristallgitters auch sein mögen – sie zerfließen als Elektronen*welle* stets nur über den Bereich des mehr oder weniger großen Potential*kastens*, aus dem sie bei Zimmertemperatur niemals entweichen können. Diese freien Elektronen sind eben nur »hinter Gitter« frei: Das Kristallgefüge schließt sie ein – und sei es in der Form eines mehrere tausend Kilometer langen Transatlantik-Kabels...

Anders besehen: Die beachtliche Potential*mulde* des Kristalls kann von den elektronischen *Teilchen* lediglich bis zu einer gewissen Höhe über den niedrigstmöglichen Energiezustand E_G hinaus aufgefüllt werden. Den Rand dieser elektronischen Füllung bestimmt eine Grenze, die »*Fermi-Energie*« E_F genannt wird. E_F ist also die *Grenz*energie: Sie bildet gleichsam die höchstmögliche »Energie-Etage«, die ein Leitungselektron im Kristallgitter »bewohnen« kann.

Die energetische Potential*mulde*, in der E_F eine Art »Hochwasserpegel« des Elektronensees bildet, ist aber von einem beträchtlichen Potential*wall* eingefaßt, der die *Oberfläche* des Kristalls signalisiert: Von der E_F-»Marke« bis hinauf zur Potential*schwelle* dieses Walls liegt noch eine stattliche Höhendifferenz A von mehreren Elektronenvolt an Energie (siehe Abb. Seite 131). Der Energiebetrag A, der »*Austrittsarbeit*« heißt, muß aufgebracht werden, um ein Elektron mit der

»Abgedriftete« und »ausgeschleuderte« Elektronen

Fermi-Energie E_F aus dem Kristall sozusagen »herauszuschleudern«. Bevor wir diesen Vorgang des *Elektronenaustritts* aus der Oberfläche eines Metall- oder Halbleiter-Kristalls näher besehen, sei noch einmal daran erinnert, daß die freien Elektronen »hinter Gitter« ein sogenanntes *»Fermi-Gas«* aus nicht-wechselwirkenden »Kreiseln« mit dem Eigendrehimpuls (*Spin*) $m_s = \pm \frac{1}{2}$ bilden, die dem Pauli-Prinzip genügen (vgl. Seite 84). Dabei wird die Spin-Quantenzahl m_s in Vielfachen von $h/2\pi$ angegeben, so daß die Elektronen des Fermi-Gases mit dem Betrag $(h/2\pi)/2$ links oder rechts herum kreiseln (vgl. Seite 62). Das »Energieatom« h, das Plancksche Wirkungsquantum, bestimmt also auch hier das energetische Verhalten des Kreisels.

Selbstverständlich steckt die Größe h auch im Wert der *Fermi-Energie* E_F, die im übrigen lediglich von der *Dichte* des Fermi-Gases im Kristall abhängt, d. h. von der Anzahl der pro Kubikzentimeter vorhandenen freien Elektronen. Nennen wir diese Anzahl N_e, so gilt für die Fermi-Energie die Beziehung:

$$E_F = \frac{h^2}{8 \cdot m_e} \cdot \sqrt[3]{\left(\frac{3}{\pi} \cdot N_e\right)^2}$$

Die genaue Berechnung dieser Fermi-Energie ist relativ umständlich und wenig eindrucksvoll, so daß wir sie uns im Rahmen dieser Betrachtung ersparen können. Es genügt hier in der Tat, wenn man sich bewußt wird, daß die Fermi-Energie E_F weder vom Volumen noch von der besonderen Form des Kristalls abhängt, sondern lediglich von der Dichte des Fermi-Gases im Kristallgitter – von der Anzahl der pro Volumeneinheit vorhandenen freien Elektronen also.

Ein *Fermi*-Gas hat im Gegensatz zu einem »normalen« Gas, wie es etwa in der uns umgebenden Erdatmosphäre vorliegt, recht merkwürdige Eigenschaften, die »klassisch«-physikalisch einfach nicht beschrieben werden konnten. Erst der quantentheoretische Ansatz von Enrico Fermi hat für dieses nach ihm benannte Gas die Bedeutung der *Grenzenergie* E_F klargemacht und den aufgrund des Ausschließungsprinzips erklärbaren Trend der Leitungselektronen zum niedrigstmöglichen Energiezustand E_G hin verständlich werden lassen: Das Drängen der Teilchen in niedrige Energiezustände ist ein typisches Merkmal im Verhalten eines Fermi-Gases. Da aber im Kristall jeder der möglichen

Fermi-Niveau

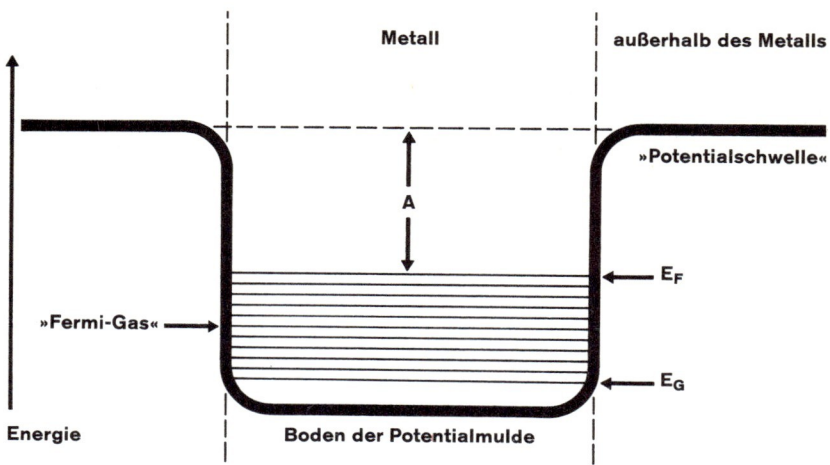

Die energetische Potentialmulde eines Kristalls ist immer nur bis zur sogenannten »Fermi-Kante« E_F mit elektronischem Gas (»Fermi-Gas«) gefüllt: E_F ist daher die Grenzenergie der Leitungselektronen im Kristallgitter (»Fermi-Energie«). Von der Fermi-Kante bis hinauf zum Muldenrand (Potentialschwelle an der Kristalloberfläche) klafft eine Energielücke A, die überwunden werden muß, wenn Elektronen den Festkörper verlassen sollen: Einleuchtenderweise heißt dieser Energiewert »Austrittsarbeit«.

Energiezustände zwischen den beiden Extremwerten E_G und E_F nur jeweils von zwei entgegengesetzt spinenden Elektronen besetzt werden kann, sind diesem Trend klare Grenzen gesetzt: Im Fermi-Gas werden ja die Spielregeln des Pauli-Prinzips befolgt.
Die Grenzenergie E_F des Fermi-Gases der freien Leitungselektronen, die auch »*Fermi-Niveau*« heißt, wird übrigens für den absoluten Nullpunkt (T = null Grad Kelvin) definiert, für totale »Kristallgitter-Ruhe« also. Aber auch die bei Zimmertemperatur (T ≈ 300 Grad Kelvin) thermisch deutlich angeregten Elektronen besitzen einen Energiewert, der nur unwesentlich über die Marke E_F des Fermi-Niveaus hinauspendelt: Während die Größenordnung von E_F bei einigen Elektronenvolt liegt (bis etwa 5 eV), kann die mittlere thermische Energie der bei Normaltemperatur »wärmebewegten« Leitungselektronen bestenfalls Werte von 0,03 eV erreichen.
Ein solch mäßiger »Zuschlag« an Energie reicht natürlich bei weitem

»Abgedriftete« und »ausgeschleuderte« Elektronen

nicht dazu aus, die Potentialmulde des Kristalls zu verlassen. Mit anderen Worten: Unter normalen Temperaturbedingungen schafft es kein Leitungselektron, durch die Oberfläche des Kristalls zu dringen. Der hierzu erforderliche Energiebetrag A, die »*Austrittsarbeit*«, kann durch eine normale Wärmebewegung nicht aufgebracht werden: Ähnlich wie der Wert E_F, des Fermi-Niveaus, liegt A nämlich immerhin in der Größenordnung einiger Elektronenvolt. Die Austrittsarbeit von beispielsweise *Kupfer* ist unter normalen Bedingungen 4,3 eV.

Um die energetische Spanne A von der Grenzenergie E_F aus der Potentialmulde hinaus zum »Beckenrand« der Potentialschwelle zu überwinden, muß der Kristall schon recht kräftig erhitzt werden, so stark nämlich, daß er ins *Glühen* gerät: Erst dann können einige Leitungselektronen so viel thermische Energie gewinnen, daß sie die Potentialschwelle des Kristallgitters erreichen und durch die Oberfläche nach außen dringen können. Aus naheliegenden Gründen heißt dieser Elektronenaustritt »*Glühemission*«. Und die vom Gitter befreiten Ladungsträger werden »*Glühelektronen*« genannt. Wie wir noch sehen werden, spielen solche Glühelektronen eine tragende Rolle in allen Radio- und Fernsehröhren.

Nun gibt es aber noch eine andere Methode, Leitungselektronen aus Kristallgittern zu »befreien«: Man schleudert sie dabei nicht von innen aus ihrer Potentialmulde, indem man das Gitter in heftige Wärmebewegung versetzt wie bei der Glühemission, sondern schlägt sie von außen heraus, indem man die Kristalloberfläche mit energiereichen Geschossen bombardiert.

Im einfachsten Fall kann das mit »Wellenpaketen« (Lichtquanten) des für uns sichtbaren Lichts geschehen, aber auch mit den scharf gebündelten »Lichtpfeilen« (Photonen) der ultravioletten Strahlung oder mit Röntgen- oder Gamma-Strahlen. Wir wissen ja bereits: Je kurzwelliger bzw. hochfrequenter diese Strahlung ist, um so energiereicher werden die Energiepäckchen $h \cdot \nu$ der entsprechenden Photonen.

Schon im Jahre 1905 hatte Albert Einstein diesen sogenannten »*äußeren Photoeffekt*« korrekt erklärt, bei dem Elektronen aus metallischen Kristallen geschlagen werden können – »emittiert« werden, wie der Physiker sagt –, wenn Licht auf die Metalloberfläche fällt. Ohne die *Teilchen*eigenschaft des Lichts wäre eine plausible Deutung dieses Photoeffekts übrigens ähnlich unmöglich wie die Erklärung der Existenz freier Leitungselektronen in Kristallen ohne die *Wellen*eigenschaft des Elektrons.

Das hängt natürlich wieder einmal mit der *Energie* zusammen, die von der Lichtstrahlung eingebracht wird: Im *Wellen*bild »verschmiert« sie sich gleichmäßig über das oszillierende elektromagnetische Feld des Wellenzugs. Dagegen konzentriert sie sich im *Teilchen*bild punktuell auf die »Feldflecke«, die von den Photonen oder Lichtquanten markiert werden.

Nun wäre es allerdings durchaus vorstellbar, daß ein Wellenzug des als oszillierendes Feld schwingenden Lichtes die Leitungselekronen im Kristallgitter derart heftig herumschaukeln läßt, daß ein paar Elektronen aus der energetischen Potentialmulde geschleudert werden. Setzen wir den Fall, dieses Hilfsbild sei richtig: Dann müßte die Energie der emittierten Elektronen mit der Licht*intensität* zunehmen, weil die elektrische Feldstärke um so größer ist, je »heller« oder intensiver das Licht ist, das auf die Kristalloberfläche fällt. Das ist jedoch erfahrungsgemäß nicht der Fall: Es läßt sich experimentell eindeutig nachweisen, daß die Intensität des auf den Kristall fallenden Lichtes überhaupt keinen Einfluß auf die Energie der ausgeschleuderten Elektronen hat. Die Elektronen*energie* bleibt gleich – egal, ob das gleichartige Licht von einer Taschenlampe oder von einem Studioscheinwerfer auf den Kristall geworfen wird! Lediglich die Emissionsrate der ausgeschleuderten Elektronen wird bei der Intensitätssteigerung des Lichtes erhöht: Es treten also mehr Teilchen aus der Metalloberfläche.

Behält man die gleiche Helligkeit der Lichtquelle bei, hält also die Lichtintensität konstant, erhöht aber dagegen die Lichtfrequenz, macht also das Licht kurzwelliger, so dürfte im Hilfsbild der Licht*quelle* nur folgendes passieren: Mit wachsender Frequenz müßten die emittierten Elektronen an Energie verlieren, weil sie aufgrund ihrer trägen Masse m_e der kurzwelligeren Anregung schlechter folgen könnten als dem langwelligen »Anschaukeln« im niedrigeren Frequenzbereich der Strahlung.

Wieder stellt sich im Experiment heraus, daß diese Annahme falsch ist: Mit der Frequenz des Lichtes, mit seiner Kurzwelligkeit, nimmt nämlich die Elektronenenergie *nicht* ab, sondern eindeutig *zu*.

Eine vernünftige Deutung des *äußeren Photoeffekts* erhält man daher nur, wenn man, mit Albert Einstein, die einfallende Lichtstrahlung als

»Abgedriftete« und »ausgeschleuderte« Elektronen

ein Bombardement von Feld*teilchen* ansieht: *Photonen,* jeweils mit dem Energiebetrag h·ν beladen, dringen in den Kristall ein und werden in einem »Elementarakt« von einzelnen Leitungselektronen vollständig »geschluckt« (absorbiert). Diese Wechselwirkung vollzieht sich gleichsam »schlagartig« als Zusammenprall zweier Teilchen.
Ist dieses absorbierte Energiepaket h·ν *größer* als die energetische »Hürde« A (*Austrittsarbeit*) zwischen der Grenzenergie E_F (Fermi-Niveau) und dem »Beckenrand« der Potentialmulde (Potentialschwelle) des Kristalls, so vermag ein Elektron so viel Bewegungsenergie (*kinetische Energie*) dazuzugewinnen, daß es durch die Kristalloberfläche fliegen kann. Für die kinetische Energie dieses »ausbrechenden« Elektrons gilt dann nämlich:

$$E_{kin} = h \cdot \nu - A$$

Das ist natürlich die *maximale* Bewegungsenergie, die ein Elektron im Kristall durch Kollision und vollständige Absorption als »Überschußgewinn« erzielen kann. Durch weitere Zusammenstöße verlieren die meisten Elektronen dann allerdings wieder an Energie, so daß nur wenige von ihnen die »Hürde« A nehmen und durch die Kristalloberfläche dringen: Immerhin liegt A, wie bereits gesagt, in der Größenordnung einiger Elektronenvolt. A ist übrigens eine *Materialkonstante,* die von der chemischen Reinheit des Kristalls, von der Beschaffenheit der Kristalloberfläche und von der Temperatur abhängt: Bei Normaltemperatur (T ≈ 300° Kelvin) ist die Austrittsarbeit von Kupfer 4,3 eV, von Silber 4,7 eV, von Kalzium 2,7 eV und von Zäsium 1,8 eV.
Neben dem *äußeren* Photoeffekt gibt es noch einen *inneren* Photoeffekt, der in *Halbleiter*-Kristallen wirksam ist: Die meisten »Photozellen« in technischen Apparaturen, die auf Licht reagieren (Belichtungsmesser, Alarmanlagen, sich selbst öffnende Türen usw.), arbeiten auf der Basis dieses »inneren« Photoeffekts, den wir im folgenden Kapitel betrachten wollen.

7. Kapitel

Von Photozellen und Transistoren

7.1 »Halbleiter-Lichtspiele«...

Will man ein Leitungselektron aus einem Kristallgitter herausschlagen, so muß man dafür wenigstens die Energieportion A aufbringen können, die sogenannte Austrittsarbeit. Sie liegt in der Größenordnung einiger Elektronenvolt und stellt eine energetische Hürde dar, die von der Grenzenergie E_F (Fermi-Niveau) des elektronischen Fermi-Gases im Kristall hinaufreicht bis zum »Beckenrand« der Potentialmulde, zur Potentialschwelle der Kristalloberfläche.

Beim *äußeren Photoeffekt* oder äußeren »lichtelektrischen« Effekt, den wir ausführlich betrachtet haben, muß die Energie eines »Lichtpfeils« (Photons gleich Lichtquants), die als $h \cdot \nu$-Päckchen komplett vom herausgeschlagenen Leitungselektron aufgezehrt wird, also zumindest gleich der Austrittsarbeit A oder auch größer als A sein: Nur dann tritt das »freie Elektron hinter Gitter«, das mit dem Photon diesen kompletten Energieaustausch vornimmt, auch aus der Oberfläche des Kristalls aus.

Da diese Energie des Photons ausschließlich von der Frequenz des Lichtes abhängt, mit der man den Kristall bestrahlt, muß es eine gewisse *Grenzfrequenz* ν_0 geben, die garantiert eingebracht werden muß, damit der äußere Photoeffekt auch wirklich funktioniert. Besitzt das auf die Kristalloberfläche auffallende Licht also eine Frequenz, die gleich ν_0 ist oder größer, dann klappt die Sache. Ist das Licht dagegen so langwellig (niederfrequent), daß der Frequenzwert ν_0 nicht erreicht wird, so können die Leitungselektronen des Fermi-Gases niemals so viel Energiezuschlag durch die Photonengeschosse gewinnen, daß sie aus dem Kristall herausgeschleudert werden: Der äußere lichtelektrische Effekt findet dann nicht statt.

Nun gibt es aber, wie schon angedeutet, neben diesem *äußeren* Photoeffekt auch noch einen *inneren*, der übrigens auch »*innerlichtelektrischer Effekt*« genannt wird. Wie schon diese etwas umständliche Bezeichnung vermuten läßt, ist es ein Photoeffekt, der sich *vollständig im Innern eines Festkörpers* abspielt – in *Halbleiter*-Kristallen übrigens. Neben den bereits erläuterten Merkwürdigkeiten dieser Stoffe, was die elektrischen Eigenschaften anlangt, besitzen Halbleiter nämlich auch noch eine sogenannte »*Photoleitfähigkeit*«, die vom »innerlichtelektrischen« Effekt ausgelöst werden kann.

Mit Hilfe des bereits vorgestellten und für die Erklärung von Halbleiter-Mechanismen benützten Elektronen-*Bändermodells* (vgl. Seite 99) ist dieser scheinbar so merkwürdige Sachverhalt wiederum leicht zu verstehen, wenn man zusätzlich das *Teilchenbild* des Lichtes zu diesem »Spiel mit verschiedenen Bildern« heranzieht (Heisenberg): Ein Lichtquant (Photon) von der Energie $h \cdot \nu$ kann in einem reinen Halbleiter-Kristall die *Anhebung* eines Elektrons aus dem *Valenz*band ins *Leitungs*band bewirken.

Verzehrt nämlich das Elektron aus dem Valenzband die vom Photon zur Verfügung gestellte Energieportion $h \cdot \nu$ komplett in dem bekannten »Elementarakt«, so kann dem »angeregten« Elektron unter Umständen so viel zusätzliche Energie zugeführt werden, daß es die energetische Verbotszone hinauf zum Leitungsband (Leitfähigkeitsband) glatt überspringen kann.

Auf diese Weise entsteht im Halbleiter-Kristall pro erfolgreicher Kollision Valenzelektron–Photon ein freies Leitungselektron und ein freies positives Loch. Voraussetzung dabei ist, daß die Größe des $h \cdot \nu$-Päckchens vom Photon die Breite des Energiegrabens übertrifft: Die Verbotszone zwischen Valenz- und Leitungsband muß ja vom angeregten Elektron überwunden werden, um sich »frei« im Kristall bewegen zu können.

Weil bei diesem Vorgang die aus dem Valenzband geschlagenen Elektronen nicht durch die Oberfläche des Kristalls herausgeschleudert, sondern lediglich ins Leitungsband gehoben werden, wo sie sich dann allerdings frei bewegen können, spricht man von einem »*inneren* Photoeffekt*«*: Die Befreiung des Elektrons spielt sich ausschließlich im Innern des Halbleiter-Kristalls ab...

Für den Elektroniker ist dieser Vorgang natürlich recht bemerkenswert, weil er sich technisch mannigfach auswerten läßt: Legt man etwa eine elektrische Spannung an einen Halbleiter-Kristall, so kann aufgrund des innerlichtelektrischen Effektes der Strom schlagartig sprunghaft ansteigen, wenn entsprechendes *Licht* auf den Kristall fällt: Der elektrische Strom I = Q/t ist ja der Anzahl beweglicher Ladungsträger proportional. Scheint also Licht auf »photoleitendes« Halbleiter-Material, so nimmt dessen elektrischer Widerstand plötzlich ab: Bei gleichbleibender elektrischer Spannung U fließt dann ein wesentlich größerer Strom I, ein sogenannter »Photostrom«.

Wir haben bereits erläutert, wie man an der Grenzschicht zwischen einer *p*-leitenden und einer *n*-leitenden Zone (»*p-n*-Übergang«) eine »Verarmungs*sperrschicht*« von hohem elektrischem Widerstand aufbauen kann: Man legt dabei den *p*-Bereich an den Minuspol, den *n*-Bereich an den Pluspol der Batterie (vgl. Seite 117). Ein auf diese Weise mittels »Vorspannung« geschalteter *p-n*-Übergang kann als »*Photozelle*« benützt werden, weil die schlagartige Stromänderung (»Photostrom«) hier natürlich besonders markant auftritt, wenn Licht auf ihn fällt: Normalerweise läßt die Sperrschicht ja praktisch überhaupt keinen Strom fließen.

Bei den imposanten Sonnenzellen-»Paddeln« von Satelliten und Raumsonden (vergl. Abb. S. 33) wird dieser innere Photoeffekt bei *p-n*-Übergängen (»*p-n*-Photoeffekt«) sogar zur Gewinnung elektrischer Energie technisch ausgenützt: Man spricht dann von sogenannten »*Sonnenbatterien*«, wenn lichtempfindliche *p-n*-Übergänge, auf die das Sonnenlicht fällt, sowohl freie Elektronen als auch freie positive Löcher erzeugen, deren Ströme *nicht symmetrisch* fließen.

Das liegt vor allem daran, daß der elektrische *Widerstand* eines *p-n*-Überganges stark *richtungsabhängig* ist. Je nachdem, in welche Richtung ein Elektron oder positives Loch (Defektelektron) sich bewegt, hat es freie Fahrt oder wird deutlich gebremst: Deshalb fließen »normale« Elektronen bevorzugt in eine bestimmte Richtung, Defektelektronen (»Löcher«) dagegen in eine andere, was zur Ausbildung von *Potentialdifferenzen* gleich elektrischen »Spannungen« führt.

In den letzten Jahren haben übrigens sogenannte »*opto-elektrische*« *Bauelemente* auf Halbleiter-Basis eine geradezu sprunghafte technologische Entwicklung erlebt: Auch diese Bauelemente arbeiten mit der »Verarmungssperrschicht« des *p-n*-Übergangs, deren Mechanismus bereits eingehend erläutert wurde. Bei Anlegen der genannten »Vorspannung« erzeugen sie nicht nur den Photostrom des innerlichtelektrischen Effekts: Im umgekehrten Verfahren wird bei einem von außen

Von Photozellen und Transistoren

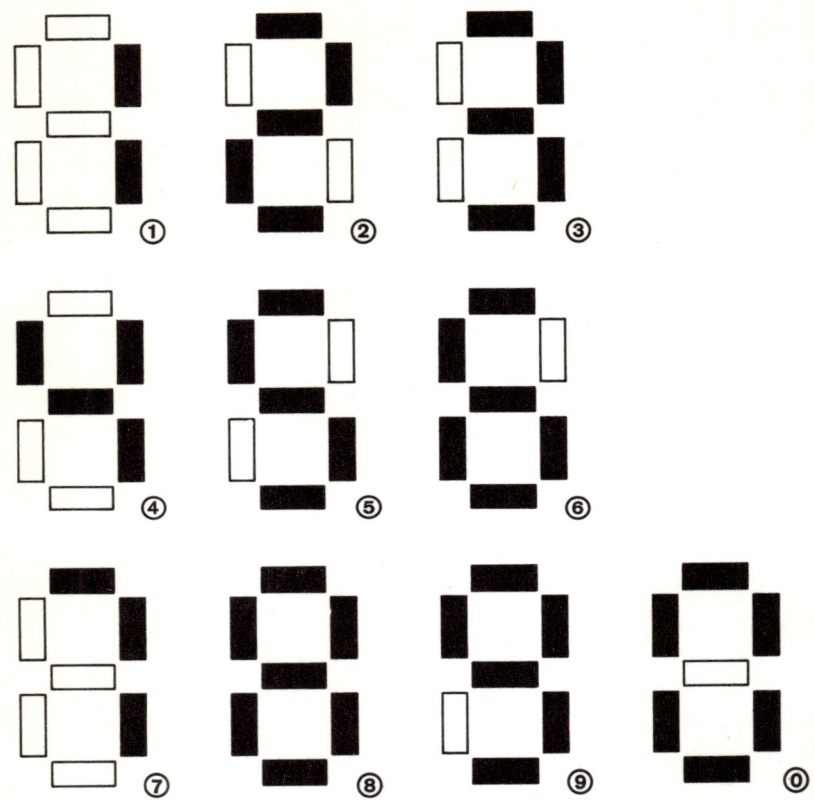

Durch eine sogenannte »Sieben-Segment-Anordnung« lassen sich alle arabischen Ziffern unmißverständlich darstellen.

provozierten Stromfluß durch die *p-n*-Sperrschicht eine *Lichtemission* erzeugt, d. h. der Halbleiter gibt Photonen ab.
Bereits gut erprobte Materialien für diesen Prozeß sind Gallium-Arsenid (GaAs) und Gallium-Arsenid-Phosphid (GaAsP). Dabei strahlt das halbleitende GaAsP-Material ein so schönes sichtbares Rotlicht aus, daß man geradezu von einer »*Festkörper-Lampe*« sprechen kann.
In der technischen Auswertung dieses Vorgangs wird das Rotlicht jedes Kristalls mit Hilfe einer Linse in Balkenform abgebildet: Durch eine sogenannte »Sieben-Segment-Anordnung« lassen sich dann alle

»Festkörper-Lampe«

arabischen Ziffern von Null bis Neun auf unmißverständliche Weise signalisieren (vgl. Abbildung).

Man findet solche Ziffernanzeigen heute schon an elektronischen Tischrechnern, an Fleischerwaagen oder optischen Computeranzeigen (»Terminals«). Neben den GaAsP-Bauelementen des »opto-elektrischen« Bereichs, die im satten Rot erstrahlen, wenn Strom durch die p-n-Sperrschicht geschickt wird, gibt es noch Gallium-Phosphid-Bauelemente (GaP-Elemente), die in diesem Fall ein grünes oder gelbes Licht abgeben.

An den künstlich errichteten p-n-Übergängen in Halbleiter-Kristallen spielen sich also bedeutsame elektronische Prozesse ab, die technologisch ausgewertet werden: Da fließen etwa beim p-n-Photoeffekt Ströme von Elektronen und Defektelektronen nach verschiedenen Richtungen, wenn Licht auf den Kristall fällt. Da leuchtet andererseits der Kristall als »Festkörper-Lampe« auf, wenn man Strom durch den p-n-Übergang schickt. Aber in erster Linie sind diese p-n-Übergänge natürlich wegen ihrer Verarmungssperrschicht bedeutsam, die sich von außen her steuern läßt.

Bekanntlich sieht das so aus: Man kann die elektrischen Ladungsträger aus der Sperrschicht abziehen oder aber in sie hineinpumpen, je nachdem, wie man die von außen angelegte Spannung in ihrer Polarität schaltet. Im einen Fall wird durch »Absaugen« der Ladungsträger ein ziemlich hoher elektrischer Widerstand aufgebaut, der den Strom praktisch völlig sperrt. Im anderen Fall dagegen drückt man so viele Ladungsträger in die Grenzschicht hinein, daß der p-n-Übergang leitfähig und damit stromdurchlässig wird: Die angelegte Spannung wird dann gleichsam zu einer Art »Schleusenspannung«, die den Strom durch ein »Ventil« pumpt.

Diese »Ventilwirkung« des p-n-Übergangs macht die Grenzschicht vom p-leitenden zum n-leitenden Bereich des Halbleiter-Kristalls zu einer sogenannten »Diode«: Ganz allgemein betrachtet ist das für den Elektroniker ein »Zweipol«-Bauelement, dessen elektrischer Widerstand von der Stromrichtung abhängt. Da wird in der einen Richtung (»Flußrichtung«) der elektrische Strom gut durchgelassen, während er in der anderen, der »Sperrichtung«, praktisch völlig blockiert ist.

Der p-n-Übergang wirkt also wie ein richtiges Stromventil, wenn er als »Halbleiter-Diode« benützt wird. Die elektrische Leistung einer solchen Diode ist allerdings sehr gering: Normalerweise liegen die Schleusenspannungen bei 0,3 bis 0,5 Volt und die Ströme im Milli-Ampere-Bereich. Aber schließlich interessiert uns hier nur der einfache Mechanismus dieser Ventilwirkung.

Der zuvor skizzierte *p-n*-Photoeffekt ist bei solchen Halbleiter-Dioden natürlich unerwünscht: Man schließt diese Bauelemente daher in lichtundurchlässige Gehäuse ein. Nützt man diesen Effekt allerdings bewußt aus, wie das etwa bei der bereits erwähnten »Sonnenbatterie« (Solarzelle) der Fall ist, so spricht man von einer sogenannten »Photo-Diode«: Eine solche lichtempfindliche Diode verwandelt, wie bereits erläutert, Sonnenlicht in elektrische Energie und wird in diesem »Betriebsfall« zur *Photozelle*.

Soweit unsere Betrachtungen zu den »Halbleiter-Lichtspielen«, die den inneren Photoeffekt an *p-n*-Übergängen technologisch verwerten. Im folgenden wollen wir uns ansehen, welche Bauelemente der Elektronik entstehen, wenn man *mehrere p-n-Übergänge kombiniert*.

7.2 Ein »Löcherstrom« durchs p-n-p-»Sandwich«

Bei vielen technischen Prozessen ist es eine der Hauptaufgaben, daß die im System genutzten »Energieflüsse« so fließen, wie man sie braucht: Der Energiefluß muß also *gesteuert* werden. Das entscheidende Merkmal bei einem solchen Steuerungsvorgang ist die Tatsache, daß zum Steuern stets eine Energiemenge erforderlich ist, die wesentlich *kleiner* bleibt als die Energiemenge, die gesteuert wird.

Denken Sie z. B. an den Benzinmotor Ihres Pkws: Er muß gestartet, im Betrieb reguliert und angehalten werden können. Die Energiemenge, die ihm zu einem bestimmten Zeitpunkt zugeführt wird, ändert sich also fortlaufend. Der Pkw-Fahrer als »Steuermann« muß Gas geben, bremsen, schalten usw., um den Wagen in Schwung zu halten. Wenn er ihn durch den Stadtverkehr »steuert«, so beschränkt sich der Steuerungsvorgang gewiß nicht allein auf die Betätigung des Steuerrades: Es geht darum, verschiedene Energieflüsse richtig zu lenken ...

Bei elektronischen Vorgängen kann es beispielsweise bedeutsam sein, daß ein relativ *schwacher* Strom einen wesentlich stärkeren Strom *steuern* muß. Denken Sie an den Radioapparat: Da steuert ein ziemlich

p-n-p-Transistor

schwacher Antennenstrom einen ums Vielfache stärkeren Lautsprecher-Strom. Wie ist das möglich? Man braucht dafür ein elektronisches Bauelement, dem ein steuernder Strom bei niedriger Spannung (»Signal«-Spannung) zugeführt wird und das dann praktisch den gleichen Strom bei wesentlich höherer Spannung abgibt. Dann ist das charakteristische Merkmal eines Steuerungsvorgangs gegeben: Mit Hilfe einer kleinen Energiemenge (»Stromstärke mal Spannung«), die in den »Eingang« eines solchen Bauelements (»Kastens«) geleitet wird, erreicht man einen gleichartigen, aber entschieden größeren Energiefluß am »Ausgang« des Kastens.

Die zusätzliche Energie am Ausgang wird natürlich nicht durch Zauberkraft gewonnen – schließlich ist dieser Kasten kein Zauberkasten: Sie stammt einfach von einer Batterie, die ins System eingebracht werden muß. Der Kasten, den wir jetzt etwas näher betrachten wollen, heißt übrigens »*Transistor*«. Mit diesem berühmten Namen wurde ein Halbleiter-Bauelement versehen, das wiederum auf der Basis der Verarmungssperrschicht an *p-n*-Übergängen arbeitet.

Ein Transistor besteht nämlich aus drei Zonen des *p*-leitenden und *n*-leitenden Bereichs: Sie können als *p-n-p*-Übergänge oder als *n-p-n*-Kombinationszonen angelegt sein. Im Prinzip funktionieren diese Kombinationen von »störhalbleitenden« *n*- und *p*-Bereichen gleich. Es genügt also, wenn wir uns einen *p-n-p*-Transistor vornehmen, um die Funktionsweise zu erläutern.

Zwei parallel und spiegelbildlich angeordnete *p-n*-Übergänge sitzen im *p-n-p*-Transistor gleichsam »unter einem Dach«, also in einem einzigen Halbleiter-Gitterwerk (»Einkristall«). Bekanntlich wirken solche *p-n*-Übergänge als »Stromventile« (Halbleiter-*Dioden*), weil ihr elektrischer Widerstand von der Stromrichtung abhängt. Wie sieht das im Falle eines *p-n-p*-Überganges aus?

Doch einfach so: Die beiden Ventile stehen hier gegeneinander. Die »Flußrichtung« des einen Ventils entspricht der »Sperrichtung« des anderen und umgekehrt. Der Fachmann spricht in solch einem Fall von »gegensinnig gepolten Dioden«. Legt man nämlich eine elektrische Spannung an die beiden außen gelegenen *p*-Bereiche, so fließt durch die *p-n-p*-Kombination überhaupt kein Strom, ganz egal, wie man die Spannungsquelle (Batterie) polt: Stets ist ja eine der beiden Stromrichtungen durch einen der beiden *p-n*-Übergänge gesperrt.

Aber schließlich ist ein Transistor dann doch *mehr* als zwei gegensinnig gepolte Dioden: In diesem *p-n-p-*»Sandwich« kommt der *n*-leitenden »Wurstscheibe« zwischen den beiden *p*-Bereichen eine bedeutsame Aufgabe zu. Wie die Abbildung zeigt, heißt der links liegende *p*-Bereich des *p-n-p*-Transistors übrigens »*Emitter*«, der rechts liegende dagegen »*Kollektor*«. Dazwischen steckt die hauchdünne »Wurstscheibe« der n-leitenden »*Basis*«.

Man legt die Betriebsspannung an einen *p-n-p*-Transistor zunächst so an, daß der Pluspol am Emitter und der Minuspol am Kollektor liegt. Dann sorgt man obendrein dafür, daß ein kleiner Teil dieser Spannung zwischen dem Emitter und der Basis einerseits und eine weit größere Spannung zwischen der Basis andererseits und dem Kollektor liegt. Damit ist die Basis gegenüber dem Emitter elektrisch negativ, gegenüber dem Kollektor dagegen deutlich positiv (vgl. Abbildung).

Aufgrund dieser ausgeklügelten Spannungsverhältnisse strömen schließlich Defektelektronen (positive Löcher) aus dem *p*-leitenden Emitter über den *p-n*-Übergang in die Basis. Umgekehrt wandern zunächst einmal »normale« Elektronen aus der Basis in die Emitterzone. Diese Basis als *n*-leitende Schicht ist übrigens so dünn gestaltet (zwanzigstel Millimeter), daß die positiven Löcher kaum mit den normalen Elektronen rekombinieren und damit ladungsneutralisiert »versickern« können. Dies hätte ja zur Folge, daß sie aus dem elektrischen Leitungsprozeß verschwänden.

Nein: Nachdem diese Defektelektronen die Hürde der Emitter-Basis-Grenzschicht einmal erfolgreich genommen haben, überwinden die meisten von ihnen anschließend auch noch mit Hilfe der wesentlich größeren Basis-Kollektor-Spannung in angenähert der gleichen Anzahl den *n-p*-Übergang von der Basis zum Kollektor. Nur ein kleiner Teil des »defektelektronischen« Emitterstromes fließt also über die Basis ab: Bei einem »guten« Transistor beträgt der Basisstrom lediglich ein Hundertstel oder gar Tausendstel des Emitterstromes, der unaufhaltsam zum Kollektor fließt...

Das also ist der eigentliche »Dreh« einer Transistor-Schaltung: Man kann der *p*-leitenden Emitterzone Strom bei *niedriger* Spannung zuführen, die am Kollektor dann bei *hoher* Spannung als fast der gleiche Strom wieder in Erscheinung tritt. Für den Verstärkungsvorgang im Transistor ist also letztlich die Größe des *Kollektorstromes* verant-

Kollektorstrom

wortlich. Er entspricht der Differenz zwischen dem Emitterstrom und dem Basisstrom. Wie kann dieser Kollektorstrom merklich geschwächt werden?

Der »wunde Punkt« der Transistorkonstruktion ist in diesem Fall natürlich die »Wurstscheibe« des Sandwichs, die n-leitende Basis. Sie ist in ihrem Innern ja völlig feldfrei. Damit können die Defektelektronen

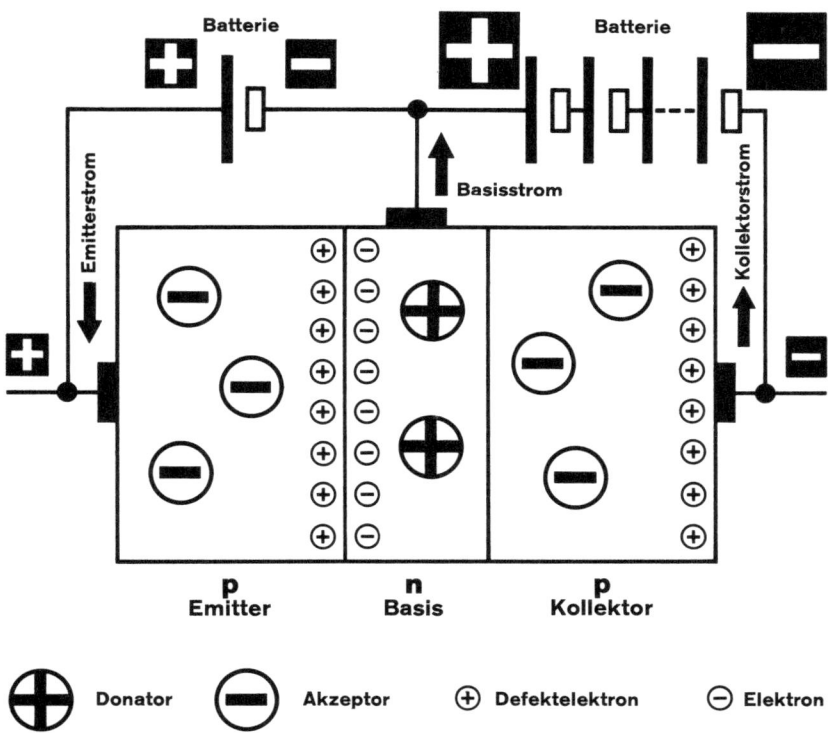

Ein dotierter Halbleiter-Kristall, der nach der Struktur p-n-p oder auch n-p-n geschichtet ist, heißt »Transistor«: Bei einem p-n-p-Transistor wird eine hauchdünne n-leitende Schicht nach dem »Sandwich-Muster« zwischen zwei dickere Bereiche vom p-Typ gepackt. Das n-leitende »Wurstscheibchen« heißt »Basis« des Transistors, die beiden p-leitenden Zonen »Emitter« und »Kollektor«. Durch entsprechende Außenspannungen erzielt man im p-n-p- oder n-p-n-geschichteten Halbleitermaterial den sogenannten »Transistoreffekt«.

Erläuterungen zum Bildteil Seite 145 bis 152

1: In der Farbfernsehkamera wird das vom Objektiv eingefangene Licht in die drei Grundfarben Rot, Grün und Blau zerlegt und dann drei Kameraröhren zugeführt, die auf dem großen Photo deutlich zu erkennen sind.

2, 3: Elektronenröhren nach dem Pentoden-Prinzip heißen »Rundfunkröhren«, obwohl sie beispielsweise auch in Computern Anwendung gefunden haben (3). Die »klassische« Aufgabe einer Rundfunkröhre ist die Gleichrichtung und Verstärkung elektrischer Signale.

4: Inzwischen sind die Rundfunkröhren weitgehend durch Halbleiter-Bauelemente abgelöst worden, durch Dioden und Transistoren. Dieses Photo zeigt einen *n-p-n*-Silizium-Transistor.

5–13: »Mikrominiaturisierung« ist das Schlagwort der Elektronik bezüglich der neuen Festkörper-Bauelemente (5, 6, 7): Ein äußerst geringer Raumbedarf und hohe Zuverlässigkeit zeichnen diese elektronischen Bauelemente aus. Mit der Technik der integrierten Dünnfilmschaltung und der integrierten Halbleiterschaltung (8–13) lassen sich »Packungsdichten« erreichen, die vor Jahrzehnten noch unvorstellbar waren. Während man Dünnfilmschaltungen im Vakuum durch Aufdampfen oder Aufstäuben extrem dünner Schichten auf eine Isolierplatte technisch realisiert, nützt man bei den integrierten Halbleiterschaltungen sogenannte »Diffusionsprozesse« aus: So läßt sich z. B. eine *n*-leitende Siliziumscheibe mit einer isolierenden Siliziumoxid-Schicht überziehen, in die mit Hilfe eines photographischen Verfahrens das Schaltungsmuster eingeätzt wird. In dieses Muster werden dann schrittweise durch Eindiffundieren von Aktivatoren Bauelemente wie Widerstände, Kondensatoren, Dioden und Transistoren hergestellt.

WARNING!
PLUMBICON XQ 1020
ONLY

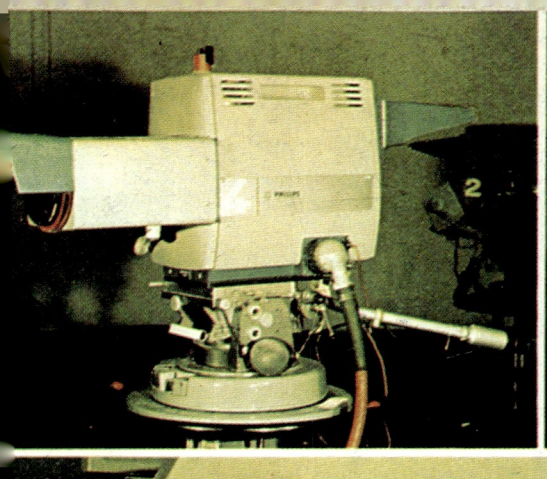

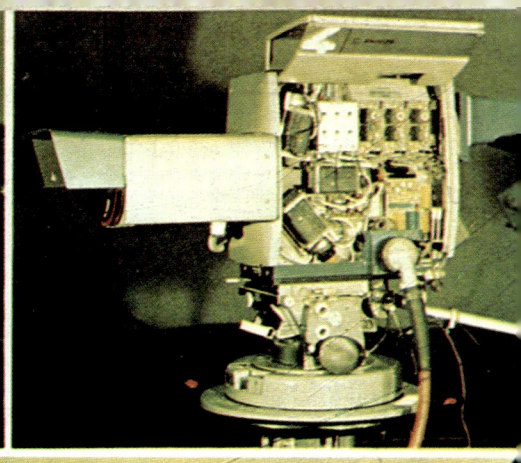

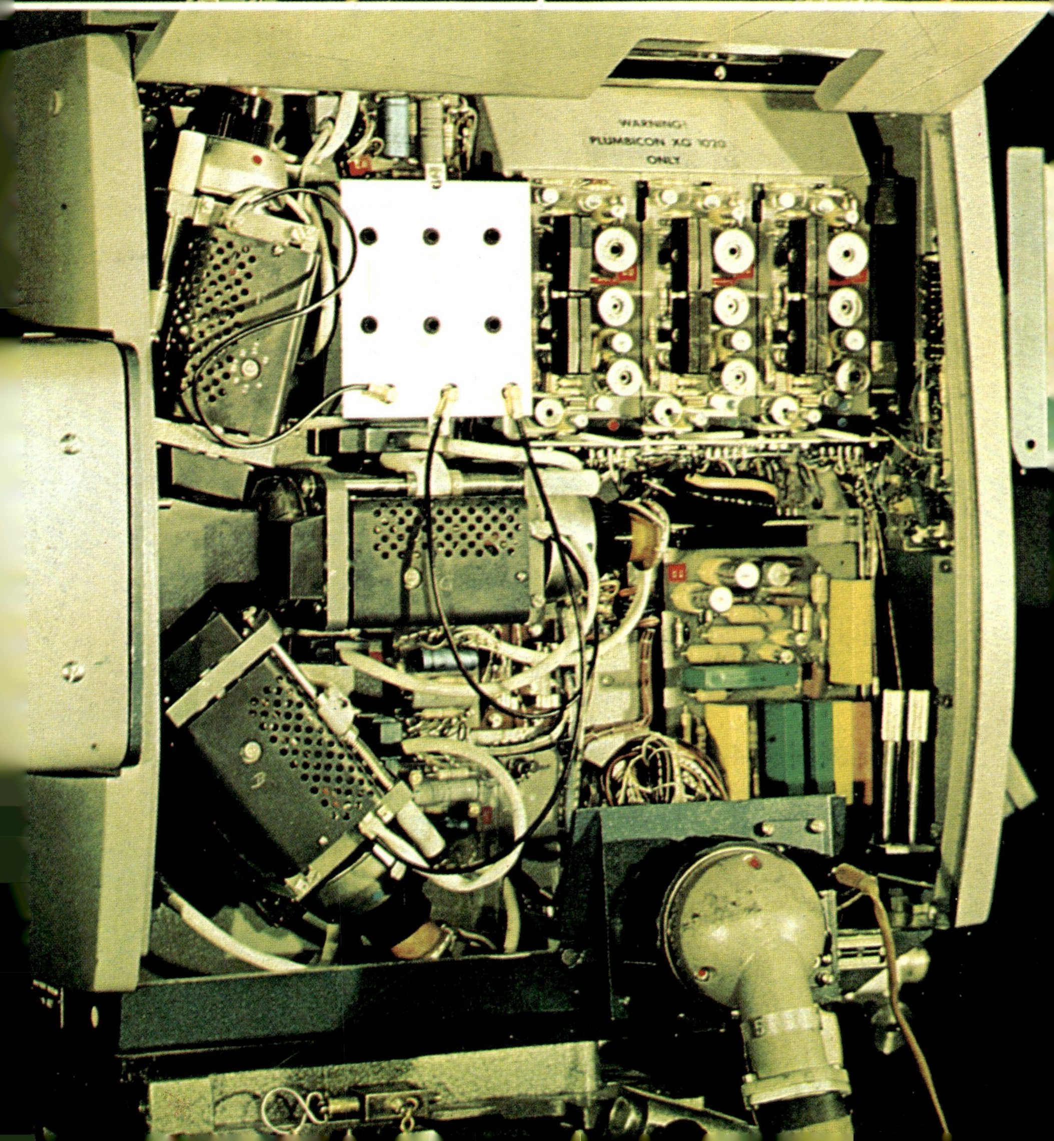

2

3

5

6

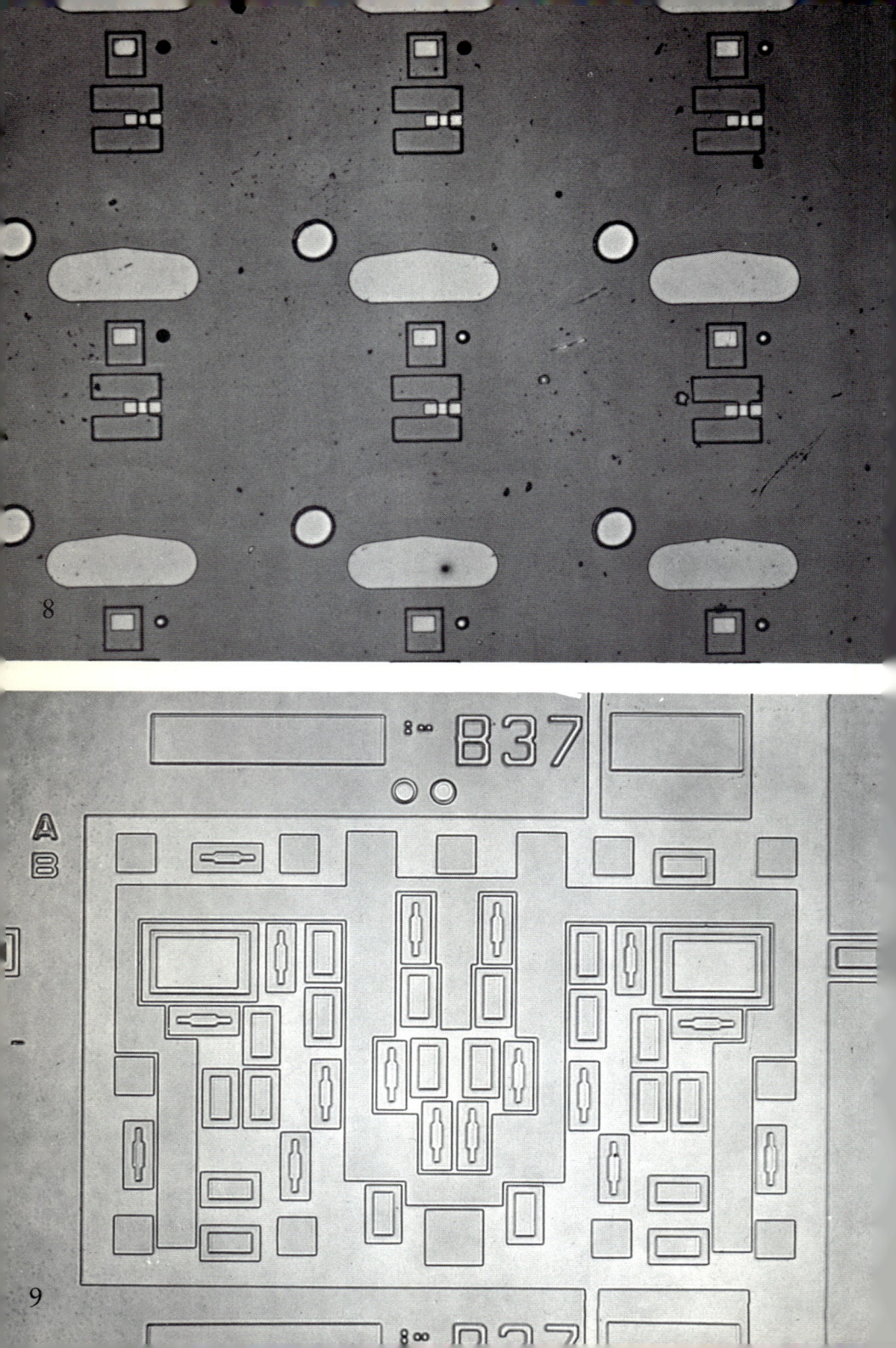

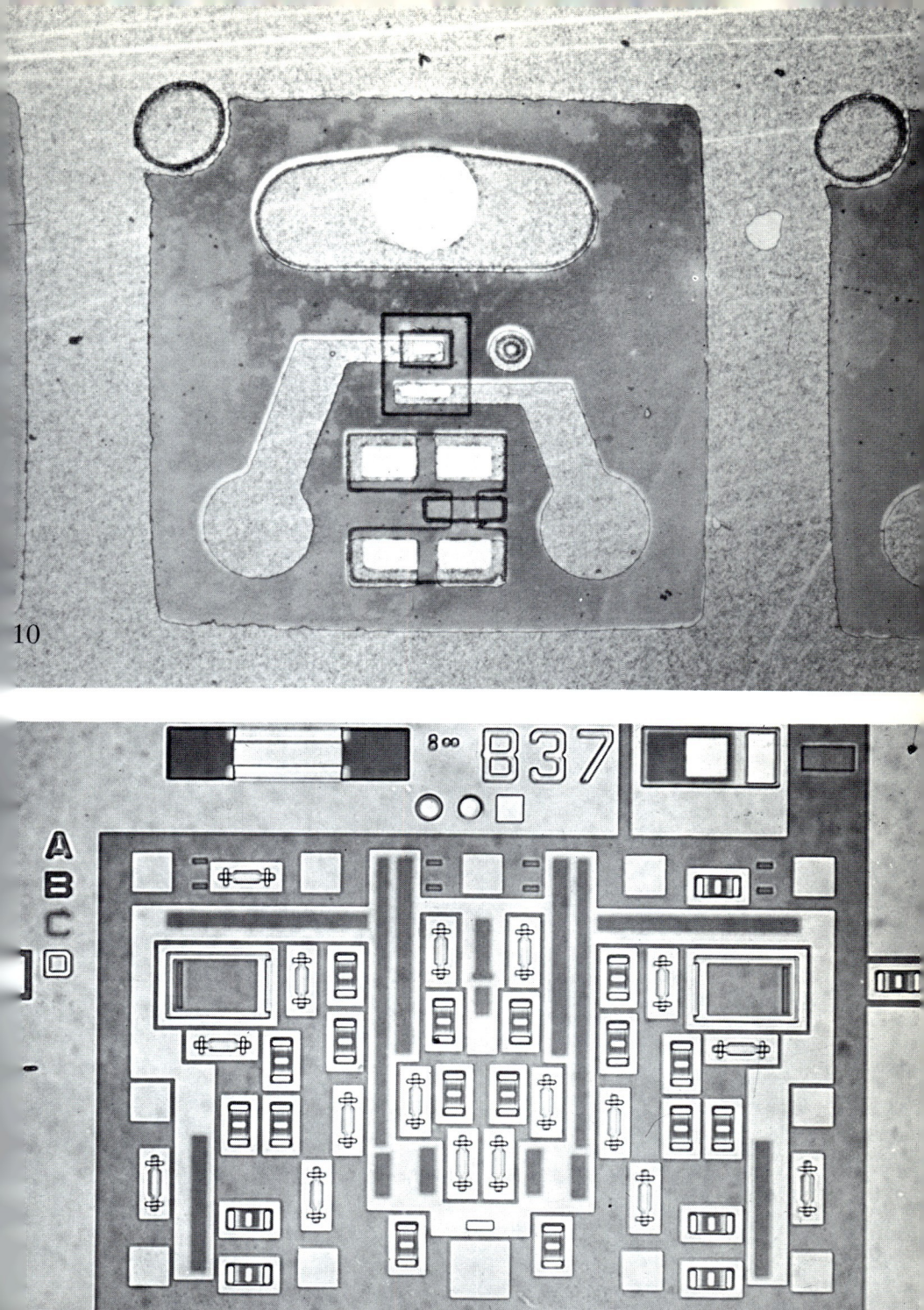

10

1

aus dem Emitter »im Transitverkehr« zum Kollektor nicht so recht in Schwung gebracht, d. h. nicht beschleunigt werden.
Man muß die Basis eines Transistors also in jedem Fall extrem dünn machen. (Wie schon gesagt, liegt ihre Dicke in der Größenordnung zwanzigstel Millimeter.) Damit wird auch der »positive« Strom vom Emitter aus möglichst vielen Defektelektronen des p-Bereichs und »herzlich wenigen« Normalelektronen des n-Bereichs aufgebaut. Dieser Effekt kann noch dadurch verstärkt werden, daß man in die p-leitende Zone des Emitters deutlich mehr Fremdatome (Akzeptoren oder »Elektronenfänger«) einbaut als Donatoren (»Elektronenspender«) in die Basis. Außerdem muß die Anzahl der Störstellen in der Basis recht niedrig gehalten werden, damit ein glatter Durchgang der Ladungsträger gesichert ist und der ladungsneutralisierende »Rekombinationsprozeß« möglichst vermieden wird.
Halten wir also vorläufig fest: *Transistoren* sind *steuerbare* Halbleiter-Bauelemente, die im »Sandwich-Verfahren« aus drei störhalbleitenden Zonen schichtweise aufgebaut sind. Man kann dabei die Kombination eines n-p-n-Übergangs oder eines p-n-p-Übergangs wählen. Im letzteren Fall, den wir als p-n-p-Transistor betrachtet haben, liegt als »Basis« eine hauchdünne n-leitende »Wurstscheibe« zwischen zwei dickeren p-Bereichen, den außen gelegenen »Brotscheiben des Sandwichs«: Sie heißen »Emitter«, wenn sie Ladungsträger abgeben (»emittieren«), und »Kollektor«, wenn sie diese aufnehmen oder »einsammeln«.
Transistoren sind im Betrieb stets so gepolt, daß die Basis-Kollektor-Schicht sperrt, der Emitter-Basis-Übergang dagegen stromdurchlässig ist. Erst wenn dann durch den elektrischen »Steuerkreis« Strom in die Basis eingespeist wird, bewegen sich Ladungsträger zum Emitter und lösen im Kollektorstromkreis des p-n-p-Transistorsystems einen »Löcherstrom« von Defektelektronen aus. Dieser Strom erst überbrückt schließlich die Basis-Kollektor-Schicht.
Soweit die physikalischen Mechanismen, die sich an p-n-Übergängen und in p-n-p-Transistoren abspielen und deren technische Nutzung wir noch ausführlicher kennenlernen werden. Der Transistoreffekt wurde übrigens erst Ende 1947 entdeckt und von den drei Transistor-Erfindern Walter H. Brattain, John Bardeen und William B. Shokley dann im Juni 1948 bei den Bell-Telephonlaboratien in Murray Hill, New Jersey (USA), der Öffentlichkeit vorgestellt. Inzwischen hat der

Von Photozellen und Transistoren

Transistor die »gute alte« *Elektronenröhre* mehr und mehr verdrängt: Aber daß diese großartige Konstruktion aus der »Vor-Transistor-Ära« damit bereits »tot« wäre für den Elektroniker, ist doch eine allzu vermessene Behauptung. Es wird sich jedenfalls lohnen, wenn wir diesen »Röhren« das nächste Kapitel widmen.

# 8. Kapitel

»Einbahnstraßen« für Elektronen

8.1 Wenn elektronisches Fermi-Gas »ins Leere« entweicht …

In der »vor-transistorialen« Ära der Elektronik, die in der zweiten Hälfte der dreißiger Jahre ihren Höhepunkt hatte, war die *Elektronenröhre* das bedeutendste elektronische Gerät, in dem das freie Elektron technisch genutzt wurde. Die Quelle des Elektronenstroms, der durch den — fast — luftleer gepumpten Glaskolben einer solchen »Röhre« fließt, ist eine sogenannte »*Glühkathode*«.

Dieser Ausdruck weist bereits darauf hin, daß der Ladungstransport in diesem Fall durch *Glühelektronen* (vgl. Seite 132) bewältigt wird, die aus Festkörperkristallen mit Hilfe der *Glühemission* freigesetzt werden. Die nahezu vollständig von dem Gasgemisch der Luft entleerte (»evakuierte«) Elektronenröhre ist nämlich praktisch ein *Nichtleiter,* in dem keine elektrischen Ladungsträger vorhanden sind. Um einen Strom durch dieses »Vakuum« der Röhre fließen zu lassen, benötigt man daher einen »Ladungsspender«, z. B. eine *Glühkathode*. Was ist das?

Wir wissen ja bereits, daß Leitungselektronen, die energetisch über die Potentialschwelle eines Kristallgitters angehoben werden, die Oberfläche des Kristalls durchstoßen können: Bei der *Glühemission* wird in diesem Fall der Kristall so stark erhitzt, daß die thermische Energie-»Zuwage« dazu ausreicht, aus *Leitungs*elektronen »freigeschüttelte« *Glüh*elektronen zu machen, die ins »Vakuum« der Elektronenröhre hinausfliegen. Eine solche »heiße Elektronenschleuder« ist die *Glühkathode.*

Grob gesprochen könnte man die Glühkathode einer Elektronenröhre als einen porösen Schlauch betrachten, durch den das Fermi-Gas (vgl. Seite 130) der Leitungselektronen gepumpt wird, wobei in einem Bereich sehr hoher Temperatur das elektronische Gas durch die dort sich weitenden Poren entweichen kann.

Die kräftige Erhitzung, die dafür erforderlich ist, bewirkt hier ein

»Einbahnstraßen« für Elektronen

elektrischer »Heizstrom«: Er sorgt für das Einbringen eines Mindestbetrages an Energie von mehreren Elektronenvolt (eV), der bekanntlich als »*Austrittsarbeit*« A bezeichnet wird (vgl. Seite 129). Die physikalischen Details dieses »glühenden Befreiungsmechanismus« haben wir ja bereits ausführlich kennengelernt.

Im einfachsten Fall besteht eine Glühkathode aus einem simplen Stück Metalldraht, der durch den Heizstrom kräftig erhitzt wird – Prinzip: Glühdraht einer normalen Glühlampe. Als Material für solche Glühdrähte benutzt man vorzugsweise Wolfram, Platin oder Nickel. Der Draht aus solchen Metallen wird zu einer Spirale oder Wendel gewickelt.

Eine solche Glühkathode aus massivem Metalldraht muß allerdings ziemlich heiß werden, damit sie Elektronen ausschleudern kann: Die Heiztemperatur für *Wolfram* etwa liegt immerhin bei rund 2500° Kelvin. (Die Kelvin-Skala haben Sie auf Seite 131 kennengelernt.) Die Notwendigkeit für diese relativ hohe Temperatur ist durch die *hohe Austrittsarbeit* der benützten Metalle gegeben. Wolfram hat einen Wert von A = 4,5 eV. Dennoch ist es das wichtigste Material für sogenannte »Massiv-Kathoden«: Es besitzt nämlich eine beachtliche *thermische Belastbarkeit* und kann ohne nennenswerte »Gefahr« bis zu 3000° Kelvin erhitzt werden. Ein gewisser Nachteil des Wolframs ist die Tatsache, daß seine mechanische Bearbeitung ihre Schwierigkeiten hat.

Halten wir also fest: Massiv-Kathoden aus reinem Metall, z. B. aus Wolfram, müssen aufgrund ihrer hohen Austrittsarbeit sehr stark erhitzt werden, damit sie Glühelektronen emittieren. Die Glühemission funktioniert erst bei recht hohen Temperaturen. Was läßt sich dagegen tun?

Zunächst einmal kann man die *Austrittsarbeit* an der *Oberfläche* der Glühkathode deutlich *senken,* indem man die massiven Metalldrähte *durch Materialien von niedriger Austrittsarbeit beschichtet*. So läßt sich der genannte Wolframdraht z. B. mit einem dünnen Thorium-»Mäntelchen« überziehen – Modell: Zuckerguß auf Napfkuchen. Und dieses »thorierte« Wolfram ist dann bereits bei 1950° Kelvin heiß genug, um die gleiche Zahl von Glühelektronen pro Zeiteinheit zu emittieren wie das auf 2500° Kelvin erhitzte »nackte« Wolfram...

Eine weitere Verbesserung bringt die entsprechende Beschichtung des Metalls mit Bariumoxid (BaO), das die erforderliche Heiztemperatur

Raumladungswolke

für die Glühemission auf 1100° Kelvin senkt. BaO gehört übrigens zu den sogenannten »Erdkali-Oxiden«, die eine ziemlich niedrige Austrittsarbeit besitzen und *Halbleiter*-Eigenschaften aufweisen: Die BaO-Kristalle können in diesem Sinne als *n*-Leiter betrachtet werden. Andere Mitglieder dieser Familie, die als »Aufstrich« (*Oxidpaste*) in Glühkathoden Verwendung finden, sind z. B. Kalziumoxid (CaO) und Strontiumoxid (SrO).

Das unmittelbar vom Heizstrom durchflossene »Metallschläuchlein«, aus dem bei mehr oder weniger hohen Temperaturen das elektronische Fermi-Gas entweicht, heißt übrigens »*direkt* geheizte« Glühkathode. (Diese Bezeichnung legt bereits die Vermutung nahe, daß es auch Kathoden gibt, die nicht direkt, also *indirekt* geheizt werden können. Das hat, wie noch zu zeigen ist, erhebliche technische Vorteile. Doch davon später.)

Die *direkt* geheizte Glühkathode verwandelt laufend *Leitungs*elektronen, die den Heizstrom aufrechterhalten, in *Glüh*elektronen, die mit unterschiedlichsten Geschwindigkeiten aus der Oberfläche geschleudert werden. (Die Mindestgeschwindigkeit liegt übrigens ungefähr bei Tempo Düsenjäger.)

Die verschieden schnellen Ladungsträger sammeln sich dann knapp über der Kathodenoberfläche im fast luftleeren gleich evakuierten Raum der Elektronenröhre zu einer elektronischen »Wolke«. Da es sich bei diesen »Wolkentröpfchen« der Glühelektronen ausschließlich um negative Ladungsträger handelt, lädt sich dieser Raumbereich natürlich *elektrisch negativ* auf: Eine sogenannte »*Raumladungswolke*« schwebt also über der Kathode.

Diese negative Raumladungswolke ist das einzige Reservoir an elektronischen Ladungsträgern, wenn es gilt, durch die Elektronenröhre einen *Strom* fließen zu lassen: Das Vakuum der Elektronenröhre enthält ja, wie gesagt, keine Elektrizitätsträger. Strom heißt aber stets »Ortsveränderung von Ladungsträgern«. So gilt es also, diesen tanzenden Mückenschwarm freischwebender elektronischer »Vagabunden« in der Raumladungswolke, die sich aufgrund ihrer gleichartigen negativen Ladung auch noch gegenseitig abstoßen, auf einen »geordneten Kurs« zu bringen, wenn elektrischer Strom fließen soll. (Erinnern Sie sich in diesem Zusammenhang an unsere Betrachtung zur *Driftgeschwindigkeit* der Leitungselektronen im Kristallgitter!)

»Einbahnstraßen« für Elektronen

Im einfachsten Fall sieht diese »Kanalisation« der freischwebenden Ladungsträger im Vakuum so aus: In den Glaskolben der evakuierten Elektronenröhre ist neben der Glüh*kathode* eine einfache metallische Elektrode eingeschmolzen, ein »Stück Blech«, das »*Anode*« heißt. Mit der heizbaren Kathode und der kalten Anode wird die Röhre zum simplen »Zweipol«, also zur *Diode* (vgl. Seite 139).

Eine solche *Diode* ist, wie bereits erläutert, eine Art »Einbahnstraße« für freie Elektronen, in diesem Falle für Glühelektronen. Anders gesagt: Sie wirkt als *Stromventil,* durch das der elektrische Strom immer nur in *einer* Richtung fließen kann. Bekanntlich spricht man in diesem Fall von der »*Durchlaßrichtung*«. Die Gegenrichtung dieser Einbahnstraße dagegen ist die Sperrichtung: Hier herrscht bei der Zweipol-Röhre oder Röhren-Diode völlige Stromsperre. Nur in Richtung Kathode → Anode können die Elektronen durch die Röhre fliegen. Warum?

Ganz einfach: Als Ladungsträger für diese Elektronenbewegung durch die Röhre stehen ja ausschließlich die aus der Glühkathode »freigeschüttelten« *Glühelektronen* zur Verfügung, die sich in Kathodennähe zunächst zur Raumladungswolke formiert haben. Wie bringt man aber diesen freischwebenden »Mückenschwarm« von Elektronen zu jenem »Stück Blech« hinüber, das »*Anode*« heißt? Erst eine solche Elektronenwanderung von der Kathode zur Anode macht schließlich den elektrischen Strom aus!

Man muß die Raumladungswolke auf irgendeine Weise in Richtung Anode in Bewegung setzen. Und das geht bekanntlich am einfachsten, wenn man ein elektrisches *Spannungsgefälle,* eine Potentialdifferenz, zur Anode hin aufbaut. Anders gesagt: Ein entsprechend angelegtes *elektrisches Feld* zwischen Kathode und Anode beschleunigt die Elektronen der Raumladungswolke derart, daß sie schließlich schnurstracks zur Anode hinübersausen.

Das elektrische Feld, das durch Anlegen einer elektrischen Spannung zwischen Kathode und Anode hergestellt wird, »saugt« gleichsam die elektronische Raumladungswolke über die Anode hinaus ab (vgl. Abb. Seite 162): Durch die Anode hindurch, die ja ein metallischer Kristall ist, dessen Gitter die Elektronen als *Leitungs*elektronen durchwandern können, verlassen die ehemaligen *Glüh*elektronen dann die Elektronenröhre.

Direkte und indirekte Kathoden-Heizung

Der Sachverhalt liegt also doch entschieden einfacher als bei der *Halbleiter*-Diode, wo der *p-n*-Übergang eines dotierten Kristalls mittels entsprechend angelegter Spannung auf Durchlaß geschaltet wird: In der Elektronenröhre gibt es *Leitungs*elektronen in der Kathode, die per Glühemission ausgeschleudert und damit zu *Glüh*elektronen werden; ein elektrisches Feld bringt diese Glühelektronen durch die nahezu luftleere Röhre praktisch kollisionsfrei zur Anode, wo sie nach Eintritt ins Metallgitter wieder zu *Leitungs*elektronen werden und die Elektronenröhre im verwellten Zustand leicht verlassen können.

Vielleicht überlegen Sie sich jetzt einmal selbst, warum man Kathode und Anode mit dem Pluspol und dem Minuspol der äußeren angelegten Spannungsquelle gerade so und nicht anders schalten muß, wie es auf der Abbildung zu sehen ist: Da ist die *Anode* elektrisch *positiv*, die *Kathode* dagegen elektrisch *negativ* geladen. Warum wohl?

Nichts einfacher als das: Die Raumladungswolke besteht ja ausschließlich aus *negativ* elektrischen Ladungsträgern (Glühelektronen), die zur Anode hinübergebracht werden müssen, damit ein Strom durch die Röhre fließt. Es ist also erforderlich, daß die *Anode* »elektronenhungrig« gemacht, d. h. elektrisch *positiv* gegenüber der Kathode angelegt wird. Auf diese Weise rollen die Glühelektronen gleichsam ein Potentialgefälle hinunter, das zwischen Kathode und Anode aufgebaut wird.

Denken Sie übrigens daran: Definitionsgemäß sagt man ja, der Strom fließe »von Plus nach Minus«, in diesem Falle also von der Anode zur Kathode! Die tatsächliche Bewegung der Glühelektronen in der Röhre erfolgt aber eindeutig von der negativen Kathode weg und hin zur positiven Anode.

Bisher war die Rede von sogenannten »*direkt* geheizten« Glühkathoden: Es gibt aber auch, wie bereits erwähnt, *indirekt* geheizte Kathoden. Welchen Vorteil haben sie gegenüber den direkt geheizten »Elektronenschleudern«?

In direkt geheizten Glühkathoden durchfließt bekanntlich der *Heizstrom* den glühemittierenden Teil des Systems und gibt damit ständig *Leitungs*elektronen aus der Heizwendel als *Glüh*elektronen ab, die ja eigentlich für den gleichmäßig fließenden Heizstrom eingesetzt werden sollten. Dem Heizstrom werden also laufend Leitungselektronen entzogen, was zu gewissen Stromschwankungen führt. Diese »elektroni-

»Einbahnstraßen« für Elektronen

schen Verluste« beim Heizstrom führen damit zu einem gewissen Spannungsabfall an der Kathode gegenüber der Anode. Natürlich *verzerren* solche Spannungsschwankungen zwischen Kathode und Anode auch das *elektrische Feld* zwischen diesen beiden Elektronen der Röhre.

Was hat das zur Folge? Eine – von den Technikern selbstverständlich erwünschte — *gleichmäßige Beschleunigung* der Glühelektronen, die den Ladungstransport zwischen Kathode und Anode aufrechterhalten, ist auf diese Weise nicht mehr gewährleistet: Die Elektronenbahnen werden gestört. Stromschwankungen in der Röhre treten auf. Die Elektronengeschwindigkeit beim »Anodenflug« wird uneinheitlich: Es kommen nicht immer gleich viele Elektronen pro Zeiteinheit bei der Anode an.

Anders gesagt: *Zufällige* – und damit technisch unliebsame – Stromschwankungen bestimmen den Ladungstransport in der Röhre. Daß obendrein die aus der freischwebenden Raumladungswolke über der Kathodenoberfläche rekrutierten Glühelektronen schon die unterschiedlichsten »Antrittsgeschwindigkeiten« für ihren Anodenflug besitzen, wissen wir bereits (vgl. Seite 157).

Was kann man tun, um den Stromfluß durch die Elektronenröhre von der Kathode zur Anode gleichmäßiger zu gestalten, um ihn zu »glätten«? Ein recht zweckmäßiger und simpler Einfall sieht so aus: Man trennt den elektrischen »Heizungstrakt« mit seinen Leitungselektronen vom emittierenden Teil der Kathode mit den Glühelektronen. Das ist dann eine *indirekte* Kathodenheizung.

Die Heizspirale der Glühkathode wird dabei zu einer Art von »Tauchsieder«, der bei strikter elektrischer Isolation gegenüber dem Emissionstrakt nun einfach dafür sorgt, daß die erforderliche *Temperatur* für die Glühemission an der eigentlichen Kathode erreicht und aufrechterhalten wird: Die Leitungselektronen des Heizstromes brauchen also nicht mehr Glühelektronen zu spielen.

Auf diese Weise kann man leichter für eine gleichbleibende, konstante Spannung zwischen Kathode und Anode sorgen, die ein gleichmäßiges Feld zwischen den beiden Elektroden aufbaut und damit eine *einheitliche Beschleunigung* der zum Ladungstransport vorgesehenen Glühelektronen besorgt. Pro Zeiteinheit gelangt so stets die gleiche Zahl von Elektronen zur Anode.

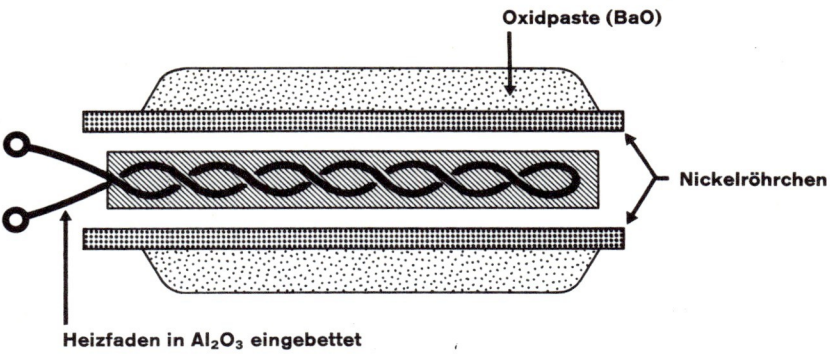

»Schnittbild« einer indirekt geheizten Glühkathode mit einer n-leitenden Bariumoxid-Paste, die Glühelektronen emittiert.

Der »Trick« bei der indirekten Beheizung einer Glühkathode mit emittierender Oxidpaste (BaO-Kristalle) ist also im Prinzip recht einfach: Der vom Heizstrom durchflossene Draht wird vom Glühemissionsteil *elektrisch isoliert*. Der unabhängig geführte Heizdraht liefert jetzt nur noch die *thermische Energie* für die Austrittsarbeit der Glühelektronen aus der n-leitenden Emissionspaste: Diese Energie wird durch *Wärmeleitung* oder auch durch *Wärmestrahlung* übertragen. Im Gegensatz zur *direkten* Kathodenheizung ist daher bei den *indirekten* Wärmespendern von »Wärmeleitungsheizung« und »Strahlungsheizung« die Rede.

Wie kann das technologisch in einer normalen Elektronenröhre bewerkstelligt werden? Beispielsweise so: Ein kleines Metallröhrchen aus Nickel wird mit einer dick aufgetragenen Oxidpaste aus BaO-Kristallen beschmiert. Das ist bekanntlich ein n-leitendes Halbleiter-Material, das eine relativ niedrige Austrittsarbeit aufweist. Im Innern des beschichteten Nickelröhrchens befindet sich ein metallischer Heizdraht »eingeschlossen«, durch den der Heizstrom fließt. Durch eine Aluminiumoxid-Schicht (Al_2O_3) ist er gegen das Röhrchen elektrisch isoliert. Durch *Wärmeleitung* bringt der Heizdraht das mit Bariumoxid beschichtete Nickelröhrchen auf die zur Glühemission erforderliche Temperatur. Auf diese Weise treten keine elektrischen Feldwirkungen des im Innern des Röhrchens abgeschirmten Heizstroms nach außen hin

»Einbahnstraßen« für Elektronen

auf: Zwischen Kathode und Anode existiert somit ein konstantes elektrisches Feld, das einen gleichmäßigen Elektronenfluß der Glühelektronen garantiert: Es fließt ein einheitlicher, »schwankungsfreier« Strom durch die Röhre – und zwar immer nur in *einer* Richtung.

Eine solche *Zweipol-Röhre* mit Glühkathode und Anode als Elektroden ist die »technologische Großmutter« der *Halbleiter-Diode* mit einer Verarmungssperrschicht (*p-n*-Übergang), die wir bereits kennengelernt haben (vgl. S. 139). Ganz allgemein können wir daher jetzt sagen: Ob Röhren-Diode als Elektronenröhre oder Kristall-Diode mit *p-n*-Übergang in einem dotierten Halbleiter – eine *Diode* ist stets ein *Zweipol*, dessen elektrischer Widerstand von der *Stromrichtung* abhängt. Immer gibt es bei diesem Typ von elektronischen Bauelementen eine *Durch-*

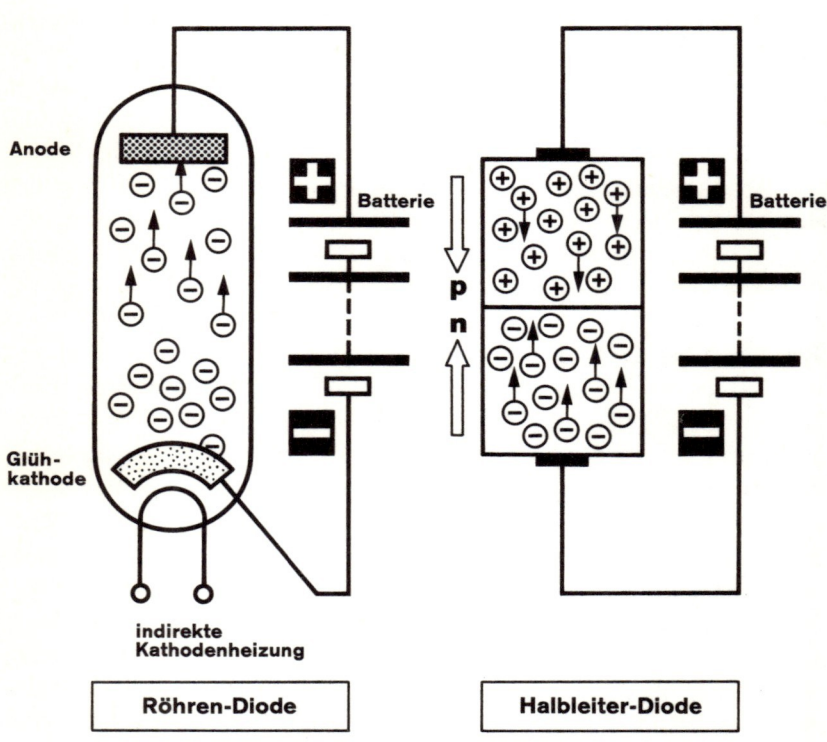

Pulsierender Gleichstrom

*laß*richtung (Flußrichtung) und eine *Sperr*-Richtung für den elektrischen Strom: Auf diese Weise entsteht ein *Stromventil* oder – wie ein Fachmann wohl sagen würde – eine »unipolare Leitung« des Stromes. Einfacher gesagt: *Dioden sind »elektrische Einbahnstraßen«*, auf denen sich Elektronen zwar stets vorwärts, aber niemals zurück bewegen können...

Beim »Schüttelversuch« von C. R. Tolman (vgl. S. 84), den wir mit Hilfe des »Freien-Elektronen-Modells« im Metallgitter erklärt haben, konnten Sie erfahren, daß in einem normalen Metalldraht eine elektronische Bewegung als Strom in *beiden Richtungen* möglich ist: *Wechselstrom*, bei dem sich die Stromrichtung dauernd »periodisch« ändert, kann daher einen Metalldraht ungehindert durchfließen.

Gerät ein solcher Wechselstrom dagegen an eine Diode, so wird er unerbittlich »*gleichgerichtet*«, d. h. er kann dann nur noch in *eine* Richtung fließen: Hin ja, zurück nein! Aus dem Wechselstrom-Rhythmus *hin-zurück-hin-zurück-hin...*, der beim normalen Strom aus unseren Steckdosen auf diese Weise fünfzigmal pro Sekunde hin und her wakkelt (Frequenz: 50 Hertz oder 50 Hz), wird nun ein Rhythmus *hin-nichts-hin-nichts-hin...*

Mit anderen Worten: Man erhält einen sogenannten »*pulsierenden Gleichstrom*«, den man durch gewisse Kunstkniffe noch *glätten* kann, so daß der neue Rhythmus ungefähr *hin (voll) - hin (schwächer) - hin (voll) - hin (schwächer) - hin (voll) -...* charakterisiert werden kann.

Die zur Glättung des zunächst pulsierenden Gleichstroms verwendeten Konstruktionen heißen in der Elektronik übrigens »*Siebglieder*«: Die näheren Einzelheiten solcher Siebverfahren, die im wesentlichen dadurch entstehen, daß man mit der »gekappten« Wechselspannung (pulsierenden Gleichspannung) einen sogenannten *Kondensator* (»Speicher«) auflädt, der sich mit einer gewissen Trägheit wieder entlädt, wollen wir im Rahmen unserer Betrachtung nicht ausführlicher diskutieren.

Ein ungefähres Verständnis dieses Vorgangs können Ihnen jedoch die Abbildungen auf S. 164 geben: Der Kondensator erhält einen *Aufladestoß*, wodurch er sich, energetisch besehen, wie eine Art von gespannter Uhrfeder verhält, die sich verzögert wieder entspannt. Anders betrachtet: Dieser Kondensator ist ein effektiver »Elektronenspeicher«, den man zwar kurzfristig mit Ladungsträgern vollpumpen kann, der

»Einbahnstraßen« für Elektronen

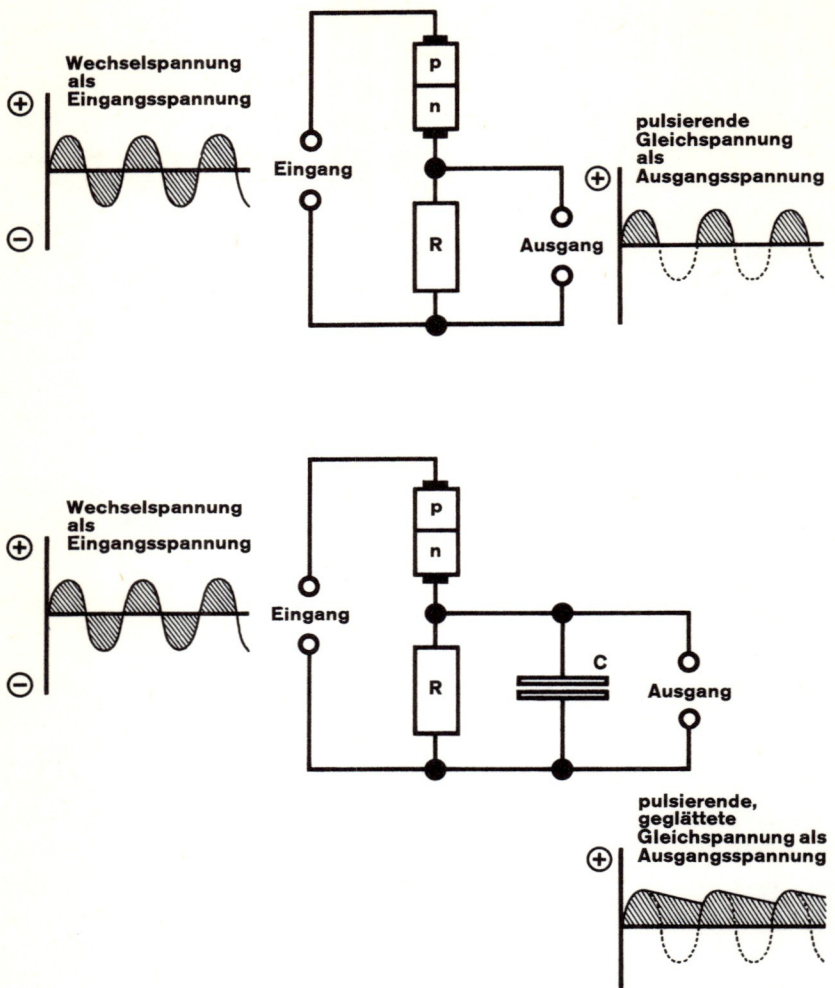

Mit Hilfe einer Halbleiter-Diode oder mit einer Röhren-Diode läßt sich eine Wechselspannung zu einer pulsierenden Gleichspannung (oben) »gleichrichten« und zusätzlich mit Hilfe eines Kondensators »glätten« (unten).

sie aber unmittelbar danach wieder gleichmäßig verzögert abgibt – wie ein undichter Wasserbehälter, den man zunächst kübelweise mit H_2O vollschüttet ...

Soviel zum Thema Diode, einem wichtigen elektronischen Bauelement, das heutzutage sowohl als Elektronenröhre als auch als »Kristall-Diode« (p-n-Übergang im Halbleiter) technisch realisiert werden kann. Im folgenden wollen wir uns mit der sogenannten »*Triode*« unter den Elektronenröhren beschäftigen, deren Funktionsweise dem berühmten, bereits ausführlich behandelten *Transistor* entspricht.

8.2 Elektronenröhren mit »Kennkarte«

Die *Röhren-Diode* ist, wie wir gesehen haben, ein ziemlich simples elektronisches Gerät: Da gibt es einen evakuierten Glaskolben, in den zwei Elektroden eingeschmolzen sind, zum einen die Glühkathode, zum andern die Anode. Die ganze Konstruktion braucht nicht größer zu sein als der kleine Finger an Ihrer Hand (vgl. Photo Seite 146). Wir wissen bereits, daß der *Stromfluß* durch diese Elektronenröhre von den Glühelektronen bestimmt wird, die aus der Oberfläche der Kathode emittiert werden. Im folgenden wollen wir diesen Prozeß noch etwas detaillierter betrachten.

Da ist bekanntlich zunächst die Bildung der *Raumladungswolke* zu nennen, die über der heißen Kathoden-Oberfläche hängt (vgl. Seite 157). Sie wird in Richtung Anode abgesaugt, indem man ein Potentialgefälle aufbaut, die sogenannte »*Anodenspannung*«: Dabei wird die Anode positiv, die Kathode negativ elektrisch geschaltet. Von der Höhe dieser Anodenspannung ist die Größe des Stroms durch die Röhren-Diode abhängig. Das leuchtet am besten ein, wenn wir uns die *Strom-Spannungs-*»*Kennlinie*« einer Zweipolröhre als Diagramm ansehen.

Bereits bei einer kleinen *negativen* Spannung der Anode gegenüber der Kathode kann ein geringer Strom fließen, der »*Anlaufstrom*« heißt: Das sind einfach die »ganz schnellen« Glühelektronen, deren kinetische Energie so groß ist, daß sie sogar gegen das »rücktreibende« Feld der elektrisch negativen Anode erfolgreich anrennen können. Auch bei Anodenspannung Null existiert daher immerhin ein gewisser Ladungstransport zwischen Glühkathode und Anode.

»Einbahnstraßen« für Elektronen

Mit zunehmender Anodenspannung wächst der Strom allmählich (»exponentiell«) an. Zunächst ist die kräftige Raumladungswolke noch hinderlich für einen zügigen Stromfluß: Die Anstiegszone heißt deshalb »*Raumladungsstrom*«. Die Raumladung wird aber mit steigender Spannung mehr und mehr abgebaut: Der Strom steigt dann praktisch proportional mit der gesteigerten Spannung, bis er schließlich – nach einem Wendepunkt in der »Kennlinie« – zum höchstmöglichen »*Sättigungsstrom*« wird. Im Sättigungsbereich werden nämlich *alle* Glühelektronen, die aus der Kathode geschleudert werden, zur Anode hinübergezogen: Eine weitere Spannungssteigerung bringt keinen noch kräftigeren Stromfluß mehr zustande.

Bei Elektronenröhren moderner Bauweise, deren indirekt geheizte Glühkathoden mit Oxidpaste beschmiert sind, kann man diesen Bereich des Sättigungsstromes übrigens nicht mehr gefahrlos erreichen: Die komplette Erschöpfung der Raumladungswolke tritt hier erst bei derart hoher Anodenspannung auf, daß die Röhre in diesem Zustand viel zu heiß wird. Es kommt, wie die Fachleute sagen, zur »thermischen Überbelastung« der Elektronenröhre. Anders gesagt: Nach der *experimentellen* Ermittlung des *Sättigungsstromes* ist die Röhre für den Techniker »im Eimer« . . .

Die Röhren-*Diode* ist, wie bereits mehrfach gesagt, ein *Stromventil*: Man kann mit ihrer Hilfe den Strom also *nicht verstärken*. Dazu ist eine zusätzliche *Steuer*elektrode vonnöten, womit die Elektronenröhre zur »Dreielektrodenröhre« oder zur »*Triode*« wird. In einer Triode gibt es neben Glühkathode und Anode noch ein sogenanntes »*Gitter*«: Dieses Gitter muß von den Glühelektronen passiert werden, wenn sie von der Kathode zur Anode fliegen.

Es ist leicht einzusehen, daß man auf diese Weise den Stromfluß in der Röhre nach Belieben *steuern* kann: Nun hängt der Strom ja nicht nur von der Anodenspannung ab, sondern auch von der *Gitterspannung*. (Beide Potentialdifferenzen rechnet man natürlich stets gegen die Kathode.) Macht man das Gitter z. B. mehr oder weniger deutlich *negativ* gegen die Kathode, so können die Glühelektronen abgebremst oder gar zur Kathode zurückgetrieben werden. Bei genügend hoher negativer Gitterspannung gelangen praktisch keine Glühelektronen mehr zur Anode hinüber: Der »Anodenstrom« wird Null – durch die Elektronenröhre fließt überhaupt kein Strom mehr.

Röhren-»Kennkarte«

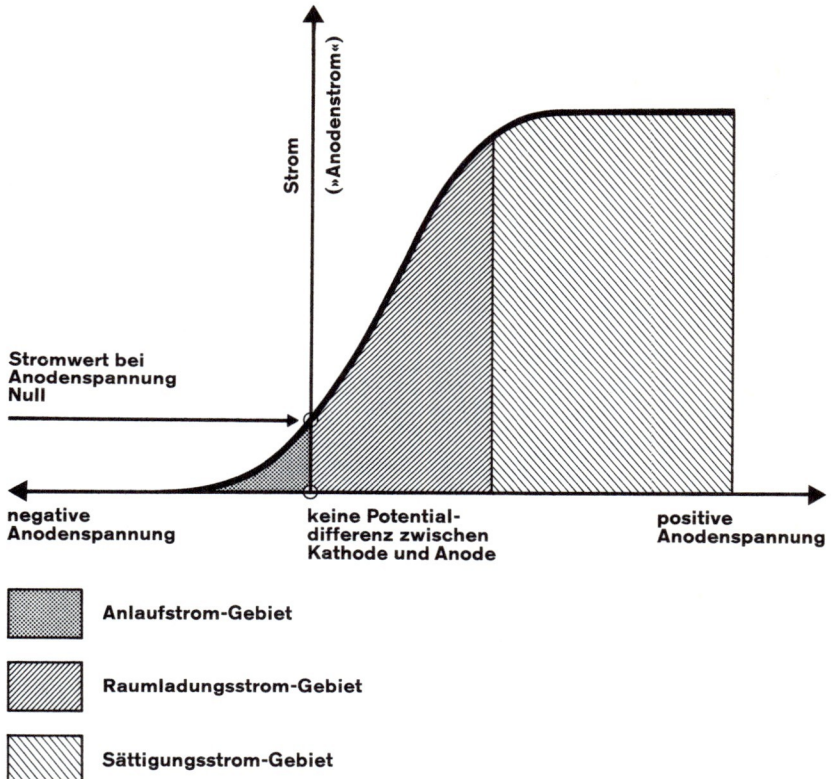

Strom-Spannungs-Kennlinie einer Röhren-Diode (Zweipolröhre): Bemerkenswert ist vor allem, daß die kinetische Energie der Glühelektronen aus der Glühkathode bereits ausreicht, um bei Anodenspannung Null einen merklichen Anodenstrom fließen zu lassen.

Das ist natürlich ein Extremfall: Das »Netz« des Gitters ist in dieser Situation, bildlich gesprochen, völlig »verstopft«. Was sich oberhalb dieser totalen »Verstopfung« abspielt, ist dagegen für den Techniker von großem Interesse. Sie erinnern sich vielleicht noch: Bei der *Diode* haben wir eine Röhren-»Kennkarte« kennengelernt, die den Strom durch die Elektronenröhre, den wir jetzt »*Anodenstrom*« nennen können, in bezug auf die *Anodenspannung* (Potentialdifferenz zwischen Anode und Kathode) in Form einer Kurve festhält. Das war die *Kenn-*

»Einbahnstraßen« für Elektronen

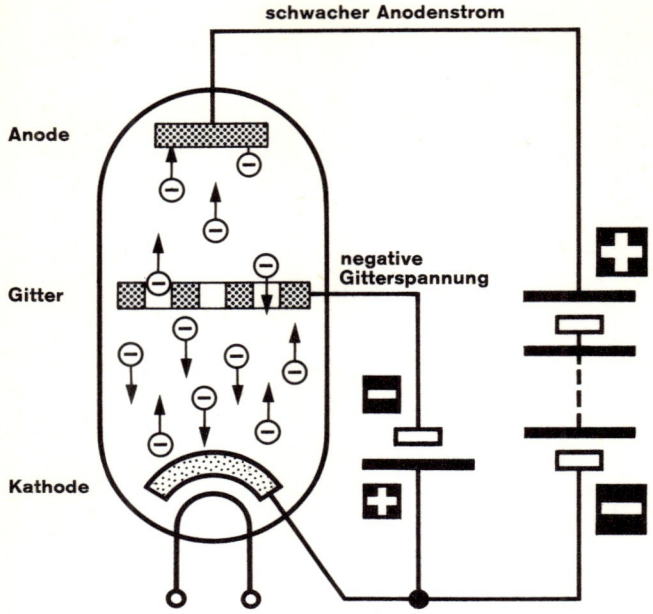

Die Arbeitsweise einer Dreielektroden- oder Dreipolröhre (»Triode«) wird durch die Steuerelektrode, das »Gitter«, bestimmt: Die Gitterspannung reguliert dabei

linie der Röhren-Diode. Bei der *Triode* besteht diese »Kennkarte« aus einer Serie von solchen Kurven: Es läßt sich hier ja die *Gitterspannung* variieren. Man spricht daher von »*Gitterspannungskennlinien*«.
Wie sehen sie aus? Sehen Sie sich dazu das Diagramm auf Seite 170 an: Bei gleichbleibender Anodenspannung U_a, z. B. $U_a = 50$ Volt (rechts im Bild) oder $U_a = 250$ Volt (links), ordnet man jeweils die Werte der *Gitterspannung* U_g und die entsprechenden Werte des *Anodenstroms* I_a einander eindeutig zu. Das ergibt für jede Anodenspannung U_a eine selbständige I_a-U_g-Kennlinie.
Beispiel: Bei einer konstanten Anodenspannung von 100 Volt ($U_a = 100$ V) und fehlender Gitterspannung ($U_g = 0$) fließt ein Anodenstrom von 30 Milli-Ampere ($I_a = 30$ mA) durch die Elektronenröhre, deren spezifische »Kennkarte« hier aufgezeichnet wurde. (Selbstverständlich kann eine Triode anderen Bautyps ganz andere Kurven als Kennlinien

Steuerspannung

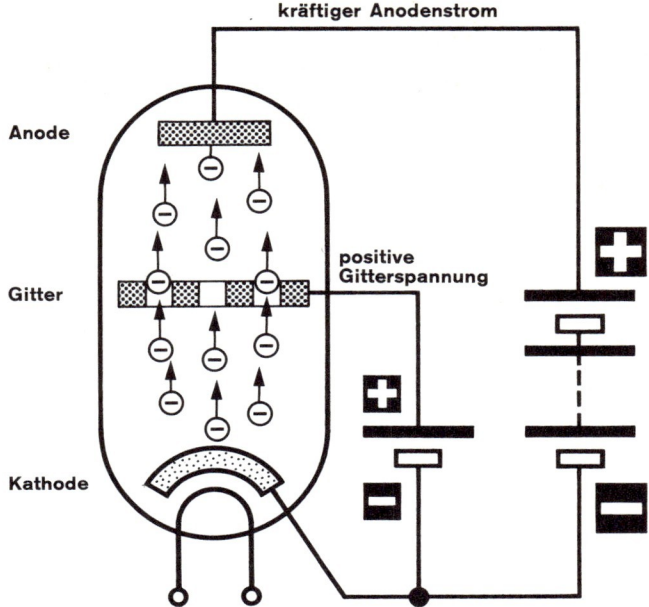

den Stromfluß wie eine Schleuse: Bei schwach negativer oder bei positiver Gitterspannung fließt ein kräftiger Anodenstrom.

haben.) Bei der betrachteten Triode fließt etwa ein gleichstarker Anodenstrom von 30 mA, wenn die Anodenspannung 250 Volt beträgt ($U_a = 250$ V) und die Gitterspannung auf 10 Volt negativ ($U_g = -10$ V) gegen die Kathode geschaltet wird.

Wie beim *Transistor* kommt es bei der Triode auf die *Steuerwirkung* an. Wir haben das Gitter der Triode ja bereits als »Steuerelektrode« bezeichnet (vgl. Seite 166): Die Steuerwirkung auf die Glühelektronen emittierende Kathode einer Triode kommt ja über das *Gitter* voll zum Tragen. Die entsprechende *Steuerspannung* U_{st} ergibt sich damit durch folgende Beziehung:

$$U_{st} = U_g + D \cdot U_a$$

Dabei ist U_g bekanntlich die Gitterspannung und U_a die Anodenspannung, beide gegen die Glühkathode gerechnet. Der Faktor D ist

»Einbahnstraßen« für Elektronen

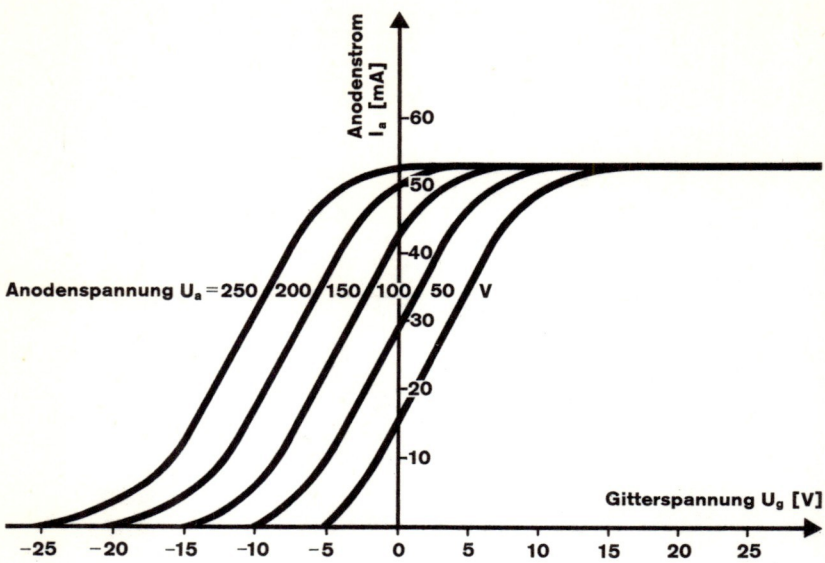

Die »Kennkarte« einer Triode (Dreipolröhre) besteht aus einer Serie von Gitterspannungskennlinien (I_a-U_g-Kennlinien).

nun eine für jede Triode charakteristische, gleichbleibende Größe (»Konstante«), die zwar recht plastisch und scheinbar anschaulich »*Durchgriff*« heißt, aber – die Gleichung zeigt's schließlich – doch nicht ganz so einleuchtend ist. Versuchen wir deshalb eine grobe Veranschaulichung: Der »Durchgriff« einer Triode hängt von der Bauweise dieser Elektronenröhre ab, d. h. von der Anordnung der drei Elektroden Kathode–Gitter–Anode im evakuierten Glaskolben. Je nach »Weitmaschigkeit« der Gitter-Elektrode liegt der Wert dieses »Durchgriffs« D zwischen einem und dreißig Prozent: D nennt man daher eine typische »Kenngröße« der Triode. Sie hängt eng mit einer anderen Kenngröße zusammen, die letztlich doch etwas plausibler ist und »*Steilheit*« S der Triode genannt wird.

Mit dieser »Steilheit« der Dreielektrodenröhre wollen wir uns im folgenden Kapitel beschäftigen, wenn es darum geht, die Arbeitsweise dieses elektronischen Geräts als *Verstärkerröhre* zu betrachten.

9. Kapitel

Einmal anders »in die Röhre gucken«...

9.1 Von der Triode zur Pentode

Vielleicht erinnern Sie sich noch an das merkwürdige elektronische »Gas« im Kristallgitter, das man aufgrund gewisser typischer Eigenschaften, die der italo-amerikanische Physiker Enrico Fermi erkundet und beschrieben hat, *Fermi-Gas* nennt? »Freie Elektronen hinter Gittern«, d. h. nicht-wechselwirkende »Kreisel« mit dem Spin (Eigendrehimpuls) $m_s = \pm \frac{1}{2}$, die dem Pauli-Prinzip genügen und die – negativ elektrische – Elementarladung e mit sich herumschleppen, bilden die Bausteine dieses eigenartigen Fermi-Gases.

Energetisch besehen sieht die Sache bekanntlich so aus: Die tiefe Potentialmulde des Kristalls ist bis zur »Marke« E_F (Fermi-Energie oder auch »Fermi-Kante«) mit freien Elektronen aufgefüllt. Bis hinauf zum »Beckenrand« (Potentialschwelle an der Kristall-Oberfläche) klafft dann eine Energielücke A, die »Austrittsarbeit« genannt wird: »Verdampfen« Elektronen aus der »Kristallfalle«, z. B. per Glühemissionseffekt, ins Vakuum einer Elektronenröhre, so verlieren die entweichenden Glühelektronen eben diese Austrittsarbeit A an Energie. Was geschieht dann? Bilden die Glühelektronen in der erwähnten »Raumladungswolke« wiederum ein solches Fermi-Gas?

Nein, das tun sie nicht: Im Gegensatz zu den Leitungselektronen im Kristallinnern verhalten sich die freien Glühelektronen, im Vakuum einer Elektronenröhre etwa, geradezu »klassisch normal«: Sie formieren – mathematisch besehen — ein Gas, das sich durchaus mit der Lufthülle unseres »blauen Planeten« Erde vergleichen läßt. Anders gesagt: Die Glühelektronen verhalten sich, im Gegensatz zu den Leitungselektronen, wie die Atome eines »idealen Gases«, das der klassischen *kinetischen Gastheorie* genügt. Der entscheidende Unterschied zum »Fermi-Gas« innerhalb des Kristalls liegt in der sogenannten »*Geschwindigkeitsverteilung*« der Elektronen.

Einmal anders »in die Röhre gucken« ...

Als die elektronische Theorie der Metalle einst noch in ihren Kinderschuhen steckte, wußten weder Techniker noch Physiker etwas über das eigentümliche Verhalten der Leitungselektronen, das heutzutage mit dem Schlagwort »Fermi-Gas« klar gekennzeichnet ist: Aus verschiedenartigen Experimenten wußte man lediglich, daß die per Glühemission »verdampfenden« Elektronen im Vakuum eine Geschwindigkeitsverteilung besaßen, die der eines »idealen Gases« entsprach.

Wie sieht diese Verteilung aus? Es gibt dabei eine »*wahrscheinlichste Geschwindigkeit*« v_w, mit der sich die meisten Glühelektronen bewegen – nach allen möglichen Richtungen hin übrigens. (Der Geschwindigkeits*vektor* besitzt nämlich beliebige Richtung.) Wesentlich schnellere oder langsamere Elektronen sind im »Gas« kaum vorhanden: Teilchen, die sich mit der Geschwindigkeit $4 \cdot v_w$ bewegen, sind praktisch nicht mehr vorhanden (vgl. Diagramm Seite 173).

Eine solche Geschwindigkeitsverteilung heißt übrigens nach dem berühmten schottischen Physiker James Clerk Maxwell, der im vorigen Jahrhundert gelebt hat, »*Maxwell-Verteilung*«. Auch von einer »Maxwellschen Verteilungsfunktion« kann in diesem Zusammenhang die Rede sein: Die im Diagramm abgebildete »Kurve« ist die graphische Darstellung dieser Verteilungsfunktion. Aus der Abbildung ist zu ersehen, daß sie nicht ganz symmetrisch ist: Die *mittlere Geschwindigkeit* v_m (vgl. Seite 125) ist nämlich um rund 13 Prozent höher als die *wahrscheinlichste Geschwindigkeit* v_w.

Im Gegensatz dazu steht die sogenannte »*Fermi-Verteilung*« (auch: »Fermi-Dirac-Verteilung«) des elektronischen Fermi-Gases *im Innern eines Festkörpers,* die, wie der amerikanische Physiker Charles Kittel sagt, »einen hochenergetischen Schwanz der Gleichgewichtsverteilung« besitzt, aus dem die Glühelektronen stammen, die aus dem Metall verdampfen können (vgl. Diagramm Seite 134). Merken Sie sich also: Was die Geschwindigkeitsverteilung betrifft, so besitzt das Gas der Leitungselektronen eine »ungewöhnliche« *Fermi*-Verteilung, das der *Glüh*elektronen dagegen eine – klassisch »normale« – *Maxwell*-Verteilung.

Bei der *Maxwell-Verteilung* des idealen Gases der Glühelektronen kann man eben nicht nur voraussetzen, daß der Teilchendurchmesser gewaltig kleiner ist als der durchschnittliche Teilchenabstand: Man darf die elektrostatischen Kräfte völlig vernachlässigen und obendrein

Maxwell-Verteilung – Fermi-Verteilung

noch davon ausgehen, daß alle Kollisionen der Glühelektronen als elastische Zusammenstöße erfolgen.

Bei der *Fermi-Verteilung* mit ihrem »hochenergetischen Schwanz«, die der Geschwindigkeitsverteilung der Leitungselektronen im Kristall gerecht wird, liegt dagegen *kein* »ideales Gas« im klassischen Sinne vor, sondern eben ein Fermi-Gas: Da wird, wie wir gesehen haben, die Elektronenbewegung deutlich vom periodischen Potentialfeld der ionisierten Gitterbausteine beeinflußt. Wir wissen zudem, daß aufgrund des Pauli-Prinzips auf jeder möglichen Energiestufe des Festkörper-Kristalls immer nur zwei entgegengesetzt kreiselnde (»spinende«) Elektronen Platz finden. Es gibt eine »tiefste Energie-Etage« im Kristall, die im Energiewert einfach nicht unterschritten werden kann: Bei Annäherung an den absoluten Nullpunkt (null Grad Kelvin) schwindet die kinetische Energie aller Leitungselektronen daher nicht auf einen

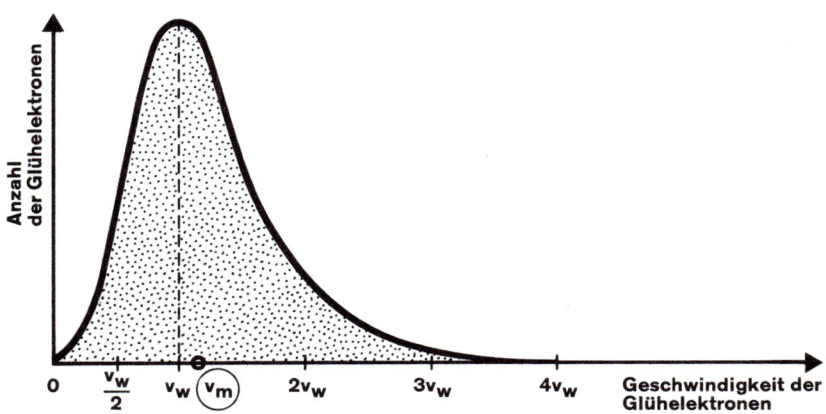

Die Glühelektronen im Vakuum einer Elektronenröhre verhalten sich – anders als die Leitungselektronen im Inneren eines Festkörpers – wie ein »ideales Gas«, das man mit dem mathematischen Apparat der »klassischen Gastheorie« erklären kann: Die Geschwindigkeitsverteilung der Glühelektronen ist »Maxwellsch«, d. h. die meisten Elektronen bewegen sich mit der wahrscheinlichsten Geschwindigkeit v_w (Bildmitte), während die mittlere Geschwindigkeit aller Elektronen etwas höher als v_w liegt, nämlich bei der v_m-Marke (halbrechts). »Ruhende« Teilchen ($v = 0$) und Teilchen mit der vierfachen wahrscheinlichsten Geschwindigkeit ($v = 4 \cdot v_w$) sind praktisch nicht vorhanden.

Einmal anders »in die Röhre gucken« ...

energetischen Wert gleich Null, sondern strebt einem *energetischen Grenzwert* zu, der »Nullpunktsenergie« heißt.

All diese »Feinheiten« müssen im Vakuum einer Elektronenröhre, wo der Mückenschwarm der Glühelektronen herumtanzt, nicht in Rechnung gezogen werden. Daher schwirren die aus der glühenden Kathode geschleuderten Elektronen in den relativ gleichmäßigen Tempi der Maxwellschen Verteilungsfunktion – als »klassisches Ballett« sozusagen – nach der altbekannten Geschwindigkeitsverteilung der kinetischen Gastheorie ...

Es ist keineswegs müßig, sich diesen Sachverhalt der verschiedenen Geschwindigkeitsverteilung von »freien« Elektronen im »Gitterwerk« von Festkörpern und von »anders freien« Glühelektronen in stromsteuernden Elektronengeräten deutlich bewußt zu machen. Hier Fermi-Verteilung – dort Maxwell-Verteilung: Das erklärt so manches an typischen Verhalten bei Halbleiter-Bauelementen und Elektronenröhren.

Da gibt es z. B. den bereits erwähnten *Anlaufstrom* in der Strom-Spannungs-Kennlinie einer Röhren-Diode (vgl. Seite 167): Wie wollte man »klassisch« physikalisch erklären, daß hier die Glühelektronen bereits erfolgreich gegen ein rücktreibendes Feld (»*Bremsfeld*«) der schwach negativen Anode anrennen können? Erst die charakteristische *Fermi-Verteilung*, die – im Gegensatz zur Maxwell-Verteilung – die hochenergetischen, »schnellen« Elektronen im Innern des Kristalls begünstigt, gibt hierzu eine vernünftige Interpretation. Warum?

Es sind schließlich nur die energiereichsten »Geschosse« unter den »Fermi-verteilten« Elektronen der Glühkathode, die den Emissionsstrom ins Vakuum hinaus zustande bringen. Wegen ihrer einheitlich hoch liegenden Geschwindigkeitswerte beim Durchstoßen der Kathoden-Oberfläche prägen sie daher den charakteristischen Verlauf des Anlaufstroms im Bremsfeld einer Elektronenröhre: Dieser Strom steigt bekanntlich recht gemächlich an – »exponentiell«, wie der Fachmann sagt (vgl. Seite 166). Erst bei positiver Anodenspannung geht er in den doch etwas flotter ansteigenden Raumladungsstrom über.

Im Bereich zuvor gilt dagegen für eine Röhren-Diode das sogenannte »*Anlaufstrom-Gesetz*«. Es besagt, daß ein im Bremsfeld fließender Glühelektronen-Strom mit wachsender Gegenspannung »exponentiell« abnimmt. Und nur die Fermi-Verteilung der Elektronen in der

Kenngröße »Steilheit«

Kathode vermag diese – experimentell bestätigte – »Exponential-Funktion« des Anlaufstromes theoretisch plausibel zu machen.

Vom exponentiellen Verlauf des Anlaufstromes in der Diode sei nun aber zum geradlinigen Anstieg der I_a-U_g-Kennlinie einer *Triode* (Drei-elektroden-Röhre) übergegangen. Sie erinnern sich: I_a ist der Anodenstrom, U_g die Gitterspannung einer solchen Elektronenröhre mit Kathode, Gitter und Anode. Die »Kennkarte« einer Triode besteht aus einer Serie von Gitterspannungskennlinien (I_a-U_g-Kennlinien) – aus einem »*Kennlinienfeld*« sozusagen. Dabei wird jeweils der Anodenstrom im Verhältnis zur Gitterspannung bei gleichbleibender Anodenspannung festgehalten (vgl. Abb. Seite 170). Und da zeigen sich Bereiche des Stromflusses durch die Elektronenröhre, wo die jeweilige I_a-U_g-Kennlinie ziemlich *geradlinig* verläuft.

Eben dieser geradlinige Teil der Kennlinien ist jedoch, was deren Länge und »Steilheit« anlangt, für die *Verstärkereigenschaften* einer Triode von größter Bedeutung. Damit sind wir bei einem wichtigen Stichwort, das schon im vorigen Kapitel gefallen ist, bei der *Steilheit* S als einer typischen »Kenngröße« oder Röhreneigenschaft jeder Triode. Ändert man nämlich bei gleichbleibender, also konstanter Anodenspannung (U_a = const) die Gitterspannung um einen gewissen Betrag ΔU_g (»delta U Index g«), so ergibt sich eine Änderung des Anodenstromes um den Betrag ΔI_a.

Im geradlinigen Kennlinienteil ist das Verhältnis $\Delta I_a/\Delta U_g$ eine konstante Größe, die »Steilheit S« genannt wird. Man definiert also

$$S = \frac{\Delta I_a}{\Delta U_g} \ (U_a = \text{const})$$

als die »*Steilheit* einer Triode«: Wenn Sie sich die Abbildung auf Seite 170 ansehen, so werden Sie erkennen, daß diese Steilheit eigentlich ein recht anschaulicher Kennwert der Triode ist. Sie leuchtet anhand der Graphik mehr ein als der bereits genannte »*Durchgriff*« D, der eine sogenannte »Anordnungskonstante« für die drei Elektroden der Elektronenröhre ist.

Dennoch kann man auch diesen Durchgriff einer Röhren-Triode analog zur Steilheit definitorisch festlegen: Er wird dann als Rückwirkung der *Anodenspannungs*änderung auf die *Gitterspannung* definiert, wobei der Anodenstrom konstant gehalten wird. Es gilt also:

Einmal anders »in die Röhre gucken« ...

$$D = \frac{\Delta U_g}{\Delta U_a} \; (I_a = \text{const})$$

Nach dem berühmten *Ohmschen Gesetz*, dem zufolge das konstante Verhältnis von Spannung und Strom zum »Proportionalitätsfaktor« R führt, der »Widerstand« genannt wird, gilt im »geradlinig steil« verlaufenden Teil der Kennlinie obendrein für den *inneren Widerstand* R_i einer Röhre die Beziehung:

$$R_i = \frac{\Delta U_a}{\Delta I_a} \; (U_g = \text{const})$$

Steilheit S, Durchgriff D und innerer Widerstand R_i lassen sich für die Triode übrigens mit Hilfe der *»Barkhausenschen Röhrengleichung«* auf recht simple Weise verknüpfen. Es gilt nämlich:

$$S \cdot D \cdot R_i = 1$$

Wie sieht aber nun der eigentliche Verstärkungsmechanismus aus, wenn eine Triode als *Verstärkerröhre* arbeitet? Vielleicht erinnern Sie sich noch an die Überlegungen, die wir hinsichtlich der *Steuervorgänge* beim Transistor angestellt haben (vgl. S. 140 f.): Ein relativ *schwacher* Strom soll da z. B. einen erheblich *stärkeren* Strom im gleichen Takt *steuern*. Allgemeiner ausgedrückt: Da ist ein schwaches Signal am »Eingang« einer Verstärkereinheit, das ein gleichartiges kräftiges Signal am »Ausgang« abgibt.

Als Eingang für dieses schwache Signal wählt man bei der Triode natürlich die Steuer-Elektrode, das *Gitter*: Nehmen wir der Einfachheit halber an, es handle sich dabei um eine kleine Wechselspannung. Den Ausgang legt man dann in den Anodenstromkreis der Triode, wo man ein weitaus kräftigeres Signal als Wechselspannung über einen entsprechenden Widerstand mit Hilfe eines heftig schwankenden Anodenstromes abnehmen kann ($U = I_a \cdot R$). Wie sieht dieser Verstärkungsvorgang im Detail aus?

Sehen Sie sich dazu am besten die Abbildung auf S. 177 genau an: Man legt zunächst einmal, wie Sie leicht erkennen können, den geradlinig ansteigenden Kennlinienteil in den Bereich negativer *Gitterspannungen* und wählt auf der Mitte der »geraden Kurve« einen sogenannten *»Arbeitspunkt«* durch Anlegen einer gleichbleibenden (negativen) *Gittervorspannung*. Diese Gleichspannung am Gitter wird konstant

Trägheitslos gesteuerter Anodenstrom

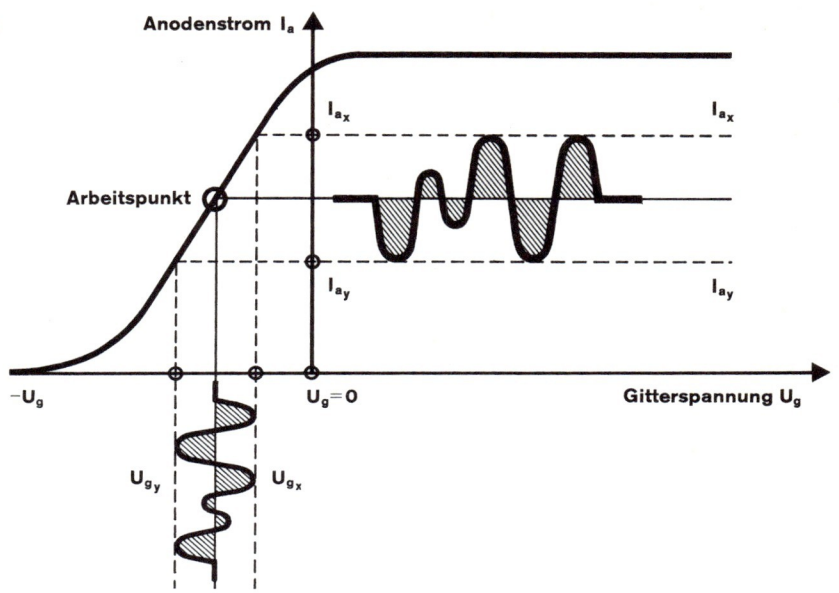

Die Verstärkerwirkung einer Triode (Dreipolröhre) wird dadurch erreicht, daß man den geradlinig ansteigenden Kennlinienteil der Gitterspannungskennlinie in den Bereich der negativen Gitterspannungen legt und etwa in seiner Mitte einen sogenannten »Arbeitspunkt« durch Anlegen einer konstanten Gittervorspannung festlegt. Das zu verstärkende elektrische Signal (unten links) wird dann dieser Gittervorspannung überlagert. Auf diese Weise wird der Anodenstrom im Takt dieses »Eingangssignals« trägheitslos gesteuert.

gehalten, und sie sorgt dafür, daß der Arbeitspunkt auf der Kennlinie nicht verrutscht. Was macht man dann mit dem »Eingangssignal«, mit der schwachen Wechselspannung also, die den Anodenstromkreis *steuern* soll?

Ganz einfach: Man *überlagert* dieses Signal der Gittervorspannung, wodurch die Spannung am Gitter jetzt zwischen den beiden Marken U_{gx} und U_{gy} hin und her pendelt (vgl. Abb.).

Dies hat nun den erwünschten Effekt, daß auch der *Anodenstrom* im gleichen Takt kräftig auf und ab zu schwanken beginnt. Dieser Strom wird jetzt, praktisch ohne Verzögerung, »trägheitslos gesteuert«: Sein Ausschlag, die »Amplitude«, reicht vom oberen Stromwert I_{ax} zur unteren Marke I_{ay} (vgl. Abb.).

Im Anodenstromkreis kann man also über einen entsprechend großen Widerstand eine weitaus größere Wechselspannung abgreifen, als man sie als Überlagerung der Gittervorspannung auf die Steuerelektrode der Triode gegeben hat: Das relativ schwache Eingangssignal bewirkt also ein enorm gekräftigtes Ausgangssignal, das man im Anodenstromkreis »abzapfen«, d. h. als verstärkte Wechselspannung an einem Widerstand abgreifen kann.

Im Prinzip ist also dieser Verstärkungsmechanismus einer Triode mit Hilfe der Graphik recht einfach zu verstehen. Die jeweilige technische Realisation dieses Vorgangs bedarf allerdings einiger Kunstgriffe und Kniffe, auf die wir hier im einzelnen jedoch nicht eingehen wollen: Sie sind das »tägliche Brot« der Elektroniker. Und je nach Aufgabenstellung sehen ihre Schaltungen ganz verschieden aus.

Aber Sie als »Normalleser« dieses Buches wollen ja vermutlich, um nur ein Beispiel herauszugreifen, Ihren Rundfunkempfänger nicht selbst reparieren: Andernfalls sollten Sie nicht zum *Sach*buch, sondern zum *Fach*buch greifen. Was für Sie zum *Verständnis der physikalischen Vorgänge in Elektronenröhren* wichtig ist, können lediglich die verständlich erläuterten Grundprinzipien von Prozessen der *Gleichrichtung* und *Verstärkung* sein.

In der Praxis des Radiofachmanns beispielsweise spielen Trioden der skizzierten Art sowieso keine Rolle mehr: In den heutigen Rundfunkempfängern, bei denen es gilt, millionenfache (!) Spannungsverstärkungen zu bewältigen, findet man – falls die Geräte nicht schon »volltransistorisiert« sind – keine Trioden mehr, sondern sogenannte »*Pentoden*«. Das sind *Fünfelektrodenröhren*, die neben den bekannten drei Elektroden (Kathode, Steuergitter, Anode) noch mit zwei weiteren Gittern bestückt sind, mit einem *Schirmgitter* und einem *Bremsgitter*. Welche Aufgaben übernehmen die zusätzlichen Gitter in der Pentode?

Man macht z. B. das *Schirmgitter* positiv elektrisch und setzt es zwischen die Anode und das Steuergitter: Dadurch wird es einerseits zu einer Art »Zieh-Elektrode« für die Glühelektronen aus der Kathode, die zur Anode sausen. Sie werden ja durch ein stärkeres Potentialgefälle beschleunigt, knallen also mit mehr Wucht auf die Anode. Andererseits schaltet das Schirmgitter störende Rückwirkungen der Anodenwechselspannung aus, die, wie wir gesehen haben, zwar von der

Rundfunkröhren

steuernden Wechselspannung am Steuergitter bewirkt werden, aber – über eben diese gesteuerte Anodenspannung – ja auch wieder auf das Steuergitter rückwirken können. Das Schirmgitter verhindert in diesem Fall also eine »Regelkatastrophe«.

Das *Bremsgitter* dagegen stoppt den Rückfluß von Elektronen, die von den stark beschleunigten Glühelektronen aus der Anode herausgeschlagen werden, zum Schirmgitter, das ja positiv elektrisch ist: Diese »Stromübernahme« durch das Schirmgitter, die sich aus herausgehauenen »Sekundärelektronen« der Anode aufbauen würde, hätte selbstverständlich eine mehr oder weniger deutliche *Schwächung des Anodenstroms* zur Folge.

Von solchen Rundfunkempfänger-Röhren nach dem Pentoden-Prinzip gibt es Hunderte verschiedenster Bautypen, die kurz »*Rundfunkröhren*« heißen (vgl. Photo Seite 146). Darüber hinaus stellt die moderne Elektronik noch ein Arsenal von *Spezialröhren* zur Verfügung, die unterschiedlichste Anwendungsbereiche umfassen. Mit der »klassischen« Aufgabenstellung einer Elektronenröhre haben sie nur noch recht wenig zu tun, mit *Gleichrichtung* und *Verstärkung* nämlich: Da werden etwa Gleichspannungen verschiedenster Größenordnung stabilisiert, elektrische Impulse gezählt, die präzise Null-Anzeige in elektronischen Meßgeräten fixiert usw. usf.

Es gibt allerdings noch eine bedeutsame »Röhrenfamilie«, der wir im folgenden doch eingehend unsere Aufmerksamkeit schenken wollen: Das sind die sogenannten »*Elektronenstrahl-Wandlerröhren*«, von denen ein nicht zu übersehendes Mitglied mit hoher Wahrscheinlichkeit die »fünfte Wand« in Ihrem Wohnzimmer bildet. Oder besitzen Sie vielleicht immer noch kein Fernsehgerät?

9.2 Schreiben mit dem »Glühelektronen-Griffel«

Schon im ersten Kapitel unserer Betrachtungen war der Ausdruck »*Energie*« ein wichtiges Stichwort (vgl. Seite 16). *Materie* – im wesentlichen: Masse und elektrische Ladung – und *Energie* in ihren Wechselwirkungen, das war das Grundmotiv unserer Erläuterungen elektronischer Vorgänge. Als weiteres wichtiges Stichwort ist im siebten Kapitel der Ausdruck »*Steuerung*« hinzugekommen (vgl. Seite 140). Welche umfassende Bedeutung dieser Steuerung bei *allen* technischen Prozessen zukommt, sei mit den Worten des sowjetischen Kybernetikers I. A. Poletajew erläutert:

»Jede Anwendung oder Ausnutzung von *Energie* erfordert eine *Steuerung* ihres Flusses. Jede beliebige Energiemaschine muß angelassen und angehalten, ihr Betrieb muß reguliert werden. Jeder technische Prozeß erfordert eine Veränderung der Energiemenge, die ihm zu einer bestimmten Zeit zugeführt wird. Das Wesentliche beim Steuerungsprozeß des Energieflusses besteht darin, daß zum Steuern immer eine kleinere Energiemenge erforderlich ist als die Energiemenge, die gesteuert wird. Anders wäre eine Steuerung überhaupt nicht möglich.

Jede beliebige Steuereinrichtung besitzt ein ›Ventil‹, das einer großen Energiemenge den Weg öffnet und verschließt und zu dessen Betätigung verhältnismäßig wenig Energie gebraucht wird. Solche ›Ventile‹ sind *Elektronenröhren,* Relais, Schaltschützen, Schalter, Drosselklappen bei Verbrennungsmotoren, Schieber zur Dampfsteuerung bei Dampfmaschinen, Wasserhähne usw. Alle derartigen Anlagen kann man als ›*Verstärker*‹ betrachten, die im ›Eingang‹ selbst nur einen geringen Anstoß erhalten und im ›Ausgang‹ eine relativ große Wirkung hervorbringen.«

Soweit I. A. Poletajew, dessen lesenswerte Überlegungen seinem Buch »Kybernetik« entstammen. Der russische Originaltitel lautet übrigens »Signal«. Diesen Ausdruck »*Signal*« kennen wir schon: Wir haben vom »schwachen Signal« am Eingang der Verstärkereinheit und vom »kräftigen Signal« an deren Ausgang gesprochen (vgl. Seite 176). Was aber ist überhaupt ein solches Signal?

In jedem Fall handelt es sich um »etwas Physikalisches«. Der englische Nachrichtentechniker Colin Cherry etwa definiert das Signal als »*physikalische Darstellung einer Nachricht* (eine Äußerung, Übertragung von Zeichenereignissen)«. Sein deutscher Kollege Karl Steinbuch erläutert: »Signale sind physikalische Tatbestände, welche der Übertragung oder Speicherung von Nachrichten dienen können. Beispiele: Ströme, Spannungen, Lichtquellen, Töne, Magnetisierungen, Nervenaktionsströme usw.«

Und bei Poletajew steht es noch allgemeiner zu lesen: »Das Signal wird durch ein gewisses Ereignis, durch eine Tatsache oder durch eine Handlung hervorgerufen. Es hat eine selbständige physikalische Natur

Impulsspannung

und eine selbständige Existenz im Rahmen eines gewissen organisierten Systems; es wird immer durch irgendein materielles Objekt oder durch einen materiellen Prozeß dargestellt. In dieser Form kann das Signal fixiert werden, und es kann lange Zeit so existieren. Das Signal kann auf große Entfernungen übertragen werden. Es kann sich am Ende seiner Existenz in eine Handlung oder ein Ereignis umwandeln.«
Vielleicht klingt Ihnen das alles viel zu abstrakt? Statt *Signal* liest man bisweilen »*Zeichenträger*«: Es ist ja leicht einzusehen, daß elektrische Ströme und Spannungen »gezeichnet« sein können. Sie alle kennen z. B. die »glatten« Gleichspannungen oder die »schwankenden« Wechselspannungen, deren zeitlicher Verlauf in der folgenden Abbildung aufgezeichnet ist: Eine konstante *Gleichspannung* kann von einem Akkumulator, etwa einer Auto-Batterie, bezogen werden. Die bekannteste *Wechselspannung* (220 Volt, 50 Hertz) liegt dagegen an jeder Steckdose unseres elektrischen Energieversorgungsnetzes.
Die dritte bedeutsame Spannungsform heißt »*Impulsspannung*« und entsteht im einfachsten Fall durch das Umschalten zwischen zwei verschieden hohen Gleichspannungen: Den zeitlichen Verlauf einer solchen Impulsspannung finden Sie wieder in der Abbildung. Für den Praktiker heißt das: Zu bestimmten »diskreten« Zeitpunkten treten gewisse Spannungs-*Stöße* (oder Strom-*Stöße*) auf, die »*Impulse*« heißen. Recht häufig sind solche Impulse durch längere zeitliche Pausen getrennt.
Solche Impulse gestalten z. B. das Bild auf der »Mattscheibe« Ihres Fernsehapparats: Mit der Verarbeitung von Signalen (Zeichenträgern) der geschilderten Form als elektrische Spannungen oder Ströme beschäftigen sich nämlich die Elektroniker, die mit der *Fernsehtechnik* betraut sind. Was geschieht denn, wenn die »Leute von der Shiloh-Ranch« über die Bildschirme reiten oder in aller Fernsehwelt die Familienchronik der »Forsyte-Saga« aufgeblättert wird?
Dann zucken durch Millionen Fernsehapparate in aller Welt so ziemlich die gleichen Spannungsstöße der empfangenen Signale vom nächsten Fernsehsender. Aus einer »Elektronenkanone«, deren Arbeitsweise uns noch beschäftigen wird, prasselt sodann ununterbrochen eine Geschoßgarbe von Glühelektronen, im Takt dieser Impulse gesteuert, Zeile für Zeile gleichartig über die zahlreichen Bildschirme.

Einmal anders »in die Röhre gucken« ...

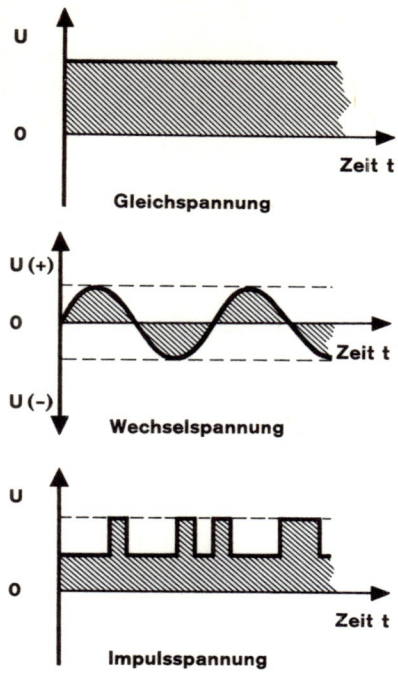

All das geschieht in einer unvorstellbaren »Informationsdichte«: In Europa etwa sind in der Regel 625 Zeilen erforderlich, um ein einziges flüchtiges Bild auf die Mattscheibe des Fernsehgeräts zu zeichnen; in den Vereinigten Staaten sind es 525 Zeilen. Innerhalb einer einzigen Sekunde werden auf diese Weise in der Alten Welt fünfundzwanzig Bilder, in der Neuen Welt dreißig Bilder mit dem unsichtbaren »Glühelektronen-Griffel« aus der Elektronenkanone auf die Schirme gezaubert.

Das ergibt immerhin stolze Zahlen von 15 625 bzw. 15 750 Bildzeilen Sekunde für Sekunde, um die Bilderwelt unseres Fernsehens am Leben zu erhalten. Wie kommt nun ein solches Fernsehbild zustande?

Wie bereits gesagt: Aus einer »Elektronenkanone« hinter dem Bildschirm, am Ende der Bildröhre, wird ein steuerbarer Glühelektronenstrahl abgefeuert, der Zeile für Zeile über die Mattscheibe jagt. Während die einzelne Zeile »geschrieben« wird, schwankt die Stärke (Intensität) dieser elektronischen Geschoßgarbe im Takt der Span-

»Linienstruktur« der Fernsehbilder

nungsstöße, die als verstärkte Empfangssignale an die Bildröhre gelangen. Diese Schwankungen verändern dann die Helligkeit der »Bildpunkte« auf jeder Zeile. Das normale Fernsehbild besitzt damit eine sogenannte »*Linienstruktur*«: Es wird nicht Punkt für Punkt hergestellt, sondern Linie für Linie, d. h. Zeile für Zeile.
Machen wir uns dieses Verfahren anhand einer groben Vereinfachung klar: Dazu nehmen wir an, wir hätten einen Fernsehempfänger zur Verfügung, der sein Bild nicht mit 625 oder 525 Zeilen aufbaut, sondern lediglich mit sieben breiten Streifen. Mit einem solchen Sieben-Zeilen-Bild läßt sich natürlich nur eine sehr grobflächige Bildinformation herstellen, z. B. das schwarzgerahmte H auf der Abbildung Seite 184. Eine »aufregende« Nachricht ist dieser Bildinhalt nicht, aber immerhin eine »Nachricht« im einfachsten Sinne. (Die Klärung von Begriffen wie ›Nachricht‹ und ›Information‹ wird in der sogenannten »Informationstheorie« versucht, die besser »Theorie der Signalübertragung« heißen sollte. Weiterführende Literatur zu diesem Themenbereich finden Sie im Literaturverzeichnis Seite 245 f.)
Es geht also – die Linienstruktur eines normalen Fernsehbildes beachtend – bei unserem Beispiel darum, diese »Nachricht« des Buchstabens H als siebenzeiliges Bild mit der Elektronenkanone auf den Leuchtschirm zu schießen. Dazu muß das Bild Zeile für Zeile von oben nach unten geschrieben werden, wobei die Intensität des Elektronenstrahls sich in der Weise verändert, daß er im weißen Bildbereich deutlich »satter« auf den Schirm schlägt als bei den Schwärzungen der Umrandung und des »H-Bereichs« in der Bildmitte.
Schon in der Abbildung auf Seite 182 haben Sie den zeitlichen Verlauf einer *Impulsspannung* kennengelernt, die durch das Umschalten zwischen zwei verschieden hohen Gleichspannungen entsteht. In der Abbildung auf Seite 184 sehen Sie jetzt, wie man eine solche Impulsspannung dazu benützen kann, um einen Elektronenstrahl zu steuern, der ein Fernsehbild zeichnen soll: Zeile für Zeile bzw. Bildstreifen für Bildstreifen wird mit Hilfe der zwischen zwei Gleichspannungswerten hin- und herschaltenden Impulsfolge »übersetzt«.
Dieser »Übersetzungsmechanismus« ist im Prinzip sehr einfach zu verstehen, wenn Sie sich die Abbildungen ansehen. Im weißen Bildteil springt die Impulsspannung nach oben, im schwarzen Teil fällt sie ab. Jeweils zwischen zwei Zeilen sehen Sie einen sogenannten »Syn-

Einmal anders »in die Röhre gucken«...

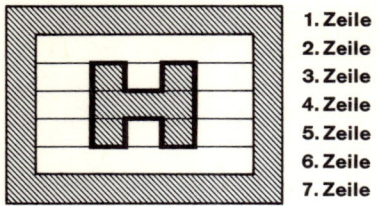
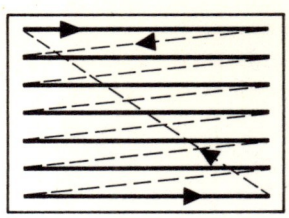

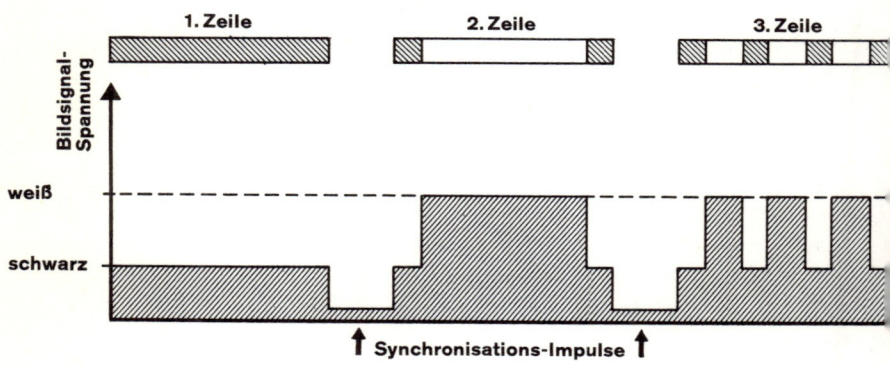

chronisationsimpuls« plaziert, der den Schreibvorgang jeder Zeile von links nach rechts ermöglicht. Natürlich muß dabei für jeden Rücklauf des Elektronenstrahls von rechts nach links zur nächsten Zeile die Beschießung des Leuchtschirmes eingestellt werden, um den eigentlichen »Schreibvorgang« nicht zu stören: Nur die von links nach rechts geschriebene Zeile soll ja auf der Mattscheibe sichtbar sein (vgl. wieder die Abbildung). Ist das volle Bild von der ersten bis zur letzten Zeile ausgeschrieben, so springt der »verdunkelte« Strahl wieder diagonal zum Ausgangspunkt zurück, also quer über den Bildschirm.

Soweit unsere ersten Überlegungen, wie man durch eine entsprechende

Signal-Bild-Wandlerröhren

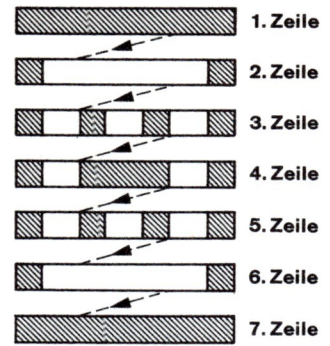

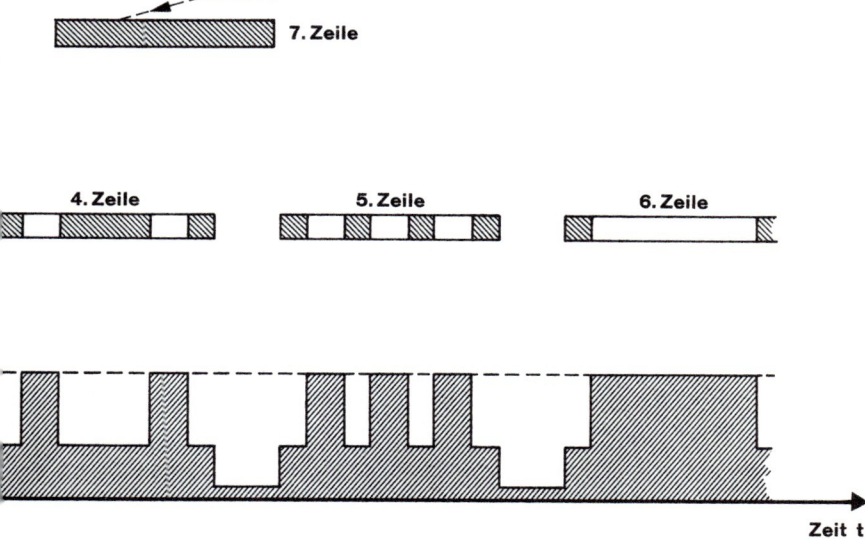

Impulsfolge, die einen Strom von Glühelektronen aus einer Elektronenkanone steuert, der auf einen Leuchtschirm fällt, ein Bild herstellen kann. Der Ausdruck »Elektronenstrahl-Wandlerröhre« ist bereits gefallen (vgl. Seite 179). Nach dem gerade skizzierten Prinzip arbeiten die »Signal-Bild-Wandlerröhren«, die elektrische Signale in ein sichtbares Bild umwandeln. Neben der Fernseh-Bildröhre der normalen Fernsehapparate gehören zu dieser Gruppe der »Wandlerröhren« auch noch die Oszillographen-Röhren und die Bildradar-Röhren (vgl. Photo Seite 40). Mehr technische Details über diese »Röhrenfamilie« erfahren Sie im folgenden Kapitel.

10. Kapitel

Bildröhre: Hinteransicht

10.1 Durch Lorentz-Kraft »verbogener« Kathodenstrahl

Eine »evakuierte« Elektronenröhre ist, wie wir gesehen haben, zwischen ihren Elektroden praktisch ein elektrischer *Nichtleiter*. Damit ein Strom durch die Röhre fließt, muß man irgendwie Ladungsträger herbeischaffen. Das kann etwa mit Hilfe einer *Glühelektrode* geschehen, von der energiereiche Bausteine des elektronischen Fermi-Gases im Festkörper-Kristall ins Vakuum hinausgeschleudert werden, sich dann zur *Raumladungswolke* formieren, um schließlich auf breiter Front zur *Anode* hinüberzuschwärmen.

Obwohl im »Hochvakuum« einer Elektronenröhre noch immer mehrere Milliarden Gasteilchen (Moleküle) pro Kubikzentimeter herumschwirren, ist dieses »Gas« im Glaskolben doch so extrem verdünnt, daß praktisch keine nennenswerten Kollisionen zwischen den zur Anode wandernden Glühelektronen und den Gasmolekülen stattfinden. Etwas präziser gesagt: Die mittlere freie Weglänge dieser »stromerzeugenden« Elektronen entspricht zumindest dem Abstand von der Kathode zur Anode.

Während nun die Glühelektronen durch eine Elektronenröhre in breitem Schwarm fast behäbig zur Anode hinüberfliegen, schießen sie in einer Signal-Bild-Wandlerröhre, wie es die übliche Fernsehröhre ist, in einem scharf gebündelten Strahl auf den Leuchtschirm. Dieser sogenannte »*Kathodenstrahl*« aus schnellen Elektronen wird, wie bereits erwähnt, aus einer Elektrodenkombination »abgefeuert«, die man »*Elektronenkanone*« nennt.

Im einfachsten Fall besteht eine solche »Kanone«, die Glühelektronen in Form eines feinen Strahlstroms auf die Leuchtstoffschicht des Bildschirms knallt, aus drei wichtigen Bauelementen: Da ist zunächst die schon viel genannte *Glühkathode,* die auf bekannte Weise Elektronen freisetzt. Sie bilden die »Ladung« der Elektronenkanone. Vor die Kathode ist eine Elektrode gesetzt, die wie eine winzige angebohrte Kon-

Bildröhre: Hinteransicht

servendose aussieht, der sogenannte »*Wehnelt-Zylinder*«. Er stellt gleichsam das »Kanonenrohr« dar. Schließlich fügt sich die Anode an, die als »*Lochanode*« gestaltet ist. Durch diese Lochblende verläßt der Kathodenstrahl die Elektronenkanone als – nahezu – ununterbrochenes elektronisches »Mündungsfeuer« ...

Wie werden die Glühelektronen des Kathodenstrahls in Schwung gebracht? Da man sehr schnelle Elektronengeschosse braucht, um an der Aufschlagstelle der Leuchtstoffschicht eine ausreichende Lichtausbeute zu erhalten, beschleunigt man sie recht massiv durch eine vergleichsweise hohe Anodenspannung von etwa 18 000 Volt. Dadurch schießen die Elektronen mit hoher Geschwindigkeit aus der Lochanode geradlinig in Richtung Leuchtschirm. Selbstverständlich ist die Anode wiederum elektrisch positiv gegenüber der Glühkathode geladen.

Elektrisch negativ dagegen macht man die Hohlzylinder-Elektrode, die nach dem deutschen Physiker A. Wehnelt benannt wurde: Über die negative Spannung am Wehnelt-Zylinder kann dann die *Steuerung der Bildhelligkeit* erfolgen. Ähnlich wie die entsprechende Gitterspannung am Steuergitter einer Triode heißt sie übrigens »Vorspannung«. Gibt man ihr einen genügend hohen negativen Wert gegenüber der Glühkathode, so treten überhaupt keine Elektronen mehr aus der »Kanone« aus: Die Stromstärke des Kathodenstrahls läßt sich auf diese Weise gegen den Wert Null drücken. Entsprechend verdunkelt sich dann der Bildschirm der Fernsehröhre.

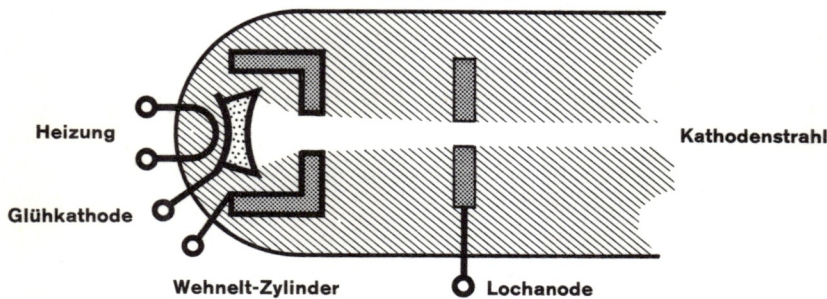

Die »Elektronenkanone« ist eine Elektrodenkombination aus zumindest drei Bauelementen: Aus der Glühkathode werden Elektronen freigemacht, die durch das »Kanonenrohr« des Wehnelt-Zylinders die Lochanode als scharf gebündelter Kathodenstrahl verlassen.

Wehnelt-Zylinder als Steuerelektrode

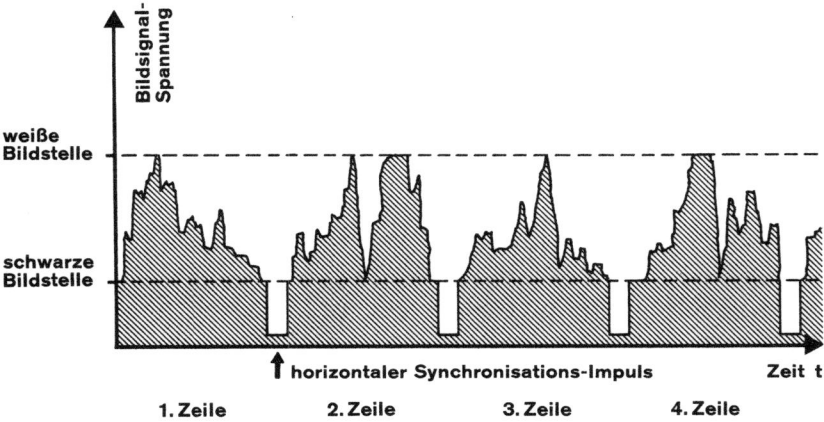

Dieser negativen Vorspannung am Wehnelt-Zylinder wird beim Empfang eines Fernsehbildes die sogenannte »*Bildsignal-Spannung*« überlagert. Der Wehnelt-Zylinder ist also eine recht bedeutsame *Steuerelektrode*, die dem Steuergitter der Radioröhren durchaus verwandt ist. Die Bildsignal-Spannung ist eine *Impulsspannung* von etwas komplexerer Struktur, als wir sie im vorigen Kapitel bei der Erzeugung der »Nachricht« H gebraucht haben: Sie schwankt nämlich Zeile für Zeile in Spannungswerten, die den doch recht differenzierten Grautönen des Schwarzweißbildes auf der Mattscheibe entsprechen (vgl. die Abbildung oben).
Wie wird nun aber der in seiner Stärke schwankende Strahlstrom über den Leuchtschirm geführt? Dazu braucht man ein »Ablenk-System«, das den Kathodenstrahl zum einen von links nach rechts (»horizontal«), zum andern von oben nach unten (»vertikal«) dirigieren kann. In manchen Wandlerröhren, in der Oszillographenröhre etwa, benützt man dafür sogenannte »*Ablenkplatten*«, die quer zum Kathodenstrahl elektrische Felder aufbauen. Je nach der Stärke der elektrischen Spannung, die an ein Plattenpaar gelegt wird, läßt sich der Strahl aus Glühelektronen zur positiven Platte hin dann mehr oder weniger deutlich abbiegen. Anders gesagt: Das Plattenpaar bildet einen »Plattenkondensator«, in dem sich ein elektrisches Feld aufbauen läßt, das den Kathodenstrahl in die gewünschte Richtung ablenkt. (Im Physikunterricht haben Sie

Bildröhre: Hinteransicht

früher den entsprechenden Versuch vermutlich noch mit einer altertümlichen Kathodenstrahl-Röhre bewundern dürfen.)
Mit Hilfe von zwei Plattenkondensatoren, zwei einfachen Plattenpaaren also, an die man eine Spannung legt, kann man nun den Kathodenstrahl auf jeden beliebigen Punkt des Leuchtschirms lenken (vgl. Abbildung Seite 192). Natürlich muß dafür eine entsprechende »Kurvenform« für den Spannungsverlauf an den für die Horizontal- und Vertikalablenkung verantwortlichen Platten automatisch erzeugt werden. Wie das aussehen muß, wenn der Leuchtfleck Zeile für Zeile über die Mattscheibe jagen soll, werden wir später erläutern.
Sie erinnern sich vermutlich noch: Das Bild einer »Signal-Bild-Wandlerröhre« wie der Fernsehröhre in Ihrem Empfangsgerät besitzt eine Linienstruktur, dessen Schreibvorgang wir mit der Darstellung der Nachricht H skizziert haben. Geschrieben wird Zeile für Zeile von links nach rechts und von oben nach unten. Bei jedem Rücklauf des Kathodenstrahls von einer Zeile zur nächst tiefer gelegenen muß der Wehnelt-Zylinder einen kräftigen negativen Spannungsstoß erhalten, damit der Strahlstrom auf Null heruntergesteuert wird und die Mattscheibe nicht zum Leuchten anregt. Dadurch wird während dieses »Zeilensprungs« die Beschießung des Bildschirms völlig eingestellt.
Aus vorwiegend *praktischen* Gründen benützt man nun bei den handelsüblichen Fernseh-Bildröhren keine Ablenkplatten, sondern *magnetische Ablenksysteme* für den Schreibvorgang des linienstrukturierten Fernsehbildes. Daß es Elektromagnete verschiedenster Bauweise gibt, wissen Sie vermutlich aus eigener Erfahrung. Im Prinzip sind es stets zu Spulen gewickelte Drähte, durch die Strom fließt. Mittels eines Eisenkerns in der Spule verstärkt man die Magnetwirkung. Durch eine Stromunterbrechung kann man den Elektromagnet »abschalten«. Bei der Fernsehröhre setzt man die für die Horizontal- und Vertikal-Ablenkung erforderlichen Magnetspulen, die von automatisch gesteuertem Strom durchflossen werden, einfach außen auf den Röhrenkolben. Das ist natürlich entschieden praktischer, als wenn man die zunächst erwähnten Ablenkplatten in der Röhre einschmelzen muß. Die Fernsehtechniker können bei einem solchen magnetischen Ablenksystem nicht nur leichter justieren: Ist die eigentliche Röhre kaputt, so kann man das noch intakte Ablenksystem einfach auf die neue Fernsehröhre setzen. Das spart Kosten und Arbeitszeit bei der Reparaturarbeit. Außerdem

Spezielle Relativitätstheorie

jedoch, und das ist nicht unerheblich für ein »schönes« Fernsehbild, können bei der Benützung von elektromagnetischen Ablenksystemen die *Ablenkfehler* deutlich kleiner gehalten werden als bei den elektrischen Ablenkplatten (vgl. Photo Seite 203).

Theoretisch besehen kommt ein magnetisches Ablenksystem sowieso aufs gleiche hinaus wie das elektrische Verfahren mit der Plattenkondensator-Ablenkung: Für den Physiker sind in beiden Fällen nämlich *elektrische Kräfte* im »Ablenkspiel« für den Kathodenstrahl. Im sogenannten »Magnetfeld« erfolgt – physikalisch betrachtet – die Ablenkung des bewegten Ladungsträgers Glühelektron im Kathodenstrahl der Fernsehröhre durch die »Lorentz-Kraft«, die durch eine »Überschußladung« elektrischer Natur zustande kommt.

Um das zu erläutern, müssen wir ganz grob eine Überlegung der *relativistischen Physik* skizzieren: In Albert Einsteins Spezieller Relativitätstheorie wird plausibel gemacht, daß ein Magnetfeld eigentlich nur ein nützliches Hilfsbild ist, um gewisse Zusammenhänge einfacher darzustellen. Schon seit dem berühmten Versuch des dänischen Physikers H. C. Oersted im Jahre 1820 weiß man in der Physik, daß Magnetismus durch *bewegte elektrische Ladungsträger* hervorgerufen wird. Oersted hatte bekanntlich eine Kompaßnadel durch einen stromdurchflossenen Draht aus der in unseren Breiten normalen Nord-Süd-Richtung abgelenkt (vgl. »Knaurs Buch der modernen Physik«). In einer Magnetspule sorgen die altbekannten *Leitungselektronen* für diesen Ladungstransport. Wie aber wirken sie »magnetisch« auf die durch die Röhre jagenden Glühelektronen ein?

Eine wichtige Aussage der Speziellen Relativitätstheorie von Einstein besagt, daß *alle gleichförmig bewegten Systeme* (die »*Inertialsysteme*« heißen) für die physikalische Beschreibung *gleichwertig* sind. Wählen wir daher als ein solches System den Draht der Magnetspule, durch den die *Leitungselektronen* fließen, und als anderes, »gleichwertiges« System den Kathodenstrahl, in dem die *Glühelektronen* dahinjagen. (Die Elektronen dieses Strahls bewegen sich nämlich mit *konstanter* Geschwindigkeit von der Lochanode zum Leuchtschirm.)

Durch diese Trennung der Systeme Spule und Kathodenstrahl sieht nun die Situation im Metallgitter des Spulendrahtes vom Kathodenstrahl her gänzlich anders aus als im gleichsam »ruhenden« Draht selbst: Salopp gesprochen »sieht« ein Glühelektron des Kathodenstrahl-

Bildröhre: Hinteransicht

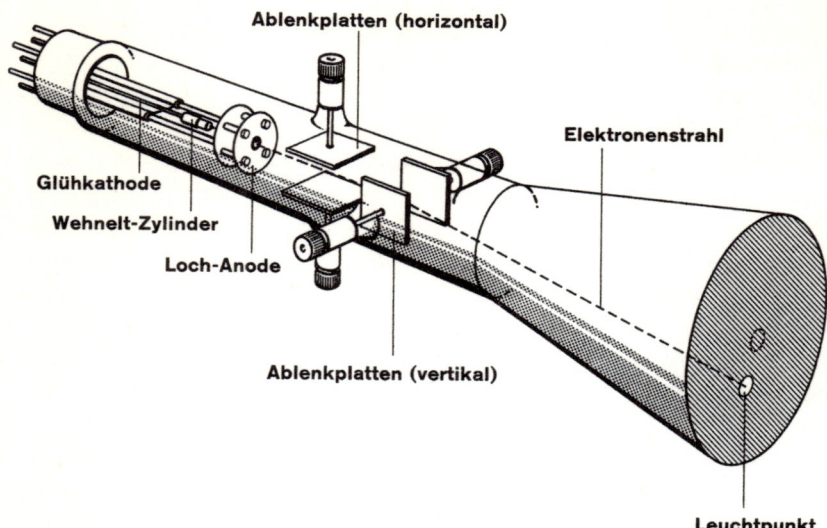

In einer Signal-Bild-Wandlerröhre kann der Kathodenstrahl im einfachsten Fall durch elektrische Felder zweier Plattenkondensatoren abgelenkt werden. Dabei verlaufen die Feldlinien quer zum Kathodenstrahl. Auf diese Weise ist es möglich, jeden beliebigen Punkt des Leuchtschirmes mit Elektronen zu »bombardieren«.

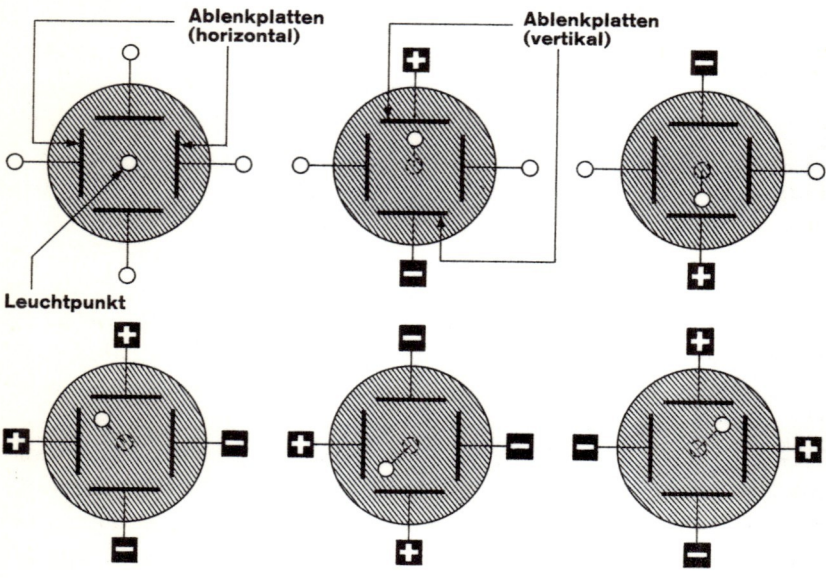

Lorentz-Kontraktion

Systems eine *höhere Ladungsdichte der Leitungselektronen* im Draht, als man sie feststellt, wenn man diesen Sachverhalt im relativ »ruhenden« Draht betrachtet.

Theoretisch präzise kann diese ungewöhnliche Situation in der Relativitätstheorie mit Hilfe der sogenannten »*Lorentz-Kontraktion*« als Längenverkürzung beschrieben werden. Mit anderen Worten: Die Abstände der Leitungselektronen untereinander verkürzen sich, wenn man sie vom System der rasch dahinjagenden Glühelektronen im Kathodenstrahl aus besieht. Daher kommt die höhere Ladungsdichte der Leitungselektronen zustande, die für das »Inertialsystem« Kathodenstrahl effektiv gilt, weil es eine gleichwertige Beschreibung der Situation im Spulendraht erlaubt. Eine ähnliche Ladungsverdichtung macht sich – von den Glühelektronen des Kathodenstrahls her betrachtet – natürlich auch hinsichtlich der positiven Metall-Ionen (Atomrümpfe) im Kristallgitter des Drahtes bemerkbar: Auch diese Gitterbausteine besitzen für das relativ bewegte System Kathodenstrahl eine effektive Abstandsverkürzung (»Lorentz-Kontraktion«).

Was hat dieser merkwürdige Sachverhalt zur Folge? Ganz einfach: Während sich, vom relativ ruhenden System der Spule aus besehen, die Ladungsdichten der negativen Leitungselektronen und der positiven Gitterbausteine (Metall-Ionen) aufgrund der »normalen« Abstände neutralisieren, ist dies, vom Kathodenstrahl her gesehen, nicht mehr der Fall. Es kommt, wegen der Lorentz-Kontraktion, zu einer effektiven Verkürzung des Abstands zwischen den Ladungsträgern und damit zu einer *Überschußladung*: Dieser Überschuß an Ladungsdichte im stromdurchflossenen Draht, der von den rasch bewegten Glühelektronen im Kathodenstrahl »festgestellt« wird, übt nun eine *elektrische* (»elektrostatische«) *Kraft* auf die Glühelektronen aus und lenkt sie aus ihrer geradlinigen Bahn ab in Richtung positive Überschußladung.

Man könnte diesen Sachverhalt als »relativistische Korrektur am Coulombschen Gesetz« betrachten: Es taucht in diesem Fall eine neue Kraft auf, die zur bereits erwähnten *Coulomb-Kraft* addiert werden muß (vgl. Seite 53). Diese neue Kraft wird »magnetische Kraft« genannt. Und die Summe dieser beiden Kräfte, nämlich Coulomb-Kraft plus magnetische Kraft, heißt, wie schon erwähnt, »*Lorentz-Kraft*« (vgl. Seite 191).

Es mag verwunderlich erscheinen, daß die formelmäßig bescheidene Korrektur des Coulombschen Gesetzes durch die Relativitätstheorie so

Bildröhre: Hinteransicht

starke magnetische Kräfte zustande bringt. Das erklärt sich jedoch recht einfach durch die gewaltige Ladungsmenge, die per Leitungselektronen durch den Spulendraht transportiert wird: Sie ist nämlich um den stattlichen Faktor 10^{20} (in Worten: zehn hoch zwanzig) größer an Ladung, als am Draht durch eine »stehende« Überschußladung aufgebracht werden müßte, um eine entsprechende elektro*statische* Kraft zu erzeugen. Der permanente »Durchgangsverkehr« der Ladungselektronen an einer beliebigen Stelle des Spulendrahts erklärt also diese erstaunliche »Lorentz-Kraft«, der die Glühelektronen im Kathodenstrahl bei einem magnetischen Ablenksystem unterliegen.

Halten wir also fest: Sowohl bei den Ablenkplatten als auch bei den magnetischen Ablenksystemen von Wandlerröhren sind *elektrische Kräfte* im Spiel. In einer normalen Fernseh-Bildröhre wird der Kathodenstrahl, der den über die Mattscheibe rasenden Leuchtfleck zeichnet, durch die sogenannte »Lorentz-Kraft« verbogen, die sich aus der Coulomb-Kraft und der magnetischen Kraft zusammensetzt.

Nach diesem kurzen Ausflug in die Einsteinsche Theorie der Relativität wenden wir uns nun wieder der technischen Praxis der Fernseh-Bildröhre zu: Wie funktioniert die automatisch gesteuerte Kathodenstrahl-Ablenkung für den Schreibvorgang des Fernsehbildes durch die erwähnten Spulenpaare?

Wie bereits gesagt: So wie die Kurvenform des Spannungsverlaufs an den Kondensatorplatten ein systematisch »schwankendes« elektrisches Feld herstellt, so müssen beim magnetischen Ablenkungssystem die Spulenpaare gleichartig »erregt« werden, um entsprechende Schwankungen am Magnetfeld zu erzeugen. Die Horizontalablenkung wird dabei so gesteuert, daß der Elektronenstrahl immer nur von links nach rechts über den Schirm streift.

Dazu braucht man eine sogenannte »*Kippspannung*«, die durch das Ablenkspulenpaar für die Horizontalablenkung einen im gleichen Takt verlaufenden »Kippstrom« fließen läßt. Der zeitliche Verlauf dieser »Erregung«, die durch die Kippschaltung ausgelöst wird, besitzt eine *Sägezahn*-Form (vgl. Abbildung): Die Spannung und damit der Strom steigen geradlinig an, was sich im Ablenkungssystem als gleichmäßiges Wandern des Kathodenstrahls von links nach rechts auswirkt. Erreicht die Kippspannung ihren höchsten Wert in der »oberen Zacke« der Kurve, so fällt die Spannung praktisch schlagartig auf Null: Der elek-

»Kippgenerator«

tronische Schreibstrahl hat in diesem Moment den rechten Bildschirmrand erreicht und muß wieder nach links zurückfallen. Während dieses Rücklaufs geschieht das bereits erläuterte »Abwürgen« des Strahlstroms mit Hilfe des Wehnelt-Zylinders. Durch die Vertikalablenkung wird der Strahl bei seinem »dunklen Rückmarsch« eine Zeile tiefer angesetzt. Die »Sägezahn-Spannung« an der Horizontalablenkung steigt dann erneut an. Der Kathodenstrahl wandert wieder nach rechts, bis die Kippspannung ihren Höchstwert erreicht hat usw. usf.

Diese merkwürdig an- und abschwellende Strombeschickung der Ablenkspulenpaare an der Bildröhre im Fernsehempfangsgerät steuert man übrigens durch Synchronisationsimpulse vom Fernseh-*Sender* (vgl. Seite 184). In jeder Sendeanlage gibt es ziemlich komplizierte »Taktgeber«, die diesen Schreibvorgang in Tausenden von Empfängern gleichartig steuern. Die »Kippzeiten« bestimmt also der Sender. Dennoch benötigt man sogenannte »Kippgeneratoren« im Sender und in den Empfangsgeräten.

»*Kippschaltungen*« der verschiedensten Art spielen übrigens in der industriellen Elektronik eine große Rolle, vor allem auch bei den Computern. Im Prinzip bestehen diese Schaltungen stets aus zwei Verstärkerröhren oder aber aus zwei Transistoren, die zusammen mit »hochohmigen« Widerständen und Kondensatoren (vgl. S. 163) zwei Schaltzustände realisieren können, zwischen denen ständig »hin und her ge-

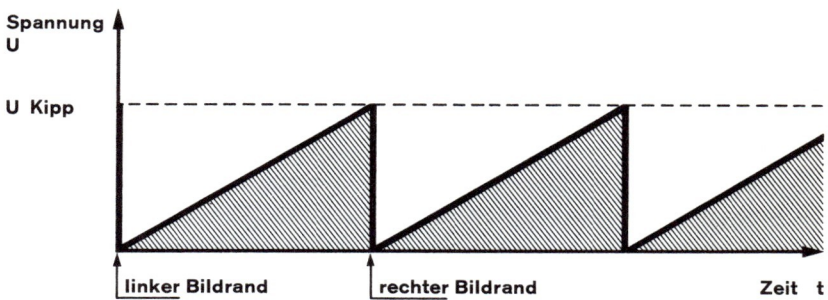

Um den Kathodenstrahl immer nur von links nach rechts über den Bildschirm zu führen, wird er über die Horizontalablenkung mit Hilfe einer sogenannten »Kippspannung« gesteuert, deren zeitlicher Verlauf im Diagramm eine »Sägezahn-Form« ergibt.

Bildröhre: Hinteransicht

kippt« werden kann. Auf diese Weise lassen sich rechteckförmige Impulsspannungen und sägezahnförmige Kippspannungen ganz automatisch erzeugen.

Bei der Verwendung von Verstärkerröhren verbindet man in diesem Fall die »Eingänge« der beiden Röhren, die Steuergitter also, »über Kreuz« mit den Anoden (»Ausgängen«) der jeweiligen Nachbarröhre. Dieses »Rückkopplungssystem« bringt es zustande, daß der Zustand, in dem *beide* Röhren *gleiche* Ströme führen, *nicht stabil* (»astabil«) wird: Je nach »Kipplage« fließt ein kräftiger Strom, der allmählich ansteigt (Sägezahn-Form) oder schlagartig anschwillt (Impuls), durch die eine Röhre, während die andere Röhre dann den Strom sperrt. Durch einen äußeren Impuls, z. B. bei der sogenannten »Flip-Flop-Schaltung«, oder ganz spontan, bei den »astabilen Multivibratoren« etwa, fällt die Schaltung von einem Betriebszustand in den anderen: Dann fließt Strom durch die zweite Röhre, während die erste »Stromsperre« hat. Genau den gleichen Effekt kann man mit zwei Transistoren erzielen, von denen abwechselnd der eine den Strom leitet, während ihn der andere sperrt. Bezeichnungen wie »Multivibrator«, »Schmitt-Trigger« oder »Flip-Flop« weisen auf solche Kippschaltungen hin.

Doch zurück zur Fernseh-Bildröhre: Von diesem elektronischen Gerät haben wir nun schon recht gut die Elektronenkanone mit dem steuernden Wehnelt-Zylinder kennengelernt, außerdem die Ablenkungssysteme für den Kathodenstrahl, der auf die Mattscheibe knallt und sie aufleuchten läßt. Wie es zustande kommt, daß überhaupt ein Leuchtfleck auf dem »Schirm« der Röhre erscheint, betrachten wir im folgenden.

10.2 Wenn Elektronen aus dem Leitungsband fallen...

Haben Sie eine ungefähre Vorstellung, *warum* der Bildschirm Ihres Fernsehapparates aufleuchtet, wenn ihn der Glühelektronen-Strahl (Kathodenstrahl) aus der im »Flaschenhals« der Bildröhre sitzenden Elektronenkanone trifft? Trösten Sie sich: Die meisten Menschen zerbrechen sich darüber keineswegs den Kopf. Sogar viele Fernsehtechniker benützen diesbezüglich einfach Schlagworte wie »Leuchtstoffbelag« oder »Fluoreszenzschirm«: Die Leuchtschicht leuchtet eben auf, wenn sie vom Kathodenstrahl getroffen wird – basta...

Luminophore

Machen wir es uns bei diesem Sachverhalt nicht ganz so leicht: Physikalisch besehen gibt die Mattscheibe nach außen – in Richtung Zuschauer – *Lichtquanten* (Photonen) ab, die dem von uns sichtbaren Bereich angehören. Lichtquanten sind aber, wie wir inzwischen wissen, kleine Päckchen von *Energie,* konzentrierte »Energiebündel« der Größe $h \cdot \nu$ (vgl. Seite 18).

In der Leuchtschicht des Bildschirms muß also irgendeine »Energie-Transformation« stattfinden: Die Festkörper-Kristalle, die diese Leuchtschicht aufbauen, müssen – während oder auch nach der Beschießung mit energiereichen Elektronen – Photonen als »Energiepäckchen« (Lichtquanten) abgeben. Anders gesagt: Diese Kristalle emittieren Photonen, diese eigentlich doch recht merkwürdigen *Elementarteilchen* (vgl. Seite 21).

Wie kann man diese Photonen-Emission erklären? Am »einleuchtensten« – im wahrsten Sinne des Wortes – wird dieser Mechanismus wieder im *energetischen Bändermodell* dargestellt (vgl. Seite 99 f.): Vermutlich erinnern Sie sich noch an die »gitterfremden« Atome (Stör-Atome) in den *n*-leitenden und *p*-leitenden Schichten eines *Halbleiter*-Kristallgitters. Im Bändermodell bilden diese Atome in der energetischen Verbotszone zwischen dem Valenzband und dem Leitungsband die geschilderten Akzeptor- und Donator-Niveaus aus, mit deren Hilfe wir die Leitung nach dem *n*-Typ und dem *p*-Typ erklären konnten: Mit diesen energetischen Zwischenstufen, die den »tiefen Graben« von mehr als 3 eV (Elektronenvolt) im Halbleiterbereich zwischen Valenzband und Leitungsband durchbrechen, funktioniert bekanntlich die »Störleitung« nach dem *n*- oder *p*-Muster.

Durchaus vergleichbar mit dieser Situation ist der Sachverhalt der »leuchtenden« Kristalle in den Leuchtschirmen der Wandlerröhren: Da sitzen Festkörper-Kristalle hinterm Glas der evakuierten Röhre, die den klangvollen Namen »*Luminophore*« tragen, was »Lichtträger« bedeutet. Solche Lichtträger liefern eine stattliche Ausbeute an Photonen des sichtbaren Bereichs, wenn sie mit energiereichen Elektronen per Kathodenstrahl bombardiert werden: Zu den Luminophoren zählen Stoffe wie Zinksulfid (ZnS), Zinkoxid (ZnO) oder Cadmiumsulfid (CdS). Ähnlich wie bei der *n*- bzw. *p*-»Halbleitung« werden diese Luminophore mit Fremdatomen »verschmutzt«, d. h. man durchsetzt die Kristallgitter dieser Stoffe mit Schwermetallen wie Mangan (Mn), Kup-

Bildröhre: Hinteransicht

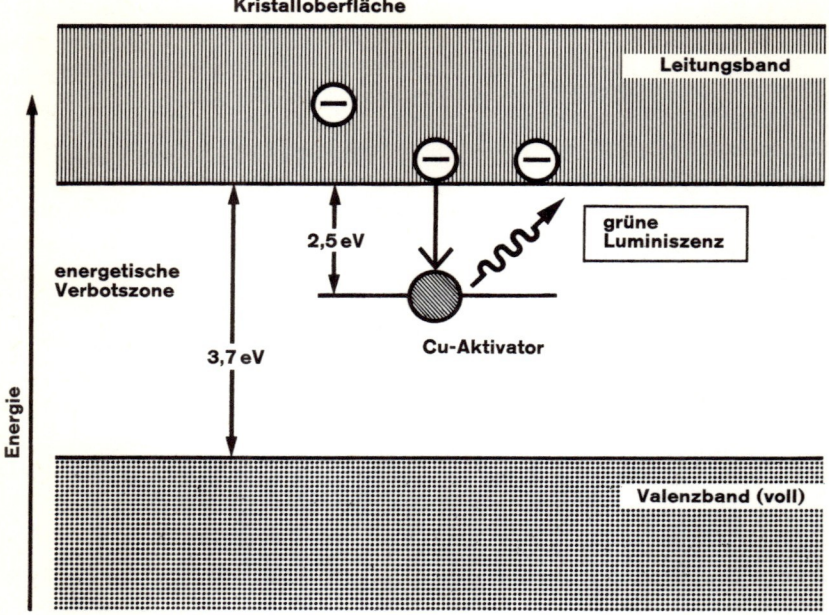

Bei den sogenannten »Luminophoren« (hier: Zinksulfid mit Kupfer-Atomen) wird im Bändermodell die energetische Verbotszone zwischen Valenz- und Leitungsband von »Aktivator-Niveaus« durchbrochen. Ein Elektron, das aus dem Leitungsband auf das 2,5 Elektronenvolt tiefer gelegene Kupfer-Aktivator-Niveau des Zinksulfid-Luminophors zurückfällt, regt den Festkörper-Kristall zu einer Grünlicht-Emission an.

fer (Cu), Silber (Ag) oder Gold (Au). Dadurch bilden sich wiederum Energieniveaus aus, die in der eigentlich »verbotenen« Energiezone zwischen Leitungs- und Valenzband liegen. Zinksulfid etwa hat einen »Graben« von rund 3,7 eV zwischen diesen beiden Bändern. Da man die genannten Schwermetalle für diesen Fall »Aktivatoren« nennt, spricht man bei der Ausbildung dieser energetischen Zwischenstufen von »*Aktivator-Niveaus*«.

Ein Aktivator-Niveau zwischen Valenzband und Leitungsband spielt im Falle der lumineszierenden Kristalle der Bildschirm-Leuchtschicht eine ähnliche Rolle wie die Akzeptor- und Donator-Niveaus bei der Störleitung bei Halbleiter-Kristallgittern: Da kann beispielsweise ein

Isaac Newton

Elektron aus dem Leitungsband eines ZnS-Luminophors (Zinksulfid) auf das 2,5 eV tiefer liegende Energieniveau eines Cu-Aktivators (Kupfer) »fallen« und dadurch eine Grünlicht-Emission energetisch freimachen. Anders gesagt: Knallt der Kathodenstrahl auf den »Rosinenkuchen« aus Zinksulfid und eingebetteten Cu-Bausteinen im Leuchtschirm einer Wandlerröhre, so entsteht ein Leuchtfleck. Eine Energie-Transformation hat stattgefunden, bei der die Energie der Glühelektronen aus der »Kanone« in eine reiche »Photonenausbeute« umgesetzt wird, die auf den Fernsehzuschauer als sichtbares Licht wirkt. Dabei entspricht das »Herunterfallen« des Leitungselektrons aus dem Leitfähigkeitsband des Luminophors Zinksulfid der »Rückkehr« eines Hüllenelektrons in das System des ionisierten Aktivator-Atoms Kupfer. In der Abbildung wird dieser energetische Umsetzungsprozeß, der den Bildschirm als Leuchtfleck aufleuchten läßt, durchaus plausibel gemacht (vgl. Seite 198).

Wie schon gesagt: Elektronen, die aus dem Leitungsband von Zinksulfid aufs Energieniveau von »eingebettetem« Kupfer fallen, strahlen Lichtquanten im Bereich des sichtbaren Grünlichts aus. Um ein gutes Schwarzweißbild der Fernsehröhre zu gewinnen, muß man daher einem System von grünleuchtenden Luminophoren und Aktivatoren ein vergleichbares »Kombinat« beimischen, das gelbes Licht ausstrahlt. Dann erhält man durch die »additive« Farbmischung aus Blau und Gelb, aus zwei sogenannten »Komplementärfarben«, ein »weißes« Licht, das ein gutes Schwarzweißbild liefert. Die »Grauwerte« des üblichen Fernsehbildes beim Schwarzweißgerät sind also schon eine Farbmischung: Was lag da näher, als ein weitaus »natürlicheres« *Farbbild* fürs Farbfernsehen zu produzieren?

Sehen wir einmal vom vergleichsweise noch immer höheren Preis für ein Farbgerät ab, so ist Farbfernsehen doch die natürlichste Sache: Ein Schwarzweißbild, das lediglich »grau in grau« zeichnet, ist schließlich eine relativ abstrakte Angelegenheit. Die Welt mit ihren so mannigfaltigen Geschehnissen, die wir Tag für Tag optisch wahrnehmen, zeigt sich uns ja auch in reichen Farbtönen! Warum sollte da die »fünfte Wand« im Wohnzimmer nur in Grautönen flimmern? Wer nicht farbenblind ist, sieht seine Umwelt ja schließlich stets farbig!
Isaac Newton, der berühmte englische Physiker, hat bereits in der zweiten Hälfte des 17. Jahrhunderts die wichtigsten Grundlagen für

Erläuterungen zum Bildteil Seite 201 bis 208

1: Am Umfang des sogenannten »Farbkreises« liegen alle Farbtöne, die zur Herstellung eines Farbfernsehbildes benötigt werden, in voller Farbsättigung vor. Zum Kreismittelpunkt hin werden die Farbtöne kontinuierlich bis zum Weißwert entsättigt.

2: Mit einer Lupe läßt sich am Bildschirm eines Farbfernseh-Empfangsgerätes deutlich das Muster der Bildpunkteinheiten aus je einem grün, rot und blau leuchtenden Phosphorpunkt erkennen. Die Bildpunkteinheit wird deshalb »Farbtripel« genannt.

3, 4, 5: Zu den Signal-Bild-Wandlerröhren gehören nicht nur die bekannten Bildröhren der Fernsehgeräte, sondern z. B. auch die Oszillographen-Röhren. Daneben ist das magnetische Ablenksystem einer Farbfernsehröhre abgebildet, das über den Röhrenhals gestülpt wird. Das Chassis eines handelsüblichen Farbfernsehgerätes ist in der unteren Bildhälfte zu sehen.

6: Auf der Senderseite (links) wird das von der Fernsehkamera aufgefangene Farbbild in einen Rot-, einen Grün- und einen Blau-Anteil zerlegt und vor der Ausstrahlung in ein Helligkeitssignal für den Schwarzweiß-Anteil des Bildes und ein Farbartsignal für Farbton aufgeschlüsselt. Im Empfangsteil (rechts) wird dieses Signalgemisch wieder entschlüsselt und je nach Empfangsgerät in ein Schwarzweiß- oder Farbbild umgewandelt.

7, 8: Durch das Verfahren der additiven Farbmischung lassen sich aus den drei Grundfarben Blau, Rot und Grün alle für den Farbfernsehempfang benötigten Farben herstellen. Am Bildschirm leuchten nur die drei Grundfarben des Farbtripels nebeneinander auf (rechts unten). Erst im Auge des Zuschauers verschmelzen diese Farbtupfer zu den erwünschten Mischfarben.

9: Rund 12 000 (!) Transistoren sind auf diesem Schaltkreis untergebracht, der schließlich auf einer Fläche von 5,4 mal 5,5 Millimeter technisch realisiert wird: Das Photo zeigt die optische Kontrolle der Maskenvorlage in starker Vergrößerung.

10: Mit Hilfe eines Feldelektronenmikroskops, bei dem der Effekt der elektronischen Feldemission (vgl. Seite 227) ausgenützt wird, lassen sich Molekülstrukturen sichtbar machen.

11: In der Photometrie und Ultraviolett-Meßtechnik benützt man diesen zwölfstufigen Photomultiplier (vgl. Seite 228).

12, 13, 14: Der Laser (vgl. Seite 217 f.) ermöglicht reizvolle Lichtkombinationen, wie vor allem der dreifarbige Bühnen-Laser zeigt, der aus drei Laser-Arten besteht: Helium-Neon für Rot, Argon für Grün, Krypton für Grünblau. Unten: Ein roter Laser-Strahl wird von der Münchener Frauenkirche auf die Theatinerkirche gerichtet.

1

2

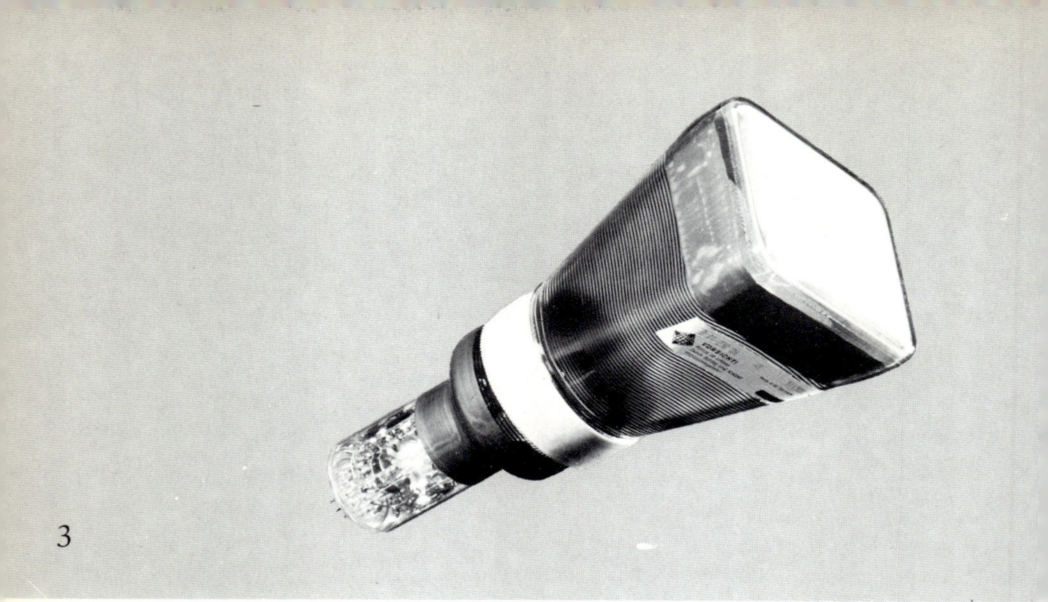

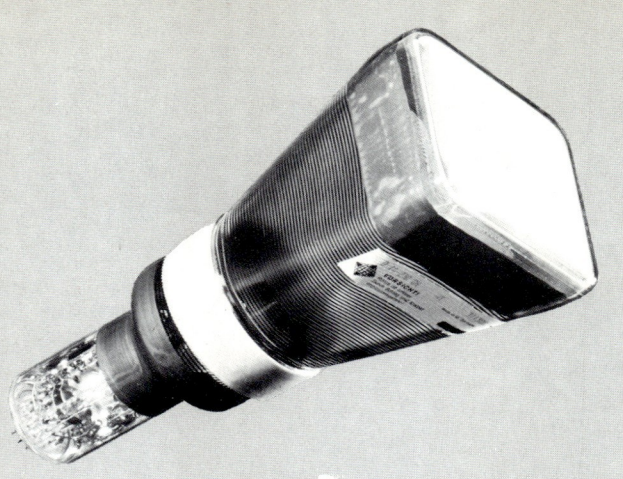

3

5

4

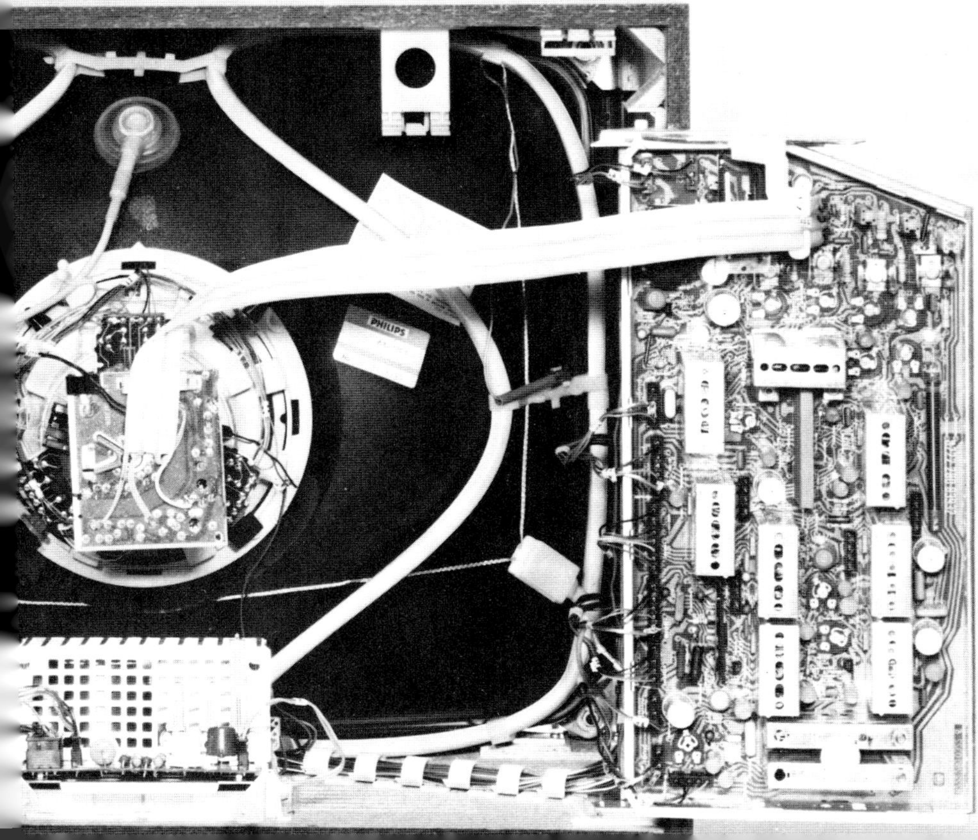

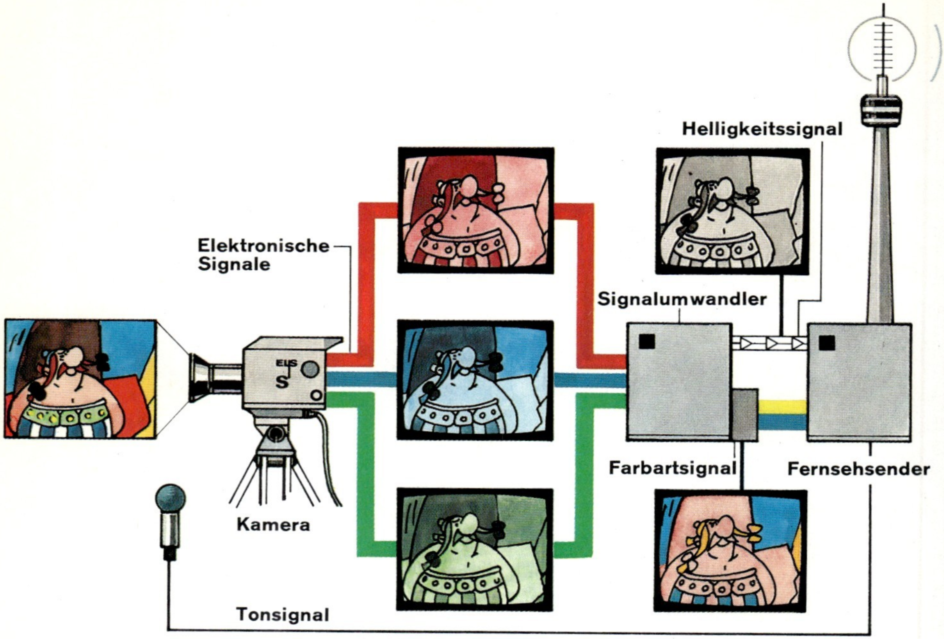

Helligkeitssignal
Elektronische Signale
Signalumwandler
Farbartsignal
Fernsehsender
Kamera
Tonsignal

Additive Farbenmischung

Subtraktive Farbenmischung

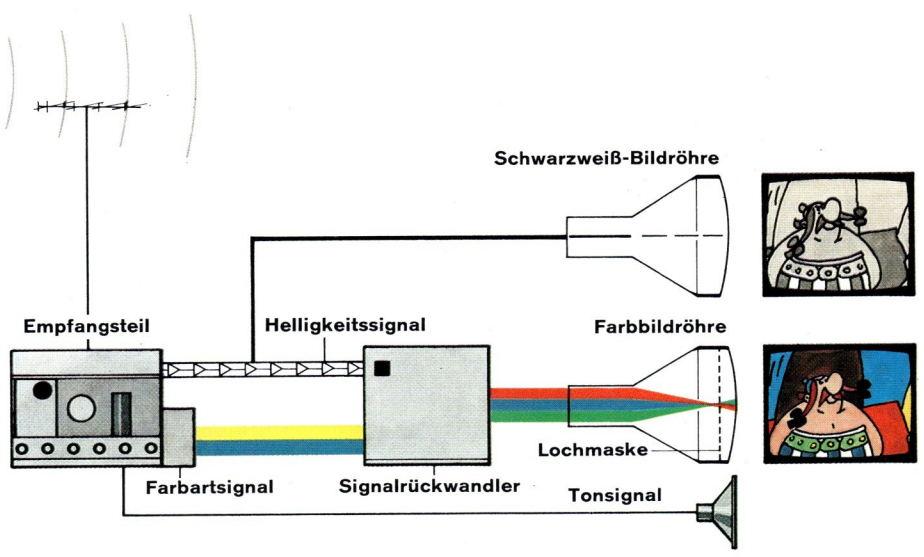

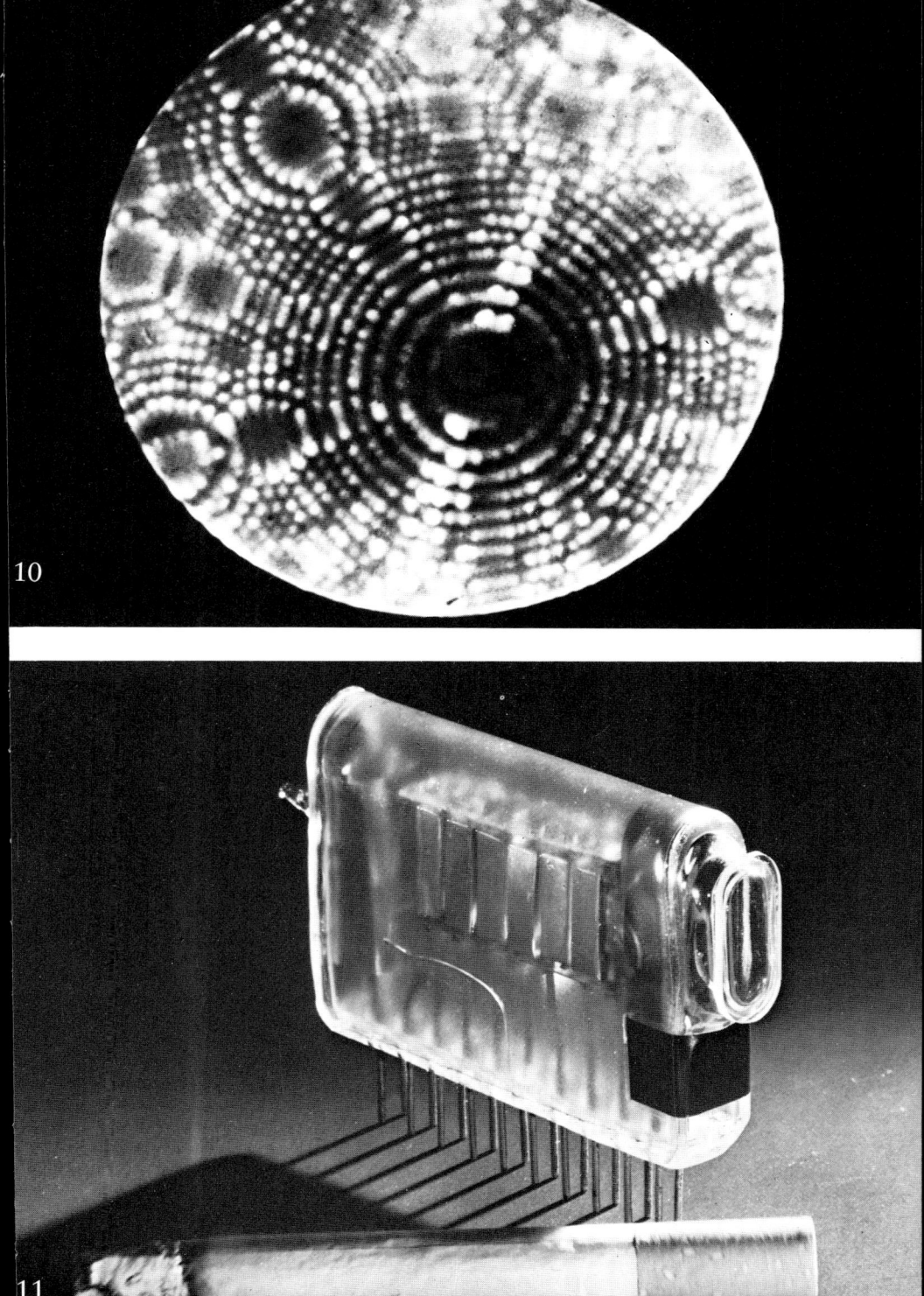

12

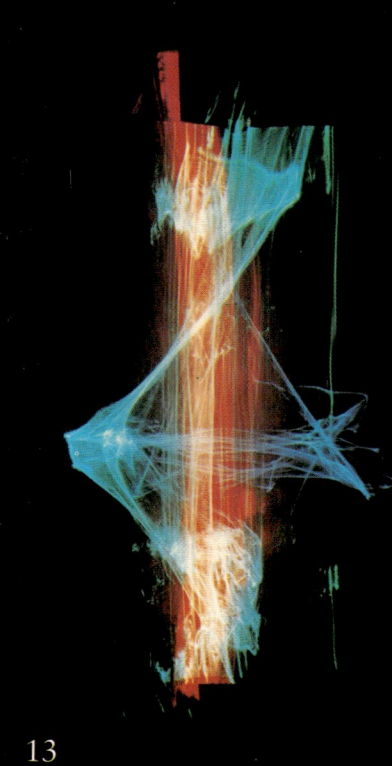

13

14

Additive Farbmischung

eine naturwissenschaftliche Analyse und technische Reproduktion des farbigen Lichts geschaffen. Sein berühmtestes Experiment ist heute jedermann vertraut: Sonnenlicht fällt durch einen schmalen Spalt in einen dunklen Raum, wird durch ein Glasprisma in die »Spektralfarben« des Regenbogens zerlegt und kann durch ein zweites Prisma wiederum zum weißen Sonnenlicht »addiert« werden. Diese »additive Farbmischung« ist auch die physikalische Grundlage des Farbfernsehens: Ein normales Schwarzweißbild läßt sich mit Hilfe von farbigem Licht gleichsam »kolorieren«.

Die Technologie des Farbfernsehens basiert jedenfalls auf der »Farbenlehre« des Physikers Newton und nicht auf der gleichnamigen Theorie des Naturforschers Johann Wolfgang von Goethe, der die Newtonschen Überlegungen zu Licht und Farbe heftig kritisiert hat. Für Goethe und seine Anhänger hätte unser Farbfernsehen den Charakter einer »Gespensterbeschwörung«. Goethe polemisierte nämlich gegen das Newtonsche Experiment wie folgt:

»Der Newtonsche Versuch, auf dem die herkömmliche Farbenlehre beruht, ist von der vielfachsten Komplikation, er verknüpft folgende Bedingungen. Damit das Gespenst erscheine, ist nötig:

Erstens – ein gläsernes Prisma;

Zweitens – dreiseitig;

Drittens – klein;

Viertens – ein Fensterladen;

Fünftens – eine Öffnung darin;

Sechstens – diese sehr klein;

Siebtens – Sonnenlicht, das hereinfällt;

Achtens – aus einer gewissen Entfernung;

Neuntens – in einer gewissen Richtung aufs Prisma fällt;

Zehntens – sich auf einer Tafel abbildet;

Elftens – die in einer gewissen Entfernung hinter das Prisma gestellt ist.

Nehme man von diesen Bedingungen drei, sechs und elf weg, man mache die Öffnung groß, man nehme ein großes Prisma, man stelle die Tafel nahe heran, und das beliebte Spektrum kann und wird nicht zum Vorschein kommen.«

Natürlich ist das Farbfernsehen noch wesentlich komplizierter als das von Goethe bereits wegen seiner »vielfachsten Komplikation« gerügte

Bildröhre: Hinteransicht

Experiment Newtons: Entscheidend ist hier allerdings der Erfolg. So umständlich die Herstellung eines Farbfernsehbildes auch scheinen mag – vorläufig kennen wir noch kein einfacheres Verfahren, um ein Fußballspiel farbig auf dem Bildschirm zu übertragen.

Zu den von Goethe gerügten elf Bedingungen der experimentellen Anordnung kommen beim Farbfernsehen noch ein paar Dutzend weitere Bedingungen hinzu. Sie sind aber, wie wir in der folgenden Betrachtung zeigen wollen, keinesfalls von solcher »Komplikation«, daß man sie – das entsprechende Interesse für die Sache vorausgesetzt – nicht in den Grundlagen begreifen könnte...

11. Kapitel

Elektronische »Licht-Bilder«...

11.1 Wie funktioniert die farbige Mattscheibe?

»Weißes« Sonnenlicht läßt sich, wie Sie alle längst wissen, mit Hilfe eines simplen Glasprismas in den Farbfächer der Regenbogenfarben (»Spektralfarben«) zerlegen: Das sichtbare Sonnenlicht ist also ein »Mischlicht« aus verschiedenfarbigen Anteilen. Bei der »Entmischung« im Glasprisma wird der rote Anteil der Sonnenstrahlung weniger deutlich gebrochen als der violette Anteil. Zwischen Rot und Violett liegen die Farbwerte Orange, Gelb, Grün, Blau und Indigo, die kontinuierlich ineinander übergehen. Wie kommt es zu dieser Auffächerung des sichtbaren Sonnenlichts durch den Glaskörper?

Violettstrahlung besteht aus ziemlich kurzwelligen und damit vergleichsweise energiereichen »Wellenpaketen«. Dagegen sind die Päckchen des Rotlichts mit ihren längeren Wellen deutlich energieärmer. Die elektromagnetischen Wellenzüge der verschiedenfarbigen Anteile im Sonnenlicht dringen also mit recht unterschiedlichen »Energieladungen« in den Glaskörper ein und treten in verschieden starke Wechselwirkung mit den Hüllenelektronen der Atome. Jedes Elektron, das von einer Einzelwelle, einem Wellenpaket, getroffen wird, beginnt nämlich selbst zu schwingen: Es wird zur eigenen »Wellenquelle«, angeregt durch oszillierende »Feldflecke« des eindringenden Wellenzuges.

Das oszillierende elektrische Feld der Sonnenstrahlung wird dadurch überlagert von zahlreichen elektrischen Feldern der verzögert schwingenden Elektronen im Prisma. Dieses »Hinterherhinken« der elektronischen Wellenquellen hängt natürlich mit der Trägheit der Elektronen zusammen. Welche Folge hat das?

Die elektrischen Felder der nachhinkenden elektronischen Wellenquellen bremsen die Ausbreitungsgeschwindigkeit der Wellenzüge des Sonnenlichts recht deutlich ab: Während sie im Vakuum oder auch noch in der Luft mit der bekannten Lichtgeschwindigkeit c dahinjagen, schaffen sie im kompakten Glaskörper nur noch rund 0,66 c.

Dadurch werden sie jedoch mehr oder weniger deutlich aus der Bahn geworfen, wenn sie schräg in das optisch dichtere Medium Glas eindringen: Dem Wellenzug geht es dann ähnlich wie einem Rennwagen, der seitlich über die harte Betonpiste hinausschießt und auf einer Grasfläche weiterfahren muß. Anders gesagt: Die Lichtstrahlen werden auf die bekannte Weise »gebrochen«.

Daß Licht verschiedener Wellenlänge unterschiedlich stark gebrochen wird, erklärt man damit, daß die Hüllenelektronen im optisch dichteren Medium durch die kurzen, energiereichen Wellenzüge des Violettlichts stärker zum Mitschwingen angeregt werden als durch die langwellige, energieärmere Rotlichtstrahlung. Das Glasprisma wird auf diese Weise zu einer Art »Sortiermaschine« für die verschiedenfarbigen Strahlungsanteile des sichtbaren Sonnenlichts.

Nun braucht man für die Einmischung der Farben eines brauchbaren Farbfernsehbildes keineswegs alle sieben Spektralfarben: Die bereits erwähnte »*additive Farbmischung*« (vgl. Seite 209) erlaubt es, schon mit drei Farben aus dem Spektrum, nämlich mit Rot, Grün und Blau, das übliche Schwarzweißbild mit allen »natürlichen« Farben zu einem recht brauchbaren Farbbild »einzufärben«. Wie bereits gesagt: Ein Farbfernsehbild ist einfach ein »koloriertes« Schwarzweißbild, das zunächst auf die geschilderte Weise in den üblichen Grauwerten zwischen Schwarz und Weiß hergestellt wird.

Das in Grautönen variierende *Helligkeitssignal* für den Schwarzweiß-Anteil des Bildes wird beim Farbfernsehen noch durch ein sogenanntes »*Farbart-Signal*« für den Farbanteil des Bildes ergänzt: Es setzt sich zusammen aus dem jeweiligen Signal für den Farb*ton* (z. B. Blau, Gelb, Violett usw.) und für die Farb*sättigung* (halbgesättigtes Blau ist Himmelblau, fast entsättigtes Rot ist Rosa usw.). Das Farbart-Signal ist also ein *Doppelsignal* mit Farbtonwerten und Farbsättigungswerten.

Betrachten wir zunächst den *Farbton*: Er wird »ermischt« aus den drei Grundfarben Rot, Blau und Grün. Die additive Farbmischung gestattet es nämlich, z. B. aus Rotlicht und Grünlicht ein strahlendes Gelb zu erzeugen (vgl. Abbildung Seite 204). Aus Blau und Grün läßt sich ein helles Zyanblau herstellen, aus Rot und Blau eine satte Purpurfarbe usw.

Auf diese Weise entsteht ein sogenannter »Farbkreis«, der an seinem Umfang alle erforderlichen *Farbtöne in voller Farbsättigung* besitzt (vgl. Abb. Seite 201). Diese *Farbsättigung* läßt sich nun jedoch durch

Farbart-Signal

das entsprechende Signal abschwächen: Innerhalb des Farbkreises nähert man sich auf diese Weise dem Kreismittelpunkt, bei dem alle Farbtöne völlig entsättigt vorliegen, was ein »reines Weiß« bedeutet. Jeder beliebige Farbton läßt sich also durch entsprechende Schwächung seiner Farblichtmischung aus den drei Grundfarben Rot, Grün und Blau bis hin zum Weiß-Wert entsättigen.

Solche erstaunlichen Kolorierungen mit Farbmischungen aus drei Grundfarben und deren Entsättigung klappen natürlich nur mit Überlagerungen von *Lichtstrahlen* aus einer roten, einer blauen und einer grünen Lichtquelle. Sollten Sie versuchen, diese »Illuminierung« mit Buntstiften oder Wasserfarben nachzuspielen, werden Sie garantiert eine herbe Enttäuschung erleben: Dabei funktioniert die Farbmischung nämlich nicht *additiv,* sondern *subtraktiv.* Die Farbstoffe (»Pigmente«) reflektieren hier nur einen Bruchteil des auffallenden Lichtes und verschlucken (»absorbieren«) den Rest: Je mehr verschieden absorbierende Pigmente gemischt werden, um so mehr Lichtanteile gehen verloren – werden gleichsam »subtrahiert«.

Merken Sie sich also: Ein normales Schwarzweißbild beim Fernsehen kann man mit dem Farbart-Signal, das Farbton- und Farbsättigungswerte enthält, beliebig einfärben. Das Farbart-Signal ist dabei ein Doppelsignal: Es liefert die komplette Information für den farbigen Bildanteil.

Wie sieht nun die Erzeugung, der Transport und die Entschlüsselung dieser Farbinformation für den farbigen Bildschirm aus? In den Fernsehstudios, die mit *elektronischen Farbkameras* ausgerüstet sind, wird das Licht, das die abzubildenden »Objekte« (Schauspieler, Szenen, Graphiken usw.) ausstrahlen, wenn sie vom Scheinwerferlicht bestrahlt werden, durch das Objektiv der Kamera gebündelt und mit Hilfe eines sogenannten »Strahlenteilers« und drei Farbfiltern nach den drei Grundfarben aufgeschlüsselt: Dadurch entstehen drei Teilbilder für die Farbwertauszüge Rot, Blau und Grün (vgl. Abbildung Seite 204/205). Der Strahlenteiler ist ein System von drei Glasprismen, das das Licht mit Interferenzspiegelschichten und farbselektiven Filtern in je ein komplettes Rotbild, Blaubild und Grünbild zerlegt und drei verschiedenen Bildaufnahme-Röhren zuführt. Die drei Kameraröhren der »Dreiröhren-Farbfernsehkamera« wandeln dann die optischen Farbauszüge jeweils in elektrische Bildsignale um: Sie gehören damit zu den

Elektronische »Licht-Bilder« ...

»Bild-Signal-Wandlerröhren«, sind also gleichsam Gegenstücke zu den Bildröhren im Empfangsgerät, die bekanntlich zu den Signal-Bild-Wandlerröhren zählen.

Aus dem Signalgemisch der dreierlei Bildsignale »mixt« ein sogenannter »Signalumwandler« am Sender zum einen das *Helligkeits*signal (Graustufenverteilung des schwarzweißen Bildanteils), zum andern das *Farbart*-Signal zurecht. Dieses neuerliche Signalgemisch wird vom Farbfernsehsender zusammen mit dem Tonsignal ausgestrahlt.

Am jeweiligen Empfangsgerät (Farbfernsehgerät) muß sodann wieder »entmischt« werden: Aus dem Helligkeitssignal und dem Farbart-Doppelsignal werden die drei Farbauszüge rückverwandelt und aus drei getrennt geführten Elektronenkanonen in der Farbbildröhre auf den Farbbildschirm geschossen. Die »farbige Mattscheibe« im Empfangsgerät unterscheidet sich dabei deutlich vom bereits erläuterten Bildschirm des Schwarzweißgeräts.

Der Schirm ist mit rund 400 000 Bildpunkt-Einheiten (Farbelementen) übersät; sie setzen sich jeweils aus drei fluoreszierenden Tüpfelchen zusammen, die in den Farben Rot, Grün und Blau aufleuchten: Man nennt diese Farbelemente daher auch »*Farbtripel*«. 400 000 Farbtripel heißt also auch 1,2 Millionen (!) Leuchtstoffpunkte. Mit der Lupe kann man dieses Pünktchenmuster auf jedem Bildschirm eines Farbgerätes schön erkennen (vgl. Abbildung Seite 201). Als Materialien für die Leuchtstoffpunkte (*Luminophore*) werden Zinkverbindungen benützt (vgl. Seite 198): Silberaktiviertes Zinkkadmium leuchtet z. B. grün auf, wenn es vom Kathodenstrahl getroffen wird, silberaktiviertes Zinksulfid blau. Als rotleuchtende Substanz hat sich eine mit dem seltenen Erdmetall Europium aktivierte Yttrium-Phosphor-Verbindung gut bewährt.

Die Luminophor-Tüpfelchen der 400 000 Farbelemente des bunten Bildschirms haben übrigens einen Durchmesser von jeweils 0,3 Millimeter. Leuchten sie rasch hintereinander in Dreiergruppen (Tripeln) auf, so werden sie vom Auge des Betrachters natürlich nicht mehr getrennt wahrgenommen: Sie zerschmelzen zum Eindruck eines farbigen Bildpunktes in der gewünschten Mischfarbe, die durch die Intensität der drei Kathodenstrahlen aus den drei Elektronenkanonen bestimmt wird (vgl. Abbildung Seite 205). Wie erreicht man aber, daß zum richtigen Zeitpunkt der richtige Bildpunkt aufleuchtet?

Lochmaske

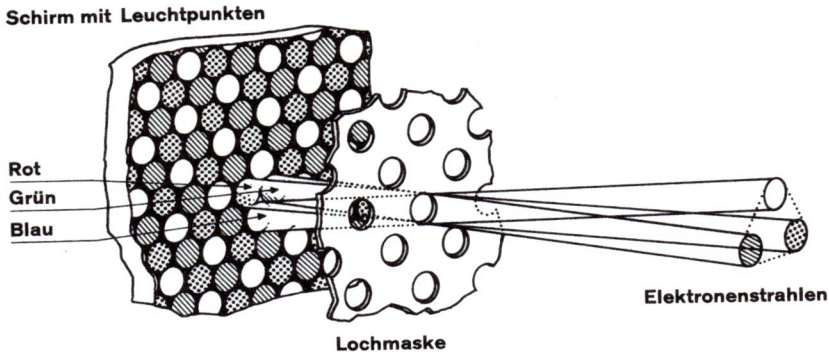

Die drei Kathodenstrahlen aus den Elektronenkanonen der Farbbildröhre kreuzen sich knapp über dem angezielten Farbtripel und treffen dabei stets nur »ihren« Leuchtpunkt. Dabei verhindert die Lochmaske, daß nicht die verkehrten Luminophor-Pünktchen aufleuchten.

Das geschieht mit Hilfe einer Loch- oder Schattenmaske, die etwa eineinhalb Zentimeter vor der Leuchtstoffschicht im Innern der Röhre eingebaut ist. Die drei Kathodenstrahlen müssen erst diese Lochmaske passieren, bevor sie auf die Luminophor-Punkte treffen und diese zur Lichtemission anregen können. Die Lochmaske besitzt genausoviele Öffnungen für die Kathodenstrahlen, wie es Farbtripel auf dem Bildschirm gibt, also ungefähr 400 000. Diese Öffnungen sind Löchlein von 0,2 Millimeter Durchmesser am Rand des Bildschirms bis 0,25 Millimeter Durchmesser in der Bildschirmmitte. Sie müssen genau im Dreiecksmittelpunkt über dem jeweiligen Farbtripel plaziert sein. Warum?
Die drei Kathodenstrahlen sind so ausgerichtet, daß sie sich knapp über dem Farbtripel überkreuzen, um dann nur »ihren« Leuchtpunkt zu treffen: So regt der Strahl aus der elektronischen »Blau-Kanone« nur das Zinksulfid-Luminophor-Pünktchen an, der Strahl aus der »Grün-Kanone« nur das Zinkkadmium-Tüpfelchen und der »Rot-Strahl« nur den Yttrium-Phosphor-Leuchtfleck (vgl. Abbildung). Die Lochmaske (Schattenmaske) sorgt also dafür, daß nicht die verkehrten Leuchtpunkte zur Lichtemission angeregt werden. Der Mechanismus des fortlaufenden Aufleuchtens funktioniert natürlich genauso,

wie wir es bereits für den Schwarzweiß-Bildschirm erläutert haben (vgl. Seite 196 f.).

Wenn Sie sich überlegen, daß solche Farbbildröhren in Massenfabrikation gefertigt werden, dann bekommen Sie einen recht guten Eindruck von der Leistungsfähigkeit der elektronischen Industrie. Aufgrund des charakteristischen Aufbaus dieser Signal-Bild-Wandlerröhren werden sie übrigens »Dreistrahl-Lochmasken-Farbbildröhren« genannt, englisch »shadow-mask-tubes«.

Gegen die früheren *Farbton-Fehler* am Empfangsgerät, die dem amerikanischen *NTSC*-System (Abkürzung von »National Television System Comittee«) dereinst die böse Umschreibung »Never The Same Colour« (deutsch: »Nie die gleiche Farbe«) eingebracht haben, sind die neuen Apparate weitgehend immun geworden: Kein Nachrichtensprecher bekommt heute mehr vorübergehend einen blauen Haarschopf, keine Sängerin mehr eine grüne Nase ...

Beim sogenannten »*PAL*-Farbübertragungsverfahren« (Abkürzung von »Phase Alternation Line«) werden Verfälschungen der Farbinformation (gegen die übrigens kein elektronisches »Transportsystem« aufgrund immer wieder möglicher Übertragungsfehler gefeit ist) durch eine periodische Farbumkehrung ganz automatisch korrigiert: Hat das Fernsehbild z. B. einen Blaustich, der auf dem Übertragungsweg als Farbtonfehler zustande gekommen ist, so wird dieser verfälschte Farbton sekundenbruchteilschnell mit einem Ausgleichssignal gekontert, das einen Rotstich erzeugt. Dem Stich wird also ein entgegengesetzter »Komplementär-Stich« beigefügt, der im Auge des Betrachters wieder den richtigen Farbeindruck herstellt: Es kommt dann zu einer Mittelwertbildung beider Farbabweichungen, die sich vollständig ausbalancieren, gegenseitig kompensieren.

»Phase Alternation Line«, kurz *PAL*, besagt also, daß am Bildschirm fortlaufend »farbumgekehrt« wird, Zeile für Zeile im Fernsehbild eine Phasenumkehr in Richtung der Farbton-Skala auftritt. Bei zwei aufeinanderfolgenden Zeilen kann auf diese Weise recht gut korrigiert werden, weil die Differenz des farbigen Bildinhaltes dieser beiden Zeilen ja äußerst gering ist.

Bei der deutschen Firma Telefunken wurde das *PAL*-Verfahren von Walter Bruch zum heute wohl leistungsfähigsten Farbfernsehsystem entwickelt. Wichtige Forschungsarbeit hat man dafür in den *USA* ge-

Stimulierte Emission

leistet: Unter der Bezeichnung »Color Phase Alternation« entwickelte z. B. ein Ingenieurteam der Firma *RCA* ein »Vorläuferverfahren« von PAL; bei der Firma Hazeltine gab's ein verwandtes System, das »Oscillation Color Sequence« genannt wurde.

11.2 »Lichtverstärkung« durch Laser

Auch die Betrachtung der »farbigen Mattscheibe« war, ähnlich wie unsere Überlegungen zu den lichtelektrischen Effekten, insbesondere zum p-n-Photoeffekt (vgl. Seite 139), ein Kapitel aus der sogenannten »Optoelektronik« oder »Lichtelektronik«: Die Elektroniker beschäftigen sich dabei mit der Wechselwirkung zwischen Licht und Materie, speziell mit den optischen Eigenschaften von Halbleiter-Kristallen. Auch die »Luminophore« auf der Innenseite des Bildschirms sind Festkörper-Kristalle dieser Art.

Wechselwirkung zwischen Licht und Materie kann man sinnvollerweise nur mit quantentheoretischen Erklärungen plausibel machen: Daher ist die Quantentheorie der Physiker auch zum Werkzeug der Elektronik geworden. Der entscheidende Gedanke ist dabei, daß Licht nicht nur Welleneigenschaft als elektromagnetische Strahlung hat, sondern auch Teilcheneigenschaft – wir reden dann von Photonen (Lichtquanten). Obendrein muß man bisweilen die Materie nicht nur als Partikel, sondern auch als De-Broglie-Wellen betrachten. Licht *und* Materie besitzen also Wellen- *und* Teilcheneigenschaften.

Besonders deutlich zeigt sich das bei der sogenannten »*Laser-Strahlung*«, die erst im Jahre 1960 entdeckt wurde. Eine Laser-Lichtquelle erhält man, wenn die »*stimulierte Emission*« ausgenutzt wird. Was ist darunter zu verstehen?

Die *spontane Emission* von Lichtquanten kennen wir bereits: Durch Energiezufuhr von außen wird in der Elektronenhülle des Atoms ein Elektron auf ein höheres Energieniveau gehoben. Fällt es zurück auf ein niedrigeres Niveau, so gibt es die zuvor aufgenommene Energie in Form von Licht- oder Wärmestrahlung wieder ab. Mit anderen Worten: Das System emittiert ein Lichtquant (Photon) oder ein »Wärmequant« (Phonon), wenn es vom »angeregten« Zustand in den Grundzustand zurückkehrt. Die Emission der Strahlung erfolgt in diesem Falle spontan – innerhalb einer hundertmillionstel Sekunde übrigens. Bei einer natürlichen Lichtquelle wie der Sonne oder einer künstlichen wie der Glühlampe beruht die Abgabe von Photonen auf dieser spontanen Emission: »Angeregte« Atome sind dabei pausenlos auf zufallsverteilten »Quantensprüngen«...

Neben diesem *Zufallsprozeß* der *spontanen* Emission gibt es aber noch einen *steuerbaren* Mechanismus der *stimulierten* Emission: In diesem Falle wird das Atom von einem Photon genau der Art getroffen, das es selbst ausstrahlen kann. Die energetischen $h \cdot v$-Werte des stimulierenden und des emittierten Lichtquants stimmen also genau überein. Dadurch wird das angeregte Atom aber gezwungen, ein Photon auszuschleudern, das dem »Stimulanz-Photon« nicht nur wie ein Ei dem andern gleicht, sondern sich diesem auch noch *phasengleich* anschließt: Die beiden Lichtquanten bilden zusammen einen nahtlos fortlaufenden Lichtwellenzug.

Mit diesem Schwingen in gleicher Phase ist ein guter Anfang für eine *Laser*-Strahlung gemacht: Die zwei Photonen (Lichtquanten) können ja nun weitere angeregte Atome zur Emission von Photonen gleicher Frequenz (Energie) und gleicher Phase stimulieren. Der Lichtwellenzug wird auf diese Weise immer länger. In einem entsprechenden Atomverband, z. B. in einem Festkörper-Kristall, läßt sich auf diese Weise geradezu eine »Photonen-Lawine« auslösen, die sich in phasengleichen Wellenzügen ausbreitet – vorausgesetzt, es sind stets angeregte Atome vorhanden.

Bei der stimulierten Emission bewegt sich diese Photonen-Lawine ungefähr wie eine marschierende Truppe durchs lichtdurchlässige Medium, z. B. durch einen Rubin-Kristall: Man befindet sich im Gleichschritt (gleiche Phasenlage); man trägt gleichfarbige Uniform (gleiche Lichtwellenlänge bzw. Frequenz), und man marschiert in der gleichen Richtung.

In diesem Falle spricht man in der Physik übrigens von einem »kohärenten, monochromatischen« Licht. Setzt man den »Exerzierplatz« für die Photonen, nämlich den Rubin, noch dazu zwischen zwei Spiegel, dann baut sich ein Strahlungsfeld auf, dessen Lichtquanten phasengleich zwischen den beiden Spiegelwänden hin- und hergeworfen werden: Der Rubin-Kristall wird auf diese Weise zu einem »optischen Resonator«. Macht man eine der beiden Spiegelschichten halbdurchlässig (»halbtransparent«), so können die viele Male reflektierten Lichtwellenzüge als scharf gebündelter »*Laser*-Strahl« den Kristall verlassen.

Wie bereits gesagt: Phasengleichheit, gleiche Frequenz und gleiche Richtung des »*Laser*-Lichts« machen es für den Physiker zu einem kohärenten, monochromatischen Licht. Die *Laser*-Strahlung unterscheidet sich dadurch vom normalen, d. h. vertrauten Licht einer Glühbirne oder vom Sonnenlicht: Diese Lichtquellen geben sogenanntes »inkohärentes« Licht ab, d. h. einen »Wellensalat« aus Photonen ungleicher Phasenlage, unterschiedlicher Frequenz und beliebiger Ausbreitungsrichtung. Um im militärischen Bild zu bleiben: Geschosse verschiedensten Kalibers werden beliebig nach allen Richtungen »abgefeuert« ...

Ähnlich sieht es beim Licht einer Natriumdampflampe aus: Hier werden zwar kurze Wellenzüge von praktisch gleicher Frequenz (»Farbe«) emittiert; doch weder Phasengleichheit noch gleiche Richtung ist garantiert. Auch die Strahlung dieser Lampen ist »inkohärent«, wenn auch weitgehend »monochromatisch«. Der entscheidende Unterschied zum Ausstrahlungsmechanismus einer *Laser*-Lichtquelle besteht bei der Sonnenstrahlung wie beim Licht der Glühbirne oder der Natriumdampflampe darin, daß die Photonen *spontan* emittiert werden, aus Atomen auf zufällig verteilten »Quantensprüngen«.

Die *stimuliert* emittierte *Laser*-Strahlung dagegen ist praktisch monochromatisch (hat gleiche Frequenz) und tatsächlich kohärent, d. h. zusätzlich von gleicher Phase und gleicher Richtung: Das entscheidende Problem zur Aufrechterhaltung dieser stimulierten Emission ist es allerdings, ständig angeregte, also emissionsfähige Atome parat zu haben. (Obendrein braucht man natürlich, was sich praktisch von selbst versteht, ein Medium, das lichtdurchlässig ist.) Bei verschiedensten Materialien ist dies gewährleistet: So gibt es *Festkörper-Laser* wie den schon erwähnten Rubin-Kristall, aber auch *Gas-Laser* wie den Helium-Neon-Laser. Wichtig ist, wie gesagt, daß stets angeregte Atome vorhanden sind, die durch äußere Energiezufuhr pausenlos zur stimulierten Emission angestoßen werden können. Wie sieht dieser erstaunliche Mechanismus nun im Detail aus?

Normalerweise befinden sich die entsprechenden atomaren Bausteine eines Festkörper- oder Gas-*Lasers* natürlich in ihrem energetischen Grundzustand: Man muß da schon von außen durch Energiezufuhr

Elektronische »Licht-Bilder« ...

nachhelfen, um die Atome in einen angeregten Energiezustand zu versetzen. »*Optisches Pumpen*« nennt der Fachmann diese Prozedur, bei der Elektronen in den Atomhüllen z. B. durch Lichteinstrahlung auf ein gewisses Energieniveau angehoben werden.

Sehen wir uns diesen Vorgang einmal näher an: Man bestrahlt z. B. den Rubin-Kristall von außen her mit Licht verhältnismäßig hoher Frequenz, d. h. hoher Energie, wodurch bei den Atombausteinen Übergänge vom Grundzustand E_a auf ein höhergelegenes Energieniveau E_c bewerkstelligt werden (vgl. Abb.). E_c ist dabei ein äußerst »kurzlebiger« Zustand des angeregten Atoms: Es fällt schlagartig wieder aus E_c in den Grundzustand E_a zurück und emittiert dabei ein Photon, das in seinem Frequenzwert der äußeren Strahlung des »Pumplichts« entspricht. Es kann aber auch, was für die Erzeugung der *Laser*-Strahlung bedeutsam ist, aus E_c in den Zustand E_b übergehen. Dabei wird natürlich ein wesentlich energieärmeres Quant ausgestrahlt, das die Frequenz

$$\nu = \frac{E_c - E_b}{h}$$

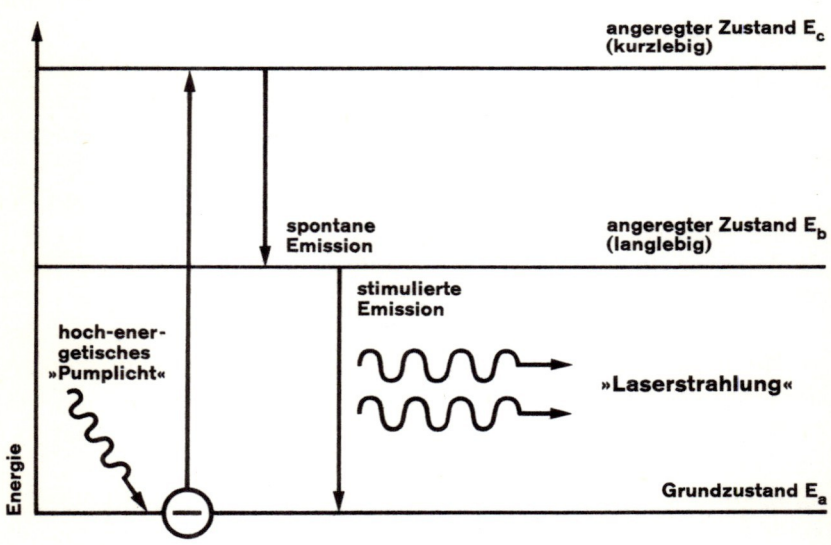

Energieniveau-Diagramm für die Entstehung von *Laser*-Strahlung.

besitzt (vgl. Seite 19). In gewissen Materialien, so auch im Rubin, ist dieser »kürzere« Übergang von E_c nach E_b viel wahrscheinlicher als der »lange Rückfall« in den energetischen Grundzustand E_a. Obendrein ist die *spontane* Emission eines Photons der Frequenz

$$\nu = \frac{E_b - E_a}{h}$$

ziemlich unwahrscheinlich. Anders gesagt: Ein Übergang vom energetischen Zustand E_b in den Grundzustand dauert ungleich länger als von E_c nach E_b oder von E_c nach E_a. Der angeregte Zustand E_b des Atoms ist also deutlich »langlebiger« als sein Zustand E_c. Speziell für den *Rubin-Laser* sieht die Sache so aus: Da sind in Aluminiumoxid-Kristalle (Al_2O_3) positive Chrom-Ionen (Cr^{+++}) eingebaut, »dotiert« worden (vgl. Seite 113). Durch ein blitzschnelles »optisches Pumpen« mit Hilfe eines Blitzlichtgerätes werden die Chrom-Ionen über den extrem kurzlebigen E_c-Zustand vorwiegend in den langlebigeren E_b-Zustand versetzt, wobei sie beim Rückfall von E_c nach E_b Phonome (Wärmequanten) emittieren, die den Rubin-Kristall erwärmen. Im E_b-Zustand kann dann das fürs *Laser*-Licht so bedeutsame Stimulieren beginnen: Einige wenige Chrom-Ionen fallen zunächst aus dem energetischen Niveau E_b *spontan* in den Grundzustand E_a, wobei sie Photonen der Frequenz $(E_b - E_a)/h$ ausstrahlen, die nun ihrerseits die »Langweiler« unter den noch im E_b-Zustand verharrenden Ionen zur phasengleichen Abgabe gleichfrequenter Photonen zwingen. Auch diese Ionen fallen dabei natürlich, wenn auch etwas verzögert, in den Grundzustand zurück. Dabei entsteht ein schönes Rotlicht, die *Laser*-Strahlung des Rubin-Kristalls ...
Nach dieser kurzen Betrachtung zur stimulierten Emission werden Sie vermutlich keine Schwierigkeit mehr haben, das Kunstwort »*Laser*« zu verstehen: Es setzt sich aus den Anfangsbuchstaben der englischen Benennung für diesen Mechanismus zusammen. »*Laser*« ist »*L*ight *a*mplification by *s*timulated *e*mission of *r*adiation«, also »Lichtverstärkung durch stimulierte Strahlungsemission«.
Je nachdem, wie viele Energieniveaus E_a, E_b, E_c usw. im »*Laser*-Spiel« sind, spricht man vom »Drei-Niveau-*Laser*« oder »Vier-Niveau-*Laser*«. Man rechnet *Laser* übrigens zu den sogenannten »Molekularverstärkern«.

12. Kapitel

»Auf das Elektron!«

12.1 Wo elektronische »Maulwürfe« am Werk sind

Vielleicht erinnern Sie sich noch an den recht merkwürdigen Trinkspruch, mit dem sich die Physiker von Cambridge zur Jahrhundertwende zugeprostet haben? »Auf das Elektron! – Möge es niemals niemandem nützlich sein!« hieß er. Dieser Toast ist längst überholt: Das Elementarteilchen Elektron ist heute ein so nützliches »Objekt« der Wissenschaft, der Technik und des täglichen Lebens geworden, daß sich eigentlich jeder Kommentar dieses unfrommen Wunschdenkens erübrigt. Im Rahmen unserer Betrachtungen konnten wir gar nicht alles würdigen, was diesbezüglich hätte gewürdigt werden müssen: Denken Sie nur an Röntgenröhren, Elektronenmikroskope, Teilchenbeschleuniger und Datenverarbeitungsanlagen (»Computer«, »Elektronenhirne« – siehe »Knaurs Buch der Denkmaschinen«). Überall spielt das »freie« Elektron die tragende Rolle. Wir haben uns damit begnügt, in die Elektronenröhre zu schauen, hinter den Fernseh-Bildschirm zu blicken und Halbleiter-Bauelemente oder Photozellen zu analysieren.

Im Rahmen unserer Betrachtung ging es ja vor allem darum, einen möglichst soliden »Steckbrief« *des freien Elektrons* zu erarbeiten und die quantenmechanischen Mechanismen aufzudecken, in die es bei elektronischen Prozessen verwickelt werden kann: Nur auf diese Weise ist ein grundlegendes Verständnis der Vorgänge möglich, die sich in Elektronengeräten abspielen, mit denen wir Tag für Tag mehr oder weniger häufig zu tun haben. Der detaillierte Schaltplan eines lichtschrankengesicherten Alarmsystems nützt einem herzlich wenig, wenn man die Mechanismen der lichtelektrischen Effekte nicht kennt.

Mit Hilfe der verschiedensten Modellvorstellungen haben wir uns klargemacht, wie sich das freie Elektron in etwas »gezügelter« Freiheit durchs Kristallgitter eines Metalls oder Halbleiters bewegt, wie es in »voller« Freiheit durchs Vakuum einer Elektronenröhre jagt, wobei es

»Auf das Elektron!«

mit Hilfe elektrischer oder magnetischer Felder präzise gelenkt werden kann: Das ist der eigentliche Kern jeder elektronischen Nutzung. Das *freie, steuerbare* Elektron bestimmt alle Geschehnisse in der Elektronik: Es läßt sich, durch Glühemission oder äußeren Photoeffekt etwa, *steuerbar freisetzen* und dann über die genannten Felder *gesteuert ablenken.*

Anhand von typischen Beispielen haben wir diese Vorgänge erläutert und theoretisch interpretiert, ohne großen mathematischen Aufwand zwar, aber doch mit den entsprechenden Modellen. Wir haben gesehen, wie das Elektron als Materiewelle in der Atomhülle verwellt verweilen kann, ohne Energie zu verlieren, wie es sich »abzuwellen« vermag im Gitterwerk der Kristalle, wie es zur Wahrscheinlichkeitswolke zerfließt usw. usf.

Wir haben es vor allem als effektiven Sitz eines elektrischen Kraftfeldes kennengelernt, wenn es als *Ladungsträger* »agiert«. Wir haben gesehen, daß man es bisweilen als »Pünktchen« mit träger Masse ansehen muß, das sich wie ein verrückter Kreisel benimmt und einen »Spin« besitzt. Teilchen- *und* Wellenbild müssen in Betracht gezogen werden, wenn man hinter seine Schliche kommen will...

Wie bereits gesagt: Eine genaue räumliche Ausdehnung läßt sich dem Elektron auch im Teilchenbild nicht zuschreiben. Dennoch spricht man von einem »*Elektronenradius*« (vgl. Seite 47), den man obendrein mit der präzisen Angabe $1{,}42 \cdot 10^{-13}$ cm versieht. »Ist« das Elektron – bisweilen wenigstens – also doch das »klitzekleine« Kügelchen, das durch die Köpfe der meisten Leute spukt, wenn von diesem Elementar-»Teilchen« die Rede ist?

In der klassischen Physik hat dieser Elektronen*radius* des elektronischen »Billardkügelchens« seine anschauliche Bedeutung: Man stellt sich dabei vor, daß die Elementarladung e an negativer Elektrizität, die ein Elektron mit sich herumschleppt, gleichmäßig verteilt ist über die Oberfläche einer Kugel mit dem Halbmesser von $1{,}42 \cdot 10^{-13}$ cm. Das Innere dieses fiktiven Kügelchens ist dann völlig feldfrei, und die außen verteilte Feldenergie entspricht genau der sogenannten »Ruh-Energie« des Elektrons, das allerdings nie ganz zur Ruhe kommen kann. (Seine »Ruh-Masse« m_0 entspricht übrigens ungefähr der Masse des »langsamen« Elektrons, die wir mit $m_e = 9{,}11 \cdot 10^{-31}$ kg kennengelernt haben.)

Elektron als »Massenpunkt«

In der durch die quantenmechanische Beschreibung fixierten körnigen und verwaschen unscharfen Elektronenwelt hat diese »Maßangabe« des Elektronenradius, der bereits an der methodischen »Schallgrenze« der *Elementarlänge* liegt, natürlich keinerlei Bedeutung (vgl. Seite 26): Das Elektron »ist« eben *kein* (wenn auch in seiner »Winzigkeit« immer noch vermeintlich vorstellbares) Billardkügelchen. Wir wissen, daß es im elektrischen Feld eines anderen subatomaren »Teilchens« zusammen mit dem Positron aus der »reinen« Energie eines Strahlungsquants entstehen kann (»Paarerzeugung«) und daß Elektron und Positron wieder zu bloßen Energiepäckchen »verpuffen«, wenn sie aufeinanderstoßen (»Paarvernichtung«): Der herumkugelnde »Massenpunkt« Elektron ist immer nur eine begrenzt nützliche Anschauungskrücke.

Das zeigt sich unter anderem auch bei dem Bild, in dem das Elektron als Billardkugel angesehen wird und der Potentialtopf eines Kristalls als Mulde (Schüssel) mit spiegelglatter Oberfläche, um die Reibungsverluste der rollenden Kugel möglichst klein zu halten: Hält man die Kugel hier so fest, daß ihr Schwerpunkt (Mittelpunkt) genau auf der Höhe des Schüsselrandes liegt, und läßt sie dann nach innen rollen, indem man sie losläßt, so »pendelt« sie in der Mulde herum, ohne den Rand zu überschreiten. Anders gesagt: Selbst wenn wir uns vorstellen, daß überhaupt keine Energieverluste durch rollende Reibung auftreten, kann die Billardkugel als »Elektron« mit ihrer potentiellen Energie niemals die Mulde über deren Rand (»Potentialwall«) hinweg verlassen.

In der quantenmechanischen Beschreibung dieses Vorgangs aus der »makroskopischen« Welt der Billardkugel hat sie allerdings die erbärmliche Chance von 1 zu $10^{10^{12}}$ (»eins zu zehn hoch zehn hoch neunundzwanzig«), daß sie außerhalb der Schüssel auftaucht: Doch das ist praktisch unmöglich. (Dies hat seinen Grund in der hier vernachlässigbar kleinen Größe h, dem Planckschen Wirkungsquantum, das bei makroskopischen Prozessen keine Rolle spielt.)

In der vergleichbaren Situation im »mikrokosmischen« Bereich hat das Elektron, das mit einer ähnlich niedrigen Energie im Potentialtopf eines Kristalls festsitzt, dagegen durchaus eine reelle Chance, seine »Schüssel« verlassen zu können: Im *Teilchenbild* ist dieser Sachverhalt natürlich *nicht erklärbar*. Der energetisch hohe Potentialwall an der Kristalloberfläche läßt sich vom Elektronen*kügelchen* nicht überwin-

»Auf das Elektron!«

den, wohl aber von der *Materiewelle* Elektron. Das verwellte Elektron »untertunnelt« gleichsam den Potentialwall als »elektronischer Maulwurf«...

Dieser sogenannte »*Tunneleffekt*« muß auch in der Elektronik verschiedentlich zur Erklärung von Sachverhalten herangezogen werden. Da ist zunächst eine Halbleiter-Diode, die »*Tunneldiode*« genannt wird. Sie besitzt eine extrem dünne Sperrschicht am p-n-Übergang, die links und rechts in zwei schmalen Bereichen ungewöhnlich hoch »dotiert« ist. Diese Störstellen-Konzentration hat zur Folge, daß bereits beim Anlegen einer schwachen Spannung in Flußrichtung (Durchlaßrichtung) der Diode mit einem Schlag eine gewaltige Menge von Ladungsträgern zur Verfügung steht, die weder aus dem »Hinterland« des p-leitenden noch des n-leitenden Bereiches im gleichen Umfang nachgeliefert werden können.

Schon bei kleinen Außenspannungen setzt also ein gewaltiger »Stromstoß« ein, d. h. die Stromstärke steigt rasch zu einem Gipfelpunkt (Maximum). Danach fällt der Strom trotz steigender Spannung rapide ab, bis eine Talsohle (Minimum) erreicht ist. Aus dieser Talsohle heraus steigt die Stromstärke mit zunehmender Spannung wieder »im normalen Diodenstil« an (vgl. die Abbildung Seite 167 sowie auf dieser Seite). Diese »fallende Kennlinie« der Tunneldiode läßt sich mit dem bereits erwähnten quantenmechanischen Effekt erklären, der *Tunneleffekt* genannt wird: Dabei durchdringt eine elektronische Materiewelle von vergleichbar niedriger Energie (»Fermi-Niveau«) den energetisch deut-

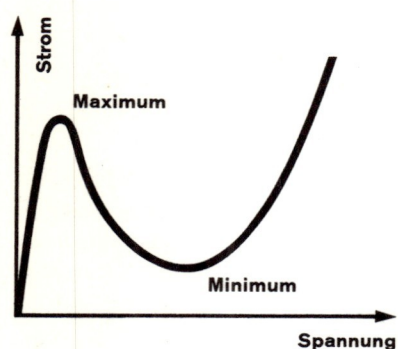

»Fallende Kennlinie« einer Tunneldiode, die sich von der Strom-Spannungs-Kennlinie einer normalen Röhren- oder Halbleiter-Diode deutlich unterscheidet (vgl. Abb. S. 167).

Feldemission

lich höheren Potentialwall an der dünnen Sperrschicht. Das verwellte Elektron »untertunnelt« also die »Energiemauer«: Je schmäler sie ist, um so leichter läßt sie sich vom »elektronischen Maulwurf« durchwühlen...

Im elektronischen *Teilchenbild* läßt sich dieser merkwürdige Sachverhalt, wie schon gesagt, *nicht erklären*: Ein Partikel niedriger Energie, der auf einen höheren energetischen Potentialwall stößt, prallt hoffnungslos an dieser »Energiemauer« ab, wird stets »total reflektiert«. Nur die statistische Deutung der Materiewelle Elektron läßt eine Aufenthaltswahrscheinlichkeit »hinter« dem höheren energetischen Potentialwall zu: Das Elektron hat sich »irgendwie« von der einen Seite des Walls auf die andere Seite »hinübergeschwindelt«. Da es nicht *über* die Mauer konnte, muß eine »*Unter*tunnelung« stattgefunden haben: »Elektronische Maulwürfe im Materiewellengewand« sind hier am Werk – etwas völlig Unanschauliches also, aber mathematisch Beschreibbares.

Beim Austritt von Elektronen aus einer Metalloberfläche haben wir die Mechanismen der Glühemission und des äußeren Photoeffektes kennengelernt: Sie sind ziemlich einleuchtend und werden technisch gerne genutzt. Es gibt aber auch die sogenannte »*Feldemission*«, bei der die Elektronen unter der Wirkung eines extrem starken *elektrischen Feldes* aus dem Kristall »gerissen« werden. Solche hohen Feldstärken treten praktisch nur an feinen Spitzen, an scharfen Kanten von Metallen und an dünnen Drähten auf (»Spitzenentladungen«).

Auch bei der Feldemission von Elektronen zieht man den Tunneleffekt zur Erklärung heran: Hier wird der Potentialwall an der Oberfläche des Kristalls, wenn er nicht allzu »breit« ist, wiederum von elektronischen Materiewellen untertunnelt. (Wellenmechanisch besehen wogt das Elektronenmeer im Metallgitter also doch in einer, wenn auch nur leicht undichten Potentialmulde, vgl. Seite 80).

Außerdem, so sagen die Theoretiker der Elektronik, trägt bei der Feldemission das äußere elektrische Feld an der Festkörper-Oberfläche den energetischen Potentialwall etwas ab, senkt also die Potentialschwelle: Dieser sogenannte »Schottky-Effekt« verkleinert damit die Austrittsarbeit.

Neben Glühemission, äußerem Photoeffekt und Feldemission gibt es als Elektronenaustritt aus Kristalloberflächen noch die »*Sekundärelek-*

»Auf das Elektron!«

tronen-Emission«, von der andeutungsweise schon bei den Fünfelektrodenröhren (Pentoden) die Rede war (vgl. Seite 178): War dieses »Herausschlagen« von Elektronen durch andere Elektronen bei den Pentoden unerwünscht, weil dadurch der Anodenstrom geschwächt wird, so nützt man diese Sekundärelektronen-Emission bei anderen Geräten gezielt aus, z. B. beim »Elektronenvervielfacher« oder »*Multiplier«*. Mit Hilfe dieser Multiplier kann man äußerst schwache Elektronenströme recht gut verstärken. Wie funktioniert diese Art der Elektronenemission?

Prallt ein Elektronenstrahl von wenigstens 10 eV Energie auf einen Festkörperkristall, so schlagen diese »Primärelektronen« eine weitaus größere Zahl von »Sekundärelektronen« aus diesem Körper. Man nimmt nun an, daß die aufschlagenden Elektronen vor allem mit den Leitungselektronen im Kristall in Wechselwirkung treten, aber ihre Energieladung auch in den äußeren Schalen der Gitterbausteine abgeben. Auf diese Weise entsteht im Gitterwerk ein »Salat« aus Sekundärelektronen und Strahlungsquanten, die neuerlich Sekundärelektronen freimachen oder ihre Energie durch unelastische Stöße mit den Gitterbausteinen verlieren.

Jedenfalls gibt der unter elektronischen Beschuß genommene Festkörper mehr Elektronen ab als auf ihn treffen: Die Anzahl der Sekundärelektronen überwiegt die der Primärelektronen. Aus den von der Glühemission her bekannten Oxidschichten von Alkalimetallen läßt sich rund die zehnfache Menge Sekundärelektronen durch die Primärelektronen auslösen. Rund zehn Prozent der aufschlagenden Geschosse treten als »rückdiffundierende Primärelektronen« wieder aus dem Kristall aus oder werden ohne Energieverlust »elastisch reflektiert«.

Die entsprechenden »Prall-Elektroden« in Multipliern heißen »*Dynoden«*. Am meisten Verwendung finden übrigens »*Photomultiplier«* (Photovervielfacher), bei denen die Primärelektronen durch den äußeren lichtelektrischen Effekt an einer »Photokathode« erzeugt und zu einer ersten Dynode hin beschleunigt werden, wo sie Sekundärelektronen auslösen, die zu einer zweiten Dynode hin beschleunigt werden usw. usf. (s. Abb.). Unter Ausnützung des äußeren Photoeffekts und der Sekundärelektronen-Emission arbeiten auch die *Fernseh-Kameraröhren* mit den Bezeichnungen »Superikonoskop« und »Superorthikon«.

Im Photomultiplier (Photovervielfacher) wird neben dem äußeren lichtelektrischen Effekt an der Photokathode die sogenannte »Sekundärelektronen-Emission« an Prall-Elektroden (Dynoden) ausgenützt.

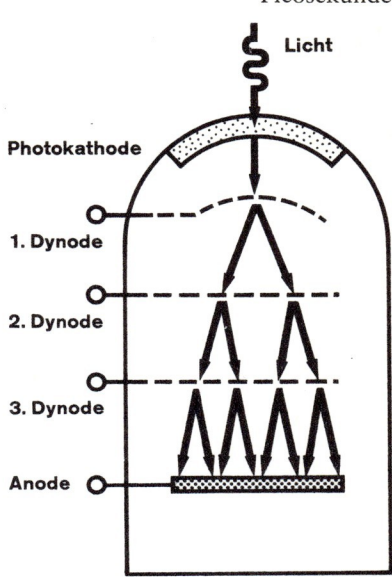

12.2 »Die Elektronen haben keine Moral«

Mit dem Begriffsrepertoire, das Sie sich im Laufe unserer Betrachtungen erarbeitet haben, sind Sie nun durchaus in der Lage, neuere Entwicklungen auf dem Gebiet der elektronischen Forschung zu verfolgen. Als praktisches Beispiel sei im folgenden ein Pressetext der Computerfirma IBM zitiert, in dem berichtet wird, daß es Wissenschaftlern des IBM-Laboratoriums Rüschlikon/Zürich gelungen ist, das Labormuster eines Schalters herzustellen, der in weniger als 10 Picosekunden geschaltet werden kann. Eine Picosekunde ist der billionste Teil einer Sekunde: Ein Lichtstrahl, der in einer vollen Sekunde rund 300 000 Kilometer durcheilt, schafft während dieses Sekundenbruchteils gerade eine Wegstrecke von 0,3 Millimeter! Erinnern Sie sich bei folgendem Text vor allem an die Stichworte »Tunneleffekt« und »Supraleitung«.

»Das neue Bauelement schaltet deutlich schneller als der schnellste bekannte Versuchstransistor, und – wichtiger noch – es verbraucht zehntausendmal weniger Leistung. Seine Güte, die durch die extrem hohe Schaltgeschwindigkeit und die extrem geringe Verlustleistung gekennzeichnet ist, übertrifft bei weitem die der bekannten elektronischen Bauelemente.

»Auf das Elektron!«

Die gemessene Schaltzeit des neuen Bauelements, eine sogenannte ›Josephson-Tunnelverbindung‹, betrug 34 Picosekunden einschließlich der Verzögerungen, die sich durch den Meßaufbau ergeben. Theoretische Untersuchungen lassen den Schluß zu, daß die hergestellten Josephson-Tunnelverbindungen in sechs bis zehn Picosekunden umschalten.

Die hohe Geschwindigkeit des Bauelements beruht auf der Ausnutzung eines physikalischen Effekts, der von dem englischen Physiker Brian Josephson vorausgesagt wurde. Er tritt nur wenige Grade über dem absoluten Nullpunkt (im Bereich der Supraleitung) auf.

Unter Supraleitung versteht man das vollständige Verschwinden des elektrischen Widerstandes einer Anzahl von Metallen und Legierungen bei sehr tiefen Temperaturen. Josephson sagte 1962 voraus, daß ein Isolator sich wie ein Supraleiter verhalten kann, wenn er dünn genug ist und wenn er zwischen zwei supraleitenden Elektroden liegt. Die Kenntnis dieses Effekts und einiger früherer experimenteller Befunde erlaubten den Schluß, daß ein Strom durch eine extrem dünne Isolatorschicht auf zwei verschiedene Arten fließen kann. In der Mitte der 60iger Jahre erkannten IBM-Wissenschaftler, daß dieser Unterschied des Stromflusses die Grundlage für einen elektronischen Schalter von der Art bietet, wie er nun in Zürich hergestellt wurde.

Bei kleinen Strömen und ohne Magnetfeld verhält sich die isolierende Schicht wie ein Supraleiter entsprechend der Voraussage von Josephson. Widerstand und Spannung der Tunnelverbindung sind Null. Überschreitet der Strom einen bestimmten Schwellenwert, so findet der Stromtransport in der bekannteren Form des Tunnels von Elektronen statt, ganz ähnlich wie in Halbleiter-Tunnel-Dioden, bei denen über der Sperrschicht ein kleiner Spannungsabfall auftritt. Diese beiden Zustände, die durch das Vorhandensein oder Nichtvorhandensein eines Spannungsabfalls charakterisiert sind, können die binären Ziffern 1 oder 0 in den Schaltkreisen eines Computers für Logik- und Speichereinheiten darstellen.

Der sehr kleine Energieunterschied zwischen den beiden Zuständen und die Tatsache, daß die metallischen Elektroden immer supraleitend bleiben, sind die Gründe für das extrem schnelle Umschalten bei sehr kleiner Verlustleistung. Deshalb sind Josephson-Tunnelverbindungen den älteren supraleitenden Schaltern, den sogenannten ›Kryotrons‹,

Mikroelektronik

bei denen die Metallschichten selbst zwischen den supraleitenden und normalleitenden Zustand hin- und hergeschaltet wurden, weit überlegen. Die sehr kleine Schaltleistung der Josephson-Tunnelverbindungen bedeutet, daß sie wenig Wärme erzeugen, sehr eng zusammengepackt werden können und deshalb eine volle Ausnutzung ihrer hohen Schaltgeschwindigkeit möglich wird. Schnelle Transistoren brauchen relativ große Kühlflächen. Da ein elektrischer Impuls während der Schaltzeit der Tunnelverbindung nur noch etwa einen Millimeter zurücklegt, ist eine gedrängte Anordnung wichtig, um unnötige Verzögerungen zwischen den Schaltkreisen zu vermeiden.«

Immer schneller, immer kleiner: Das ist die Devise der modernen Computertechnologie und der *Mikroelektronik*. Steigerung der Arbeitsgeschwindigkeit und Miniaturisierung gehen dabei Hand in Hand: Soll ein Schaltkreis pro Sekunde milliardenfach und mehr wirksam werden, so dürfen die Leitungen oft nur Bruchteile von Millimetern »lang« sein. Natürliche Grenze der Funktionsgeschwindigkeit elektronischer Bauelemente ist die *Lichtgeschwindigkeit,* die nach der experimentell gut gestützten Relativitätstheorie Grenzgeschwindigkeit für alles ist, was sich mit weniger als c bewegt. Andere Grenzen sind die *Elementarlänge* in der Größenordnung 10^{-13} cm und die *Elementarzeit* von 10^{-23} Sekunden: Diese Zeitspanne benötigt ein Photon, um die Elementarlänge zu durchlaufen. (Eine noch kürzere Zeitangabe als 10^{-23} s ist also physikalisch sinnlos.) Zu guter Letzt spielt natürlich noch, was die energetische Wechselwirkung betrifft, das *Plancksche Wirkungsquantum* h seine Rolle als Barriere technologischer Entwicklungen. Immerhin verbleibt für die kommenden Jahrzehnte mikroelektronischer Forschung diesbezüglich noch ein beachtlicher Spielraum, um noch schneller arbeitende und noch winzigere Bauelemente zu entwickeln.

Wozu das Ganze? Ist der geringe Raumbedarf der Bauelemente wirklich so wichtig? Bei militärischem Gerät oder bei Anlagen der Raumfahrttechnik ist dieses »Raumproblem« oftmals entscheidend. Wichtiger bei all diesen Bestrebungen sind allerdings die *schnellen Schaltzeiten,* die vor allem bei Computern genutzt werden, und insbesondere die große *Zuverlässigkeit* der elektronischen Apparaturen: Eine geringe Störungsanfälligkeit der Geräte kommt ja nicht nur dem Mann

»Auf das Elektron!«

im Skylab zugute, sondern auch dem Mann am Steuer, wenn er auf die Benzinuhr schaut, den Blinker betätigt, die Scheibenwischer in Gang setzt usw. usf.

Daß man heute komplette Schaltkreise auf winzigen Siliziumplättchen in hoher Packungsdichte unterbringt (»*integrierte Schaltkreise*«), geht allerdings primär auf ein »militärisches Bedürfnis« zurück: Ende 1955 war noch kein bedeutendes elektronisches Gerät für militärische Zwecke »transistorisiert«. Das wurde, vor allem nach dem »Sputnik-Schock« des Herbstes 1957, in der westlichen Welt rasch anders. (Der sowjetische Vorsprung in der Weltraumfahrt beruhte damals allerdings nicht auf der besseren Elektronik, sondern auf stärkeren Raketen.) Im Jahre 1960 brauchten die amerikanischen Militärs z. B. für ihre »Minuteman-Rakete« ein rasch arbeitendes, winziges Steuergerät. Im gleichen Jahr gelang es, bei der US-Firma »Texas Instruments Inc.« einen vollständigen Schaltkreis auf einem einzigen Siliziumplättchen zu montieren: Widerstände, Kondensatoren, Dioden und Transistoren wurden durch Diffusion auf einer Fläche erzeugt und mit feinen Drähtchen verbunden. Diese Technik wurde so verfeinert, daß inzwischen auf einem Siliziumplättchen von der Größe eines Zweimarkstücks etwa 500 integrierte Schaltkreise untergebracht werden können.

Es wäre müßig, an dieser Stelle in die üblichen Kassandrarufe einzustimmen, daß all diese elektronischen »Zaubergeräte« letztlich also doch nur dazu dienten, vorwiegend die militärische Vernichtungsapparatur in Gang zu halten: »Die Elektronen haben keine Moral. Sie dienen freien Menschen wie Diktatoren mit dem gleichen Eifer«, schreibt Ben H. Bagdikian in seinem Buch »The Information Machines«. Außerdem leben wir nun einmal in einer Zeit der militärischen Forschung und nicht – wie immer wieder behauptet wird – in einer Zeit der »reinen« und »zweckfreien« Naturforschung (englisch »science«). Unser technischer Fortschritt im Alltag beruht heute weitgehend auf den Abfallprodukten der militärischen Forschung, wobei sich das Raumfahrtprogramm »Apollo« als das herausragende Beispiel erwies: Natürlich bezieht sich diese Aussage nicht nur auf die Elektronik. Soldaten brauchen ja schließlich auch noch andere Dinge als elektronische Steuergeräte für ihre Raketen ...

Es ist in diesem Zusammenhang übrigens nicht uninteressant, daß die vielzitierte »Kybernetik«, nach Norbert Wiener die Wissenschaft von der »Informationsübertragung und Steuerung in Tier und Maschine«, ebenfalls im militärischen Forschungsbereich entwickelt wurde: Wiener arbeitete nämlich im Zweiten Weltkrieg an der Verbesserung von Feuerleitgeräten für Flugabwehrgeschütze (»anti-aircraft artillery«), wobei es einleuchtenderweise um »Zielen und Treffen« geht, die beiden wichtigsten Stichworte der Kybernetik...

Ob der »Große Bruder« aus George Orwells berühmtem Roman schon 1984 in alle Wohnzimmer blicken wird, ist allerdings kein technisches Problem mehr, sondern ein gesellschaftliches und politisches, wenn man will, ein moralisches: »Die Elektronen haben keine Moral«, haben wir gehört. Die »Wanze« (Abhörgerät) im Hotelzimmer des Diplomaten und das Tonbandgerät, das seine Telefonate aufzeichnet, sind zwar von Technikern gebaut worden: Solche Apparaturen lassen sich aber bekanntlich auch sinnvoller nutzen. Ob man künftig nicht nur akustisch, sondern mehr und mehr audio-visuell schnüffelt, ist also keine Frage, über die sich Physiker und Techniker den Kopf zerbrechen: Jedes Gerät, das sie bisher entwickelt haben, läßt sich irgendwie »mißbrauchen«.

Das wird sie nicht daran hindern, mit Laser-Licht und Glasfasern neuartige Kommunikationssysteme zu entwickeln, das Fernsehtelefon praktikabel zu machen, mit Nachrichtensatelliten und CATV (»community antenna television«) die Fernsehzuschauer mit hundert und mehr Programmen rund um die Uhr zu versorgen und ihnen die Zeitung auf elektronischem Wege mehrmals täglich ins Haus zu schicken. Technisch machbar wird vieles sein durch die Elektronik: Aber immer mehr Menschen fragen sich bereits, ob man das Machbare auch stets machen soll. Die »Informationsflut frei Haus« ist, von der technologischen Seite der Elektronik her besehen, kein allzu großes Problem mehr: Aber inwieweit ist sie nützlich? Bringt sie die angestrebten »gleichen Bildungschancen für alle«?

Seien wir mit Ben H. Bagdikian äußerst skeptisch, wenn diesbezüglich »Goldene Zeiten« versprochen werden. Er schreibt: »In einem gewissen Sinne ist die ausgeklügelte Überschwemmung des Individuums mit Informationsfluten frei Haus nur das Pendant zur Ignoranz der Massen aus vergangener Zeit – mit dem bösen Unterschied, daß jetzt auch noch die Illusion umfassenden Wissens erweckt wird.«

Also doch: »Auf das Elektron! – Möge es niemals niemandem nützlich

»Auf das Elektron!«

sein«? Zu spät: Das Elektron ist schon viel zu nützlich geworden, um nur noch in »natürlicher« Nützlichkeit auf dem subatomaren Gelände zu spuken und zu spinen. Solange sein Erforschen durch Physiker und Techniker zum Triumph des menschlichen Verstandes und nicht zum Versagen der menschlichen Vernunft gereicht – durch wen auch immer verschuldet –, solange dies gewährleistet ist: *Auf das Elektron!* Ohne Vorbehalte.

Schaltsymbole

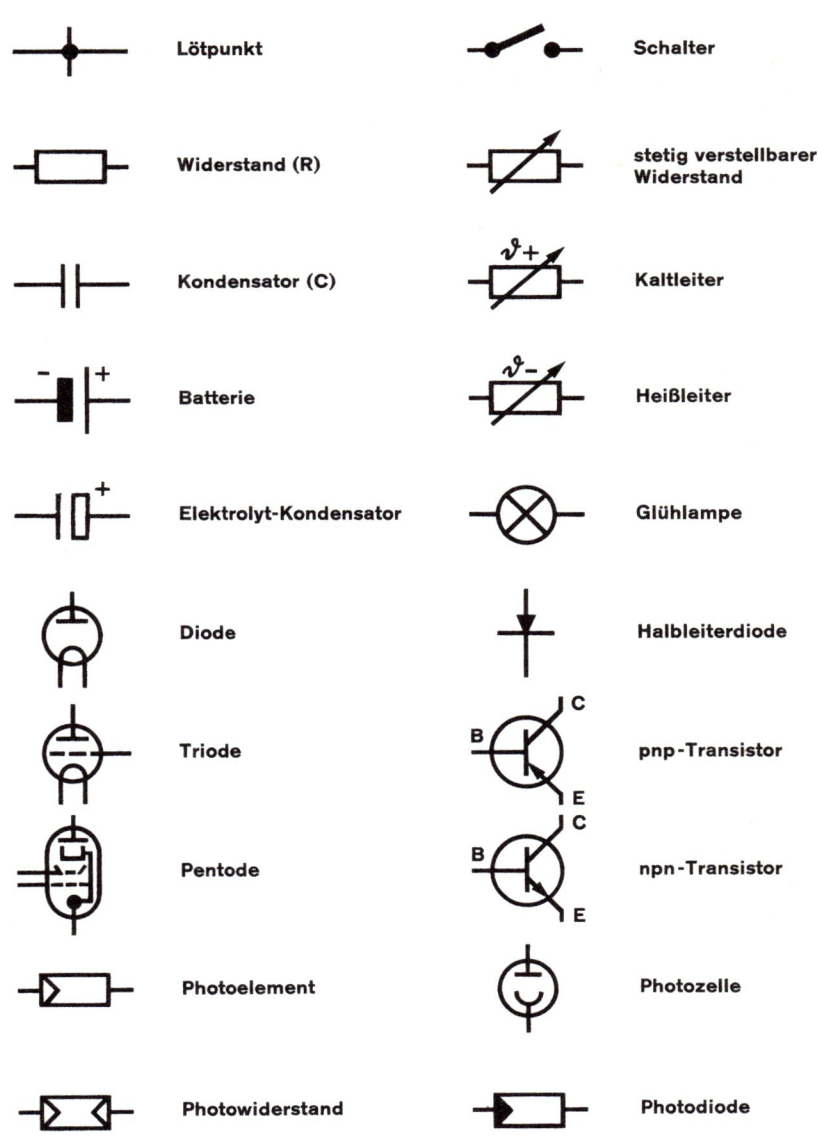

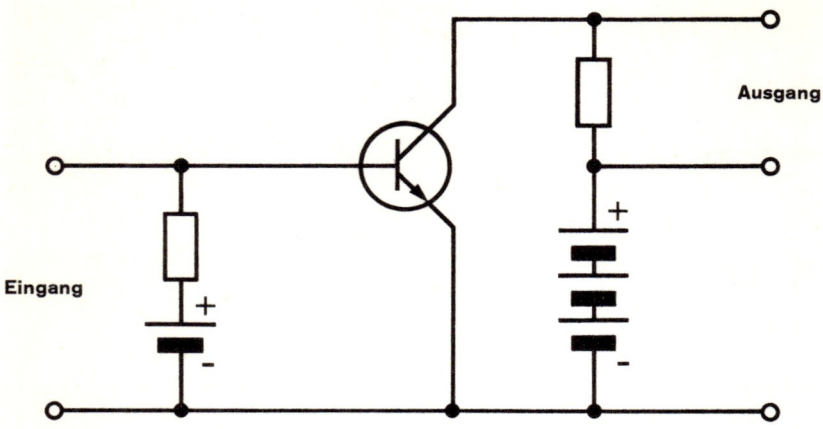

Dies ist das Schaltbild (die Schaltzeichnung) eines *n-p-n*-Transistors in »Emitter-Basis-Schaltung« oder kurz »Emitterschaltung«. Solche Schaltbilder oder Schaltzeichnungen sind die »Stenogramme« der Techniker: Sie lassen mehr oder weniger einleuchtend erkennen, wie die einzelnen elektronischen Bauelemente (im Schaltbild als Schaltsymbole dargestellt, vgl. Seite 235) zusammengeschaltet, verknüpft sind. In diesem Fall handelt es sich um ein höchst einfaches Schaltbild, das die gebräuchlichste Verwendung eines Transistors darstellt: Wie man sieht, bilden bei der Emitter-Schaltung die Basis und der Emitter den »Eingang« des Systems, der Kollektor und der Emitter den »Ausgang« (vgl. wieder Schaltsymbole Seite 235). Die Emitterschaltung zeichnet sich durch einen kleinen Eingangswiderstand und einen hohen Ausgangswiderstand aus: Dadurch erzeugt ein kleiner Eingangsstrom einen großen Ausgangsstrom, der auch »Kollektorstrom« genannt wird. Diesen Kollektorstrom läßt man einen ziemlich großen »Arbeitswiderstand« am Ausgang durchfließen (oben rechts im Schaltbild): Eine geringe Änderung der Eingangsspannung äußert sich dann als deutliche Änderung der Ausgangsspannung (»Spannungsverstärkung«). Da die drei Elektroden des Transistors (Basis, Emitter, Kollektor) mit jeweils zwei Elektrodenanschlüssen für Eingang und Ausgang auch noch andere Grundschaltungen zulassen, gibt es neben der Emitterschaltung noch eine Kollektorschaltung (Eingang: Kollektor und Basis – Ausgang: Kollektor und Emitter) und eine Basisschaltung (Eingang: Basis und Emitter – Ausgang: Basis und Kollektor).

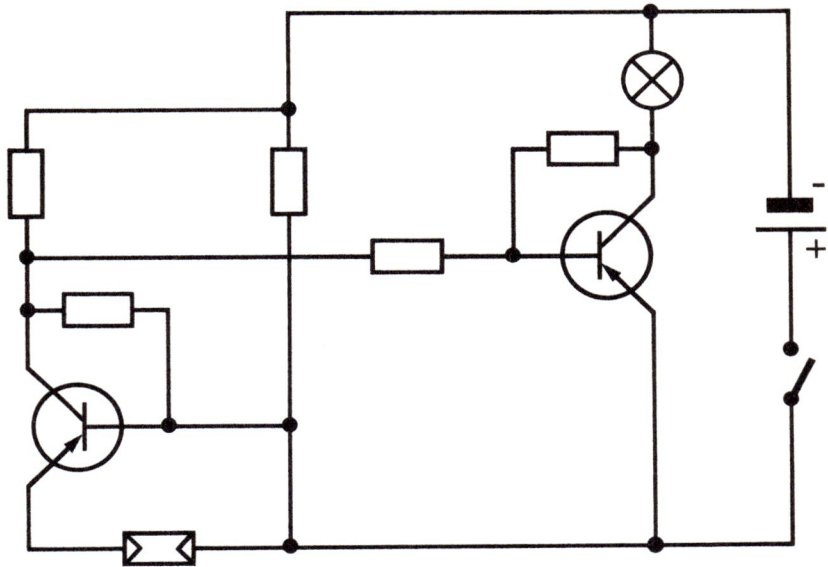

Es gibt einen Elektronik-Baukasten (»Braun-Lectron«), bei dem man Schaltbilder direkt zu funktionstüchtigen Apparaturen zusammensetzen kann: Das sichtbare Schaltbild setzt sich dabei aus würfelförmigen Bausteinen zusammen, die auf einer Metallplatte magnetisch aneinander haften. Mit diesen magnetischen Bausteinen kann man z. B. auch folgende »Lichtschranke« legen: Fällt Licht auf einen Photowiderstand (im Schaltbild unten links), so fließt ein kräftiger Strom durch die Glühlampe (oben rechts). Die Lampe leuchtet dann auf. Dagegen erlischt sie sofort, wenn der Photowiderstand im Schatten liegt. Das kann z. B. dadurch geschehen, daß zwischen Lichtquelle und Photowiderstand ein undurchsichtiger Gegenstand geschoben wird. Eine solche Schaltung läßt sich daher zum Zählen von Stückgut benützen.

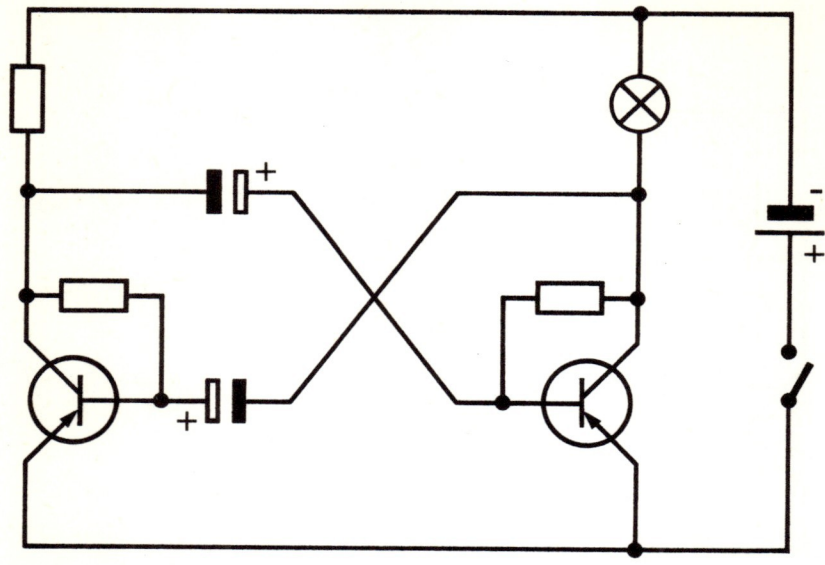

Dies ist das Schaltbild einer »Blinkschaltung«, wie sie z. B. beim Fahrtrichtungsanzeiger (Blinker) eines Kraftfahrzeugs Verwendung finden kann. Bei geschlossenem Schalter (Betätigung des Blinkers) leuchtet das Lämpchen regelmäßig auf: Wie funktioniert dieser Blinkmechanismus? Die Blinkschaltung ist in diesem Fall ein »astabiler Multivibrator« (vgl. Seite 196). Immer dann, wenn der rechte Transistor den Strom durchläßt, womit gleichzeitig der linke Transistor sperrt, leuchtet das Lämpchen auf. Dies ist der erste Betriebszustand der Schaltung. Das Lämpchen erlischt dagegen, wenn der linke Transistor leitet und der rechte zugleich sperrt (zweiter Betriebszustand). Das Blinken des Lämpchens kommt dadurch zustande, daß die Schaltung fortlaufend von einem Betriebszustand in den anderen »umkippt«. Dies erreicht man über die beiden »Koppelkondensatoren«. (In diesem Fall sind es Elektrolyt-Kondensatoren, sogenannte »Elkos«, vgl. Seite 235). Jedesmal, wenn sich einer der beiden Kondensatoren aufgeladen hat und damit eine gewisse Spannung an der Basis einer der beiden Transistoren liegt, kippt die Schaltung in den entgegengesetzten Zustand (Betriebszustand eins geht über in Betriebszustand zwei und umgekehrt). Die »Kippfrequenz« bei diesem Hin-und-her-Kippen der Schaltung und damit der Aufleuchtrhythmus des Lämpchens sind abhängig von der Größe des elektrischen Widerstandes und vor allem von der »Kapazität« der beiden Elkos. (Auch diese Blinkschaltung kann als eindrucksvolles Experiment mit den magnetischen Bausteinen des »Braun-Lectron«-Kastens gelegt werden.)

Glossar

Akzeptor
»Elektronenempfänger«: Werden ins Kristallgitter eines Halbleiters Fremdatome eingebaut, die ein Valenzelektron *weniger* besitzen als die Gitterbausteine, so wirken sie als »Löcherquellen« (Defektelektronen-Quellen). Der Halbleiter wird auf diese Weise zum *p*-Leiter.

Anode
Elektrode, die unter positiver Spannung steht: Die *Leitungselektronen* verlassen durch die Anode eine Elektronenröhre als sogenannter »Anodenstrom«.

Anodenverlustleistung
Kenngröße einer Elektronenröhre, die ihre thermische Belastbarkeit angibt: Die von der Kathode emittierten *Glühelektronen* prallen wie winzige Geschosse auf die Anode und setzen ihre Bewegungsenergie (kinetische Energie) in Wärme um.

Austrittsarbeit
Um Leitungselektronen aus einem Kristallgitter freizubekommen, muß ein gewisser Energiebetrag aufgewendet werden, der »Austrittsarbeit« heißt. Er wird in *Elektronenvolt* (eV) gemessen.

Bonded-shield-Röhre
Fernseh-Bildröhre, auf deren Bildschirm eine Schutzscheibe aufgekittet ist. Andere Bezeichnung: »Twin-panel-Röhre«.

Bremsgitter
Elektrode in einer Elektronenröhre, die verhindert, daß *Sekundärelektronen* aus der Anode zum Schirmgitter abwandern. Andere Bezeichnung: »Fanggitter«.

Chopper
In diesem Bauelement werden Gleichstrom- in Wechselstromsignale umgewandelt, damit man sie besser verstärken kann.

Detektor
»Klassische« Diode auf Halbleiterbasis, Vorläufer der »Kristalldiode«, die zu Beginn der Rundfunktechnik eine überragende Bedeutung hatte.

Donator
»Elektronenspender«: Werden ins Kristallgitter eines Halbleiters Fremdatome eingebaut, die ein Valenzelektron *mehr* besitzen als die Gitterbausteine, so wirken sie als Leitungselektronen-Quellen. Der Halbleiter wird auf diese Weise zum n-Leiter.

Dotierung
Einbau von Fremdatomen (Akzeptoren oder Donatoren) ins Kristallgitter eines Halbleiters.

Dünnschicht-Transistor
Transistor, bei dem der Strom elektrostatisch über ein *elektrisches Feld* gesteuert wird, das die Raumladung beeinflußt. Andere Bezeichnung: »Dünnschicht-Triode«.

Durchgriff
Kenngröße einer Elektronenröhre, die das Verhältnis der Gitterspannungsänderung zur Anodenspannungsänderung bei konstantem (gleichbleibendem) Anodenstrom angibt.

Dynode
Prall-Elektrode in Multipliern, z. B. Photovervielfachern, an der durch die von einer Photo-Kathode emittierten Primärelektronen ein Vielfaches an Sekundärelektronen erzeugt wird.

Extrinsic-Halbleiter
Störstellen-Halbleiter, bei dem die *Störleitung* (n- oder p-Leitung) überwiegt, die von Fremdatomen (Störstellen) im Gitter hervorgerufen wird. Als Fremdatome können sowohl Akzeptoren als auch Donatoren auftreten.

Fehlstellen-Halbleiter
p-dotierter Halbleiter, bei dem der Elektrizitätstransport überwiegend durch Defektelektronen (»positive Löcher«) erfolgt.

FET
(Abkürzung für »*Field-Effect-Transistor*« oder »*Feld-Effekt-Transistor*«.) Dieses Halbleiter-Bauelement arbeitet ähnlich wie eine Röhren-*Pentode*: Der Strom wird elektrostatisch über ein *elektrisches Feld* gesteuert (vgl. Dünnschicht-Transistor). Zwischen zwei Gitterflächen (*n*-Leiter) liegt eine *p*-leitende Zone. Die beiden Enden der Zone heißen »source« (Quelle) und »drain« (Abfluß). Der aus einer *n*-leitenden Zone in die andere fließende Strom – von »source« zu »drain« – wird von der Stärke des elektrischen Feldes bestimmt: Der elektrische Widerstand dieser halbleitenden Schicht kann also elektrostatisch deutlich verändert werden.

Gedruckte Schaltung
Isolierstoffplatte mit aufgesetzten Bauelementen, unter der sich fest eingefügte Leiterzüge statt der früher üblichen »Verdrahtung« befinden.

Glühemission
Austritt von Leitungselektronen aus Festkörpern, wobei die Austrittsarbeit durch Wärmeenergie (thermische Energie) aufgebracht wird. Elektrisch erwärmte Elektronenquellen, die den Mechanismus der Glühemission ausnützen, heißen »Glühkathoden«. Andere Bezeichnung: »Thermische Emission«.

GTO
(Abkürzung für »*Gate Turn Off Switch*«) Dieser Halbleiter-Gleichrichter ist nach dem Muster *p-n-p-n* dotiert und kann durch einen negativen Stromimpuls an seiner Steuerelektrode geschaltet werden: Der Stromfluß läßt sich auf diese Weise *unterbrechen*.

Heißleiter
Nimmt bei einem Bauelement der elektrische Widerstand mit steigender Temperatur ab, besitzt dieser Widerstand also einen *negativen*

Temperaturkoeffizienten, so spricht man von einem »Heißleiter« oder einem NTC-Widerstand (Abkürzung für »Negative Temperature Coefficient«).

Intrinsic-Halbleiter
Halbleiter mit *Eigenleitfähigkeit,* der entweder undotiert ist oder bei dem sich die Störstellen-Wirkungen gegenseitig aufheben.

Kaltleiter
Der elektrische Widerstand eines Kaltleiters nimmt mit steigender Temperatur zu. Dieser Widerstand besitzt also einen *positiven Temperaturkoeffizienten.* Andere Bezeichnung: PTC-Widerstand (Abkürzung für »Positive Temperature Coefficient«).

Kondensator
Legt man eine Gleichspannung an einen Kondensator, so vermag er eine gewisse Menge elektrischer Ladung zu speichern. Im einfachsten Fall besteht der Kondensator aus zwei leitfähigen Platten, die durch eine isolierende Schicht getrennt sind.

Löcherleitung
Ladungstransport in mit Akzeptoren dotierten Halbleitern durch »positive Löcher« (Defektelektronen).

n-Dotierung
Einbau von »elektronenspendenden« Fremdatomen (*Donatoren*) in einen Halbleiter-Kristall.

p-Dotierung
Einbau von »elektronenempfangenden« Fremdatomen (*Akzeptoren*) in einen Halbleiter-Kristall.

Pentode
Elektronenröhre mit *fünf Elektroden*: Kathode, Steuergitter, Schirmgitter, Bremsgitter, Anode. Andere Bezeichnung: »Fünfpolröhre«.

Photoelement
Unter Ausnützung des *inneren* lichtelektrischen Effekts liefert ein solches »aktives« Bauelement bei Lichteinfall elektrische Energie. Anwendungen: Belichtungsmesser, Solarzellen (»Sonnenbatterie«).

Photo-Kathode
Elektronenquelle, die den *äußeren* lichtelektrischen Effekt ausnützt und durch Photoemission bei Belichtung Elektronen freimacht.

p-n-Übergang
Grenzzone zwischen der *p*-leitenden und *n*-leitenden Schicht eines dotierten Halbleiters, die sich durch ihre Sperrwirkung (»Sperrschicht«) wie ein Ventil für Ladungsträger verhält. Englische Bezeichnung »*p-n*-Junction«.

Schroteffekt
Statistische Schwankungen des Elektronenstroms, die zu einem Störsignal (»Rauschen« am Lautsprecher) führen.

Solarzelle
Silizium-Photoelement, das bei der Bestrahlung durch Sonnenlicht elektrische Energie abgibt. Aufgrund des *inneren* lichtelektrischen Effekts bilden sich beim Photonenbeschuß Ladungsträgerpaare.

Thyristor
Steuerbarer Halbleiter-Gleichrichter, der nach der Struktur *p-n-p-n* dotiert ist und zunächst in beiden Richtungen den Strom sperrt. Ein Stromimpuls an der Steuerelektrode läßt dann den Strom *fließen*. Bei der stufenlosen Drehzahlsteuerung einer elektrischen Handbohrmaschine verwendet man z. B. dieses Bauelement: Es schaltet sehr rasch und kontaktlos.

Ergänzende Literatur

Aus gutem Grund sind die meisten Publikationen zur Elektronik reine *Fach-* oder *Lehr*bücher: Sie wenden sich an Studenten, Techniker und Ingenieure. Die Anforderungen an den Leser sind damit jedoch entsprechend hoch. Ähnliches gilt für die Fachzeitschriften auf diesem Gebiet: Allgemeinverständliche Artikel finden Sie in unregelmäßiger Folge im »Bild der Wissenschaft«, einer Zeitschrift für Naturwissenschaft und Technik in unserer Zeit, und in der »Funkschau«, einer Fachzeitschrift für Radio- und Fernsehtechnik, Elektroakustik und Elektronik.

Im folgenden finden Sie eine Zusammenstellung halbwegs »verdaulicher« Literatur, die natürlich keinen Anspruch auf Vollständigkeit erhebt. Die genannten Bücher können als nützliche Ergänzung und Weiterführung der Überlegungen dienen, die wir hier angestellt haben. Bewegen sich die Ausführungen in etwa dem gleichen Schwierigkeitsgrad wie »Knaurs Buch der Elektronik«, so sind sie mit dem Vermerk »S–0« gekennzeichnet. Bei etwas höherem Schwierigkeitsgrad, z. B. bei Verwendung von mehr mathematischen Hilfsmitteln, finden Sie das Zeichen »S–1«. Beim Vermerk »S–2« sind bereits gewisse Vorkenntnisse mathematischer und naturwissenschaftlicher Art erforderlich. Die Titel sind in alphabetischer Reihenfolge nach den Autorennamen genannt.

Brown, Ronald:
Laser – Technik und Anwendung der Laserstrahlen
Deutsche Verlags-Anstalt, Stuttgart (S–0)

Chedd, Graham:
Halbmetalle – Eine Werkstoffgruppe als Basis für Halbleiter, Transistoren, Silikone
Deutsche Verlags-Anstalt, Stuttgart (S–0)

Cherry, Colin:
Kommunikationsforschung – eine neue Wissenschaft
S. Fischer Verlag, Frankfurt (S–1)

Fuchs, Walter R.:
Knaurs Buch der Denkmaschinen – Informationstheorie und Kybernetik
Droemer-Knaur-Verlag, München/Zürich (S–0)

Gelder, Erich, und Karl-Heinz Reiter:
Der Transistor – Aufbau, Wirkungsweise, Kennlinien, Grundschaltungen
Programmiertes Unterrichtsmaterial der Firma Siemens, Berlin/München (S–0)

Knoll, Max, und Joseph Eichmeier:
Technische Elektronik
Band 1: Grundlagen und Vakuumtechnik
Band 2: Stromsteuernde und elektronenoptische Entladungsgeräte
Springer Verlag, Berlin/Heidelberg/New York (S–2)

Limann, Otto:
Funktechnik ohne Ballast – Einführung in die Schaltungstechnik der Rundfunkempfänger mit Röhren, Transistoren und integrierten Schaltungen
Franzis-Verlag, München (S–1)

Mendelssohn, Kurt:
Die Suche nach dem absoluten Nullpunkt
Kindler Verlag, München (S–0)

Orear, Jay:
Grundlagen der modernen Physik
Carl Hanser Verlag, München (S–1)

Pierce, John R.:
Phänomene der Kommunikation – Informationstheorie, Nachrichtenübertragung, Kybernetik
Econ-Verlag, Düsseldorf/Wien (S–0)

Poletajew, I. A.:
Kybernetik
VEB Deutscher Verlag der Wissenschaften, Berlin (S–1)

Rudolph, Joachim:
Knaurs Buch der modernen Chemie
Droemer-Knaur-Verlag, München/Zürich (S–0)

Schikarski, Horst:
Die gedruckte Schaltung – Herstellung, Anwendung und Reparatur von gedruckten Schaltungen
Telekosmos-Verlag, Stuttgart (S–0)

Steinbuch, Karl:
Automat und Mensch – Kybernetische Tatsachen und Hypothesen
Springer-Verlag, Berlin/Heidelberg/New York (S–1)

Steinbuch, Karl (Herausgeber):
Taschenbuch der Nachrichtenverarbeitung
Springer Verlag, Berlin/Göttingen/Heidelberg (S–2)

Teichmann, Horst:
Halbleiter
Bibliographisches Institut, Mannheim (S–2)

Theile, Richard:
Hinter dem Bildschirm – Aufnahme und Wiedergabe, Speicherung und Übertragung von Fernsehbildern
Deutsche Verlags-Anstalt, Stuttgart (S–0)

Vogelsang, Erich:
Einführung in die Elektronik
Verlag Karl Thiemig, München (S–1)

Bildnachweis

Die Ziffern verweisen auf Seiten.

AEG-Telefunken-Bildredaktion, Frankfurt: 38/39, 40, 90, 91 beide, 94, 202 oben, 206, 207 unten. IBM-Bildstelle, Stuttgart: 146 unten, 149, 150, 151, 152 alle. Philips-Pressestelle, Hamburg: 34 oben, 35, 148 beide, 202/203 unten, 203 oben, 207 oben. Siemens-Bildredaktion, München: 95 oben, 96 unten, 146 oben, 147, 208 alle. Professor Richard Theile, Direktor des Instituts für Rundfunktechnik, München: 37 unten rechts, 145, 201 unten. USIS-Bilderdienst, Bad Godesberg: 33, 95 unten.
Alle anderen Illustrationen wurden von Klaus Bürgle, Göppingen, gezeichnet.

Register

Alle Zahlen verweisen auf Seiten.

Ablenksystem, magnetisches 190
Aktivator 198
Aktivator-Niveau 198
Akzeptor 110, 115, 239
Akzeptor-Niveau 112
Anlaufstrom 165, 174
Anlaufstrom-Gesetz 174
Anode 158 f., 239
Anodenspannung 165
Anodenstrom 167
Anodenverlustleistung 239
Austrittsarbeit 129, 132, 134, 156, 171, 239

Bahn-Begriff, klassischer 31 f., 46
Bändermodell 85, 99 f., 112, 197
Bardeen, J. 97, 153
Barkhausensche Röhrengleichung 176
Basis (eines Transistors) 142 f.
Basisstrom 143
BCS-Theorie der Supraleitung 98
Bildsignal-Spannung 189
Bohr, N. 14 f., 48, 58
Brattain, W. H. 153
Bremsgitter 178, 239
Bruch, W. 216

Cherry, C. 180
Chopper 240
Cooper, L. N. 97
Cooper-Paar 98 f.
Coulomb 56
Coulomb-Kraft 53 f., 193
Coulombsches Gesetz 55, 193

De Broglie, L. 24
De-Broglie-Welle s. Materiewelle
De-Broglie-Wellenlänge 24 f., 59 f.
Defektelektron 110
Detektor 240
Diode 139 f., 158
Dirac, P. A. 49
Donator 108, 115, 240
Donator-Niveau 112
Dotierung 113, 240
Drehimpuls 59 f.
Drehimpuls-Quantenzahl s. Nebenquantenzahl
Driftgeschwindigkeit, elektronische 126 f., 157
Dünnschicht-Transistor 240
Durchgriff 170, 175, 240
Dynode 228, 240

Eigendrehimpuls s. Spin
Einstein, A. 132, 191
Elektron 11 f., 24 f.
Elektron, »ungewöhnliches« 49 f.
Elektronen-Bändermodell s. Bändermodell
Elektronengas s. Fermi-Gas, elektronisches
Elektronenkanone 187 f.
Elektronenorbital 42, 58, 72 f.
Elektronenröhre 155 f.
»Elektronensee« 78 f.
Elektronenstrahl-Wandlerröhre 179, 185
Elektronenvolt (eV) 105 f.
elektrostatische Kraft s. Coulomb-Kraft
Elementarladung 56
Elementarlänge 26, 225
Elementarteilchen 12, 21
Emitter 142 f.
Emitterstrom 143
Energie 13, 15 f., 44 f., 99 f., 140 f., 179
Extrinsic-Halbleiter 240

Farbart-Signal 209
Farbmischung, additive 209, 212
Fehlstellen-Halbleiter 241

Feldemission 227
FET 241
Fermi, E. 130, 171
Fermi-Dirac-Verteilung s. Fermi-Verteilung
Fermi-Energie 129 f., 171
Fermi-Gas, elektronisches 84, 130 f., 155, 171 f.
Fermi-Niveau 131, 134
Fermi-Verteilung 172 f.
»Festkörper-Lampe« 138 f.
Flip-Flop-Schaltung 196
Freie-Elektronen-Modell 84, 99, 103
Frequenz 18, 20

Gedruckte Schaltung 241
Gitter (einer Triode) 166 f.
Gitterspannung 166 f.
Gittervorspannung 177
Gleichrichtung 163, 178
Gleichspannung 163, 181
Glühelektron 132 f., 155, 171 f., 187
Glühemission 132 f., 155, 171 f., 241
Glühkathode 155 f., 187
Grenzschicht 116
GTO 241

Halbleiter 102, 103 f.
Halbleiter-Diode 139 f.
Hauptquantenzahl 58 f.
Heisenberg, W. 41
Heisenbergsches Unbestimmtheitsprinzip 41 f., 46
Heißleiter 104 f., 241
Hohlraumstrahlung 43

Impulsspannung 181, 183, 189
Intrinsic-Halbleiter 242
Ion 66 f.
Ionenbindung 56, 66 f., 80
Isolator 81, 102, 155

Kaltleiter 242
Kathode 155 f., 187
Kathodenstrahl 187 f.

Kennlinie 165 f.
Kernladungszahl 57, 67
Kippspannung 194 f.
Kollektor (eines Transistors) 142 f.
Kollektorstrom 143
Kondensator 163, 195, 242
Kovalenzbindung 72 f.

Laser 217 f.
Leitfähigkeitsband s. Leitungsband
Leitungsband 105 f., 112, 136
Leitungselektron 81, 105 f.
lichtelektrischer Effekt s. Photoeffekt, äußerer oder Photoeffekt, innerer
Lichtgeschwindigkeit 21
Lichtquant 16, 21, 197 f., 217 f.
Lochanode 188
Löcherleitung 242
Lochmaske 215
Lorentz, H. A. 12
Luminophor 197 f., 214 f.

Materiewelle 23 f., 59 f., 124
Maxwell-Verteilung 172 f.
Metallbindung 78 f.
Molekularverstärker 221
Multivibrator, astabiler 196, 238

Nebenquantenzahl 58 f.
Newton, I. 199
Nichtleiter s. Isolator
n-Leitung 108
NTSC 216
Nullpunktsenergie 42 f.

Oersted, H. C. 191
Ohmsches Gesetz 86 f., 127 f.
optisches Pumpen 220
Orbital s. Elektronenorbital

PAL 216
Pauli, W. 48, 64
Pauli-Prinzip 64 f., 74, 83, 107, 130, 131, 171

Paulisches Ausschließungsprinzip s. Pauli-Prinzip
Pauli-Verbot s. Pauli-Prinzip
Pentode 178, 242
Phonom 97, 217
Photo-Diode 140
Photoeffekt, äußerer 132 f.
Photoeffekt, innerer 134, 135 f.
Photoelement 243
Photokathode 243
Photoleitfähigkeit 136
Photomultiplier 228 f.
Photozelle 137, 140
Photon s. Lichtquant
Planck, M. 43
Plancksches Wirkungsquantum 18 f., 29, 44, 130, 225
p-Leitung 109
p-n-Photoeffekt 139, 217
p-n-p-Transistor 141 f.
p-n-Übergang 118 f., 137, 243
Poletajew, I. A. 180
»positives Loch« s. Defektelektron
Positron 50
Potential, elektrisches 121 f.
Potentialdifferenz 121, 137
Potentialkasten 81

Quant 44 f.
Quantenmechanik 63
Quantentheorie 53, 127
Quantentheorie der Metalle 127

Radar 30 f.
Raumladungsstrom 166 f.
Raumladungswolke 157, 160, 165 f., 187
Rekombination 116
Röhren-Diode 162
Russell, B. 54
Rutherford, E. 13 f.

Sättigungsstrom 166
Schattenmaske s. Lochmaske

Schirmgitter 178
Schottky-Effekt 227
Schroteffekt 243
»Schüttelversuch« von C. R. Tolman 84, 163
Schwingungszahl s. Frequenz
Sekundärelektron 228
Shokley, W. B. 153
Shrieffer, J. R. 98
Solarzelle 137, 243
Sonnenbatterie 137, 243
Spannung, elektrische 86 f.
Spin (eines Elektrons) 86 f.
Spin-Quantenzahl 63
stationäre Elektronenbahn 15, 28
Steilheit 170, 175
Steinbuch, K. 180
Steuerspannung 169
Steuerung 179 f.
stimulierte Emission 217 f.
Störleitung 112 f.
Strom, elektrischer 86 f.
Supraleitfähigkeit 97 f.

Thomson, J. J. 11
Thyristor 234
»Topfmodell« 122
Transistor 141 f., 236
Triode 165 f.
Tunneleffekt 226 f.

Valenzband 105, 112, 136
Vektor 61, 125 f.
Verstärkerröhre 176 f.

Wechselspannung 84, 163, 181
Wehnelt, A. 188
Wehnelt-Zylinder 188
Widerstand, elektrischer 86 f.
Wirkungsquantum s. Plancksches Wirkungsquantum